旅館管理

Hotel Management

李欽明 / 著

序

　　「旅館管理」是一門涉及層面廣、知識更新快、實踐性很強的領域，本書以當前旅館業職位需求為導向，全面有系統地介紹了旅館管理的基本原理、方法及其在實際中實務運用。透過本書內容的吸收活用，使旅館業界人士或初進業界者，也包括學生在內對旅館與旅館業有一全面的瞭解，熟悉旅館的基本業務和技能，明確旅館管理的基本內容和基本方法。

　　旅館業的工作多采多姿，有志此業者工作必樂在其中，但不可諱言，工作中總是充滿艱辛與挑戰，因此不斷地成長自己、增進修為非常重要，吸收新知識尤為不可或缺。希望藉由本書的融會貫通打開志業的康莊大道，讓本書培養旅館所需的掌握旅館管理知識、具有服務意識和經營管理能力，富有專業意識和創新精神的高素質德、智、美全面發展的中／高級應用型人才，為我國觀光事業的發展在每一家旅館中發光發亮。

　　筆者在業界與學界多年，深知從事旅館業者對旅館知識與技能的需求，因此，本書各章節均網羅旅館管理各個層面的理論與實務，在獨特的著作中有兩個目標對旅館人有深深的期許，其一為「寬知識、厚基礎、強能力、高素質、豐富感情」成為有自信的旅館人；其二為知識目標：掌握旅館管理的概念，熟練管理的基本內容和基本方法。

　　本書之所以順利完成要感謝國內觀光界巨擘，對觀光界貢獻卓著的恩師李銘輝博士之鼓勵，並指導寫作方向與建議；同時也要感謝好友前日月潭涵碧樓飯店總經理王芳堃的協助，王總經理是國際金鑰匙組織認證的金鑰匙會員，長期在大陸五星級飯店任職總經理，經驗與學養俱佳，借他的地利之便，提供不少寶貴文獻資料使本書增色不少。

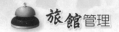
旅館管理

由於旅館管理涉及的範圍相當廣泛，期盼業界先進賢達、專家學者能不吝多加賜教。

李欽明 謹識

目　錄

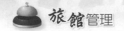

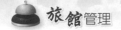

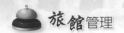

Chapter 15 旅館安全管理 381

HOTEL ★★★★★

旅館的意義與發展

- 旅館的定義
- 旅館的功能
- 旅館的特性
- 旅館的等級
- 我國觀光旅館建築及設備標準法規
- 旅館發展概況
- 結　語

　　所謂「夢想」依辭典之意為「想實現的願望或理想」。「旅館」
（hotel）與夢想是筆者一生結緣的志業而與內心深處連為一體，幾乎整個生
涯，無論執業或教書，都與旅館有密切關係。美國文化歷史學者摩利·柏格
（Molly E. Berger）曾言：「每個人在旅館都有一齣自己的故事」。所以，旅
館已不只是我們生活中利用的場所，亦是融入人生過程中親切的依賴伙伴。
我想，投資家建造旅館，除了擴充企業版圖與追求利潤外，其實在心靈深處
有著更高層次的一種成就感和自我肯定。

　　旅館無論對使用者或是擁有者（owner），可說既需要又感受其魅力，
在這個地方總能尋求物質與心靈的滿足，到底它是何物？怎樣具體描述它
呢？

　　1.旅館提供下列商品：
　　　(1)客房。
　　　(2)餐食、飲料。
　　　(3)服務。
　　　(4)設施。
　　　(5)時間。
　　　(6)殷勤款待。
　　　(7)品牌。
　　2.旅館的角色：
　　　(1)是商場上不可或缺的夥伴。
　　　(2)是生命當中另一個避風港。
　　　(3)是令人難以忘懷的場所。
　　　(4)是日常生活中的一塊綠洲。

　　飯店也是人類文明極緻的代表，它已不只是物質文明而已，包含了美
學、設計、人文的層次，也是精神與智慧的表徵。圖為舊金山費爾蒙特飯店
（The Fairmont San Francisco）的頂樓套房，可眺望市區夜景。

高檔旅館的豪華套房陽台設置

第一節　旅館的定義

　　「旅館」這一概念（concept）似乎在官方、學術界已成為約定俗成的用語，但是尚有廣泛使用的不同稱呼，例如：飯店、酒店、賓館、客棧、旅店、旅社、山莊、渡假村等，即連英文也不遑多讓，例如：hotel、hostel、motel、guesthouse、inn、lodge、resort、tarven等。無論如何稱呼，基本上它就是一種設施，一種定住地點，隨著人的移動，伴隨時間的經過，給予人們休息、睡眠與飲食的滿足，亦即住宿與餐飲的提供應運而生。

　　國內外對旅館下了若干定義（如**表1-1**）：

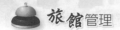

表1-1 旅館之定義

項目	單位／作者	定義
國外	美國德州判例	「所謂旅館是公開的、明白的，向公眾表示為接待及收容旅行者及其他受服務的人，而收取報酬之機構。」旅館與一般服務業不同，強調具有公眾性。
	美國俄亥俄州業者	旅館業大會中通過了「旅館」定義：「凡是一所大廈或其他建築物，曾公開宣傳並為眾所周知，專供旅客居住和飲食而收取費用的，且在同一場所或其附近設有一間或一間以上的餐廳或會客室，以提供旅客使用者，即認定為旅館。」
	美國紐約州判例	「對於行為正當，且對旅館的接待具有支付能力而準備支付的人，只要旅館有充足的設備，任何人皆可享受其接待。至於其停留期間或報酬並無需成文契約，只要支付合理價格，就可以享受其餐食、住宿以及當做臨時之家使用所必然附帶的種種服務與照顧的地方。」強調的是法律關係。
國內	潘朝達	現代的Hotel應為：「一座設備完善的大眾周知且經政府核准的建築；必須提供旅客的住宿和餐飲；要有為旅客及顧客提供娛樂的設施；要提供住宿、餐飲和娛樂上的理想服務；它是營利的，要求合理的利潤（政府或慈善機構經營者例外）。」
	詹益政	「旅館是以供應餐宿，提供服務為目的，而得到合理利潤的一種公共設施。」
	李欽明	旅館的成立具有下列的基本條件：(1)提供餐飲、住宿及娛樂設施；(2)提供各類型會議、社交、文化、資訊情報的場所；(3)為一營利事業，賺取合理的利潤為目標；(4)對公眾負有法律上的權利與義務；(5)是一座設備完善且經政府核准的建築。
	職業訓練局	旅館是以提供餐飲住宿及其他相關之服務為目的，而得到合理利潤的一種公共設施，最終目的為使外來者賓至如歸。簡單透澈地說，旅館業是出售服務的企業。

　　由上述之定義，所謂「旅館本質」應為：「基於私人居留空間的公共服務場所」。旅館是以住宿為基礎，形成滿足居住基本要求的「私人空間」；但旅館的附加價值和吸引力，更在於「公共場所」的服務能力。「私人空間」和「公共場所」就好像一個啞鈴，成為旅館發展的兩個重頭板塊。

　　「私人空間」為私密性客房單元。客房單元的創新發展非常快，形成了功能、結構、風格情調、空間大小等四個方面的多元變化組合。在功能方面，出現了以娛樂休閒為中心的休閒客房模式、以溫泉泡浴為中心的溫泉客

房模式、以商務接待的商務套房、私人辦公的行政套房、絕對私密安全的總統套房、獨層與獨棟綜合的公寓別墅等。

「公共場所」，把旅館的功能大大擴張，形成現代旅館無所不能的發展——以住客的餐飲、旅行、商務、會議、休閒、渡假等功能為基礎，成為一般城市商務、休閒、娛樂、聚會、會議、活動的公共空間。因此，出現了「小客房」和「大會議」、「大餐飲」、「大娛樂」、「大休閒」等相結合的創新型旅館模式。其中，最有影響力的是「旅館MALL」（又稱酒店MALL）——以旅館為基礎成為「休閒MALL」的新發展。

「私人空間」與「公共場所」兩個方向，形成旅館的多元化發展趨勢，成就了旅館業的新繁榮。無論是新建旅館還是旅館改造，都應該把握這一發展方向，不斷地創新旅館經營模式。

進一步探究旅館的本質為何？經過一番資料搜集和分析後，我們認為「旅館」這個行業的本質就是：帶給顧客們享受！

美國權威心理學家米哈里・契克森米哈伊（Mihaly Csikszentmihalyi）於1978年提出了三個與享受有重大關聯的理論：(1)享受是人類內心深處的推動力；(2)享受來自於一些非日常工作者或非必要的事；(3)享受比回報更重要。以第三點為例，指出了享受比回報更重要。什麼是回報呢？回報可分為外在回報與內在回報兩個方面：外在回報包括金錢、成績等；而內在回報指別人的認同、稱讚等。但米哈里博士指出了最重要一點，就是它們都比不上享受所帶來的非凡快感，而旅館正迎合顧客這些需求。

第二節　旅館的功能

旅館是觀光業的重要支柱，是觀光旅遊綜合接待能力的重要構成因素。在觀光業中有重要的地位和作用，茲敘述如下：

第一，旅館是向旅遊者提供服務的基地。旅遊者在異地旅遊時，需要一定的設施和服務以解決食宿等問題，旅館是滿足這些需求的場所。例如：

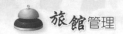

客房整潔、實用，備有各種生活用品；餐廳布置考究並有多個風味餐廳；館內設有酒吧、咖啡廳、商店、舞廳、游泳池、健身房等其他設施；旅遊者的吃、住、購物、娛樂等需求均可在旅館內得到滿足。

第二，旅館是人們進行社交活動的重要場所。旅館是文化、科學、技術交流和社會交際的主要場所。許多重要的會議、儀式、展覽、講座、新聞發布、企業產品促銷等，大都在飯店舉行。它不僅為旅遊者，也為當地居民提供社交場所。公務、商務旅遊者在旅館洽談業務，當地的社團組織與個人也常在旅館聚會。

第三，旅館是獲取和增加收入的主要管道。旅館是講究經濟效益的企業，在整個觀光業中的經濟意義不容忽視。首先，旅館是各種產品的直接消費者。其次，旅館客人的購買能力較強。經營得當的旅館則可成為所在地或城市的綜合性高消費場所，給國家帶來很大的經濟效益，對當地的經濟也有積極的貢獻。

第四，旅館為社會提供就業機會。館內的一些服務大都需要人力操作，需要大量的服務人員，除了直接就業於旅館的人員以外，旅館還為受僱於向旅館供應物資的其他的行業的人員帶來很多的就業機會。

由上說明可知旅館有多方面功能來滿足顧客的多樣性需求，我們將之分為傳統功能和現代功能。

一、旅館的傳統功能

旅館傳統功能是指旅館設立初始就已具備的功能，主要包括住宿功能、飲食功能和集會功能。

(一)住宿功能

住宿功能是指旅館向客人提供舒適方便、安全衛生的居住和休息空間的功能。旅館按照其星級的不同，向客人提供不同標準和等級的設施與服務。旅館的星級越高，提供的設施越高檔、服務越完善。

(二)飲食功能

飲食功能是指旅館向顧客提供飲食及相關服務的功能。星級旅館通常具有多種不同風味和消費層次的餐廳和酒吧，適應來自不同國家、地區，具有不同消費習慣的客人的需要，透過向客人提供多樣性的美食和飲品，使客人流連望返。

(三)集會功能

集會功能也是旅館傳統功能的一種，為社會各界的集會、文化交流和訊息傳播等活動提供場所和相關服務。旅館的會議設施和會議服務也隨科技的進步不斷地完善和發展，滿足著不同層次的客人之需要。例如旅館的遠程視訊會議服務系統，能將遠在天邊的兩個或若干個會議連接起來，進行近在咫尺的交流，極大的方便了外出的商務客人。

旅館的客房在旅館收益當中占著舉足輕重的地位
旅館的客房一隅

現代旅館的會議功能在旅館收益中幾乎與客房、餐飲成為鼎足而三的支柱

旅館的會議室

二、旅館的現代功能

旅館的現代功能是隨著社會的變化和客人的需求逐漸建立而完善起來的。現代旅館都力圖透過完善的設施和盡善盡美的服務，來滿足客人的需求，以期招徠更多的客人。現代旅館的功能可以歸結為以下四種，即文化娛樂功能、商業服務功能、購務服務功能以及交通服務功能。

(一)文化娛樂功能

文化娛樂功能是現代旅館透過舉辦文化活動、提供康樂設施以服務於客人的休閒和康樂需求為目的之旅館功能。隨著生活水準的提高，人們對文

化、娛樂、健康、休閒的要求愈來愈高，而現代旅館作為人們文化交流、社交活動的高級場所，透過對多樣的、高級服務項目的提供，既可以滿足客人的需要，又可以拓寬旅館的發展渠道。同時，這也是旅館的一個評定標準與要求。

(二)商業服務功能

商業服務功能主要是指旅館為客人的商務活動提供各種設施和服務的功能，包括為客人的商務活動提供展覽廳、辦公室等操作場所，為客人提供電話、傳真、寬頻上網（Wi-Fi）等現代化的通訊設施設備，讓客人能夠隨時與外界進行溝通和瞭解。能夠及時收發訊息，這對於商務客人來說是至關重要的。當今的時代是資訊時代，旅館是否有這些通訊設備是衡量其現代化一個重要指標。

(三)購物服務功能

購物服務功能也是現代旅館的一個常見功能，旅館可以根據自身的特點和客源結構，組織一些適應來客需要的旅遊紀念品、高級精品，甚至可以是普通生活用品，目的無非是能夠迎合住客的喜好。

(四)交通服務功能

現代旅館通常被要求為客人提供市內交通工具，或能夠為客人提供火車、高鐵、飛機票或是到機場的叫車預訂服務，以免除課人的後顧之憂。在現實生活中，許多高星級旅館通常都擁有自己的專用車隊。

總之，客人的需要不斷地在改變，現代旅館的功能與要求也在逐漸的延伸。一家好的旅館應該想客人之所想，儘量為客人提供一些個性化服務。當然，現代旅館在設置這些功能與服務的時候，應該與所在社區進行功能的銜接，相互補充，以降低旅館的經營成本。

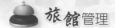

高星級旅館的精品購物街

第三節　旅館的特性

關於旅館的特性，茲從三個面向說明：

一、需求的觀點

日本學者土井久太郎教授認為，旅館特性的檢視要點（check list），以心理學家馬斯洛（Abraham Maslow）的五個需求層次最能反映出來，旅館的服務由底層往高層之次序為：生理需求、安全需求、歸屬（社會）需求、尊重（自尊）需求、自我實現需求（如圖1-1）。

成長需求 ｛ 自我實現需求　personal growth and fulfillment

尊重（自尊）需求　Internal/external

歸屬（社會）需求　affiliation with others, affection, friendship

充分需求 ｛ 安全需求　physical safety

生理需求　food, drink, shelter, sex

圖1-1　馬斯洛需求層級理論圖

茲說明如下：

(一)生理需求

旅館提供一個睡眠、飲食場所是最低限度的要求。

(二)安全需求

旅館給予顧客安全、隱私、健康、適居的環境是必要的。旅館遵守各項防災規定、客房門自動關門上鎖，是安全上最起碼的要項。四星級以上的旅館，其房間都備有保險箱（櫃檯亦設有貴重品保管存取設施）、依建築法規有緊急逃生口、舒適的空調、房間無異味。而五星級旅館更備有健身房（fitness）、100%棉製且低過敏性的布巾類用品；餐廳的食物講求低卡路里、低脂肪、低膽固醇，少鹽少味精；浴室備有浴缸與淋浴間（乾濕分離）、客房有網路接線插座、兩小時內的快洗、不用在櫃檯排隊的快速退房（express check-out），所看到之處是乾淨亮麗的無障礙空間。

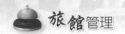

(三)歸屬（社會）需求

顧客對優質服務之需求感到心滿意足。服務迅速而有效率，對客人態度友善，例如行李員親切問好，迅速打開後車廂提起行李並代搬運至客房、解說客房使用方式。

(四)尊重（自尊）需求

顧客感受到被尊重，旅館呈現一種高級感的格調與氛圍。在五星級旅館中，要求服務時無時間限制，例如客房餐飲（room service）的預訂，連菜單無記載的菜皆能應許。飯店的職員都能稱呼客人姓氏與頭銜、職稱。客房備妥總經理歡迎函（welcom message）、水果籃；客房賞心悅目的設計；紙、筆文具、浴袍等用品皆有旅館的標識（logo）。

(五)自我實現需求

一般而言，職員各種服務或動作呈現令人安心與信賴的感覺，高檔旅館的愉悅氣氛裡，不只是設備完善而已，從業人員總是神采奕奕、受過完整專業訓練、像紳士淑女般，遣辭用句親切、高雅而友善。有時相當主動的，在客人想到之前已設法完成客人想要的，會令客人感動與印象深刻。更有甚者，高級套房以上的客房或會員專屬套房（別稱旅館中的旅館）均設有專屬管家服務（butler service），其服務範圍幾乎無所不包，通常由資深領班擔任，是住客的好管家、好幫手、好秘書，也是好朋友。

二、產品的觀點

旅館是以服務為中心的接待業。旅館產品與一般物質上的產品不同，有其特殊性和特殊市場，這些特殊性就促使旅館經營具有它自己的特性，分述如下：

(一)旅館產品是組合產品

對顧客而言，旅館產品僅是一段住宿經歷，這段住宿經歷是個組合產品，由以下兩個部分構成：(1)物質產品，顧客所消費的食品、飲料及所接觸的設備；(2) 無形產品，顧客感覺上的享受和心理上的感受。前者是旅館設施的「硬體」傳遞出來，顧客可透過視、聽、觸、嗅覺感受到。後者是透過旅館的「軟體」傳遞出來，指顧客在心理上感受到地位感、舒適度、享受程度等。

(二)旅館產品沒有儲存性

旅館的客房和餐廳的座位一天或一餐租不出去，它的價值就永遠失去，不像其他產品可以儲存。

旅館的需求波動比較大，每年有淡季和旺季，每週有高峰和清閒日，餐飲部每天有繁忙的時段和空閒的時段。這就要給管理人員採取一系列經營手段，如採取特殊的接待活動，採取較靈活的策略，招徠淡季市場，使旅館產品的供應與市場需求量趨於平衡，提高旅館設施的利用率，使旅館的產品得以最大限度的銷售。

(三)旅館產品無轉移性

旅館產品的非實體（無形）的現場消費決定了旅館產品不可轉移性，它不能從一個地方轉移到另一個地方，必須就地出售，顧客只能到旅館消費。因此，管理者在經營中應努力提高旅館形象，吸收顧客前來消費並保持有較多常客。

(四)產品所有權的相對穩定性

旅館產品中的許多產品，如客房產品、娛樂產品、服務產品等，不像其

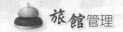

他商品那樣，一旦商品交換實現，所有權就發生轉移，旅館並不出售商品的所有權，客人買到的僅是一段時間、某一價段的住宿權利，享受權利和被服務的權利。旅館產品的使用價值是為顧客提供一定期限的住宿環境，提供一段時間的物質享受和精神享受，房租和客人所付出的費用則是旅館出售產品的使用價值而回收的交換價值。因此，客人在購買旅館產品時只能在限定的時間內進行消費，重複消費是不可能的。

(五)旅館產品無法進行售前品質檢查，生產過程大多和顧客直接見面

旅館服務員在提供服務的同時客人就在進行消費，服務員在提供服務時的舉止、行為都將影響到所提供產品的品質。因此，強調旅館服務操作的規範與標準（SOP），保證每一個產品（即每一次服務，每一次操作）都是合格的產品，對旅館而言，顯得極其重要。

(六)是一連串人在同一時間分工合作組構成的商品

旅館的工作必須各司其職，分工合作來完成，就如同接力賽跑一樣，只要其中一人跑不好或出錯，這個隊伍註定要失敗。從接受訂餐、安排座位、師傅做菜、服務的過程等，如果是滿分的話，到結帳時，出納員卻「失格」與客人發生口角，則一切前功盡棄，功虧一簣。

(七)商品有瑕疵必須立即排除

旅館商品較其他他商品有其特殊性，一有故障或瑕疵，就須立即處理完成，否則它就難以被接受，例如硬體設備之故障像空調、電梯、水電等，會嚴重影響旅館營業狀況，同樣軟體的服務如有錯誤，亦可能招致不可收拾的後果，「馬上而迅速的完成或補償」才是唯一處理的方式。

三、投資經營的觀點

以投資經營觀點而言，有下列特性：

(一)受地理位置影響大

旅館建築業興建後，即附著在土地上，無法隨著住宿人數多寡或住宿需求增減而有所調整。旅客要投宿，就必須至有旅館的地方，受到地理位置的限制頗大。

(二)進入障礙高

旅館多興建於交通便利的市區，地價十分昂貴，加上整體裝潢與設備費用，這些固定資產的投入通常要占總投資額的八成至九成，此巨額的資金需求一般企業無法負擔，故形成此產業相當高的進入障礙。

(三)經營技術易被模仿

經營技術普遍可在各家同級或不同級的旅館中學到，即使有創新的產品與經營方式，也容易被同業模仿。

(四)短期供給無彈性

成立一家旅館，尤其是高檔旅館需要相當長的一段時間與龐大的資金，所以短期內的客房供應量無法快速因應需求而有所調整，彈性相當的差。

(五)先進入市場者無法因經驗累積而大量降低成本

旅館業為人力密集之服務業，所有品質的維繫皆繫於與顧客接觸的第一線員工，但是由於此產業的員工流動率相當嚴重，很難藉由經驗的累積而大

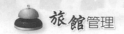

量降低成本。

(六)無先投資即獲產能之規模經濟

　　旅館落成後，產能即告固定，無法再擴大規模。而旅館是以人力密集作為品質的保證，所以規模越大，旅館要維持既定品質所需增加的相對人力就越多，故規模經濟性不大。

(七)需求具多樣性

　　旅館住宿的包括本國籍與外籍旅客，其經濟、文化、社會、心理背景各不相同，旅遊動機差異性也很大，故需求具多樣性且複雜。

四、發展途逕的觀點

　　旅館的發展是具多面向的，故其發展有下列特性：

(一)實行多品牌戰略

　　由於每家飯店的市場定位不同，同一品牌的飯店如提供差異極大的產品，將嚴重模糊消費者對飯店形象的認知，為解決此一問題，乃採市場細分化戰略，從原飯店區分開來，使每一類飯店有自己獨特品牌和標識。例如從福華飯店區分開來，較為平價的福泰橘子飯店，晶華酒店的平價旅館品牌——捷絲旅（Just Sleep），雲朗集團旗下分為君品、雲品、翰品、兆品、中信旅館系統。

(二)日益走向連鎖飯店方向發展

　　連鎖飯店在國內外迅速發展的主要原因是使飯店住宿服務具有可預見性和一致性，對越來越多的旅客具有很大的吸引力。例如國賓飯店、老爺酒店、長榮桂冠酒店、凱撒飯店等。

(三)飯店業之國際化經營程度越來越高

隨著經濟的發展，也益加國際化，國人流動性越大，對高檔飯店要求越殷切，飯店勢必提高其營運與管理水準。有些飯店乃與國外知名老牌飯店合作以加盟方式（franchise license）提高其營運績效和服務水準，如來來飯店與國際知名的喜來登集團合作、遠東集團與香格里拉飯店合作；或外資飯店集團的設立，如君悅飯店等，提高國內經營管理水準；或聘請外籍專業經理人，提升其飯店經營管理的技術。有些飯店在國內經營有成後乃將觸角伸向國外，成跨國連鎖飯店集團，如老爺酒店、長榮桂冠酒店等。

綜上所述，因為旅館具備有投入資本高、經營技術門檻低、經營樣貌多樣化等特性，旅館欲達成功地經營，尚須選擇一具優勢的地理位置，且因經營模式容易被模仿，因此，提升服務品質、創造差異化優勢就成為國際觀光旅館相當重要的成功經營要件。

專欄 1-1 十項最常見的旅館缺失

旅館商品有瑕疵必須立刻予以排除，下面的敘述須嚴肅且正面地看待。

Starwood Hotels & Resorts Worldwide前總裁Robert F. Cotter曾在某次記者會上舉出十項最常見的旅館缺失：

1. 入住客房未依照當初訂房要求（吸菸／禁菸樓層、窗外景觀、床鋪尺寸等）。
2. 進住時客房尚未準備完成。
3. 客房沒有打掃乾淨。
4. 對床鋪的不滿（床墊太硬或太軟，房內無額外供應的枕頭）。
5. 喚醒服務（wake up call）忘記。

6.浴室備品不齊。

7.服務怠慢等太久，如餐廳、酒吧、客房餐飲（room service）等。

8.房門隔音不好，易受外面嘈雜聲影響。

9.結帳時金額算錯。

10.退房（check-out）動作慢條斯理。

專欄 1-2　希爾頓飯店如何對客人說「No」

　　希爾頓不允許員工對客人說「No」。當客人問：「有房間嗎？」，如果沒有，該怎麼說？

　　「對不起，我們最後兩間保留房已經賣出去了，很抱歉。」如果五星級的希爾頓飯店員工只說這句話，那他只說了一半。還有一半怎麼說呢？他應該說：「我給您推薦兩家飯店，級數跟我們差不多，而且價格還低20元，要不要幫您訂看看？」客人聽到這樣的話，能不要嗎？接待員馬上連線其他飯店的客房預訂中心，直到把客人送上車。這種出乎意料的服務馬上會贏得客人的好感，激起客人下次一定要住希爾頓的欲望。

第四節　旅館的等級

　　旅館因服務深度之不同，有等級之分，其意義是指旅館的豪華程度、設備水準、服務範圍和服務品質來分等級。對顧客來說，旅館分等級可以讓顧客瞭解某一旅館的設施、服務情況，以便選擇適合自己要求的旅館。從而，旅館等級的高低實際上反應了不同層次賓客的需求。一般情況下，對於同規模、同類型旅館來說，客房平均房價，是旅館等級高低的客觀測量指標之一。

　　全世界旅館這麼多，為了向外推銷和方便旅客選擇旅館，各國政府和旅遊業的團體機構，根據旅館的設施等條件，將旅館劃分為不同等級。旅館等級的認定主要是依據旅館的位置、環境的幽雅程度、設施的齊備狀況、服務水準的高低等條件來劃分的。目前國際在劃分旅館等級上未有統一規定，但有些標準是眾所公認的，如清潔、設施水準、家具品質及維修保養、服務與豪華程度。各國在劃分旅館等級上都有各自的標準。世界公認的星級旅館大致如下：

1. 一般來說，五星級飯店屬豪華級飯店，其設備設施與服務均要呈現現代化特色。
2. 四星級飯店稱一流飯店，其設備設施和服務均能滿足經濟地位較高的上層消費者的需求。
3. 三星級飯店一般為中、高檔飯店，服務品質較好。
4. 二星級飯店為中、低檔飯店，能滿足一般社會大眾或家庭旅遊者的需求。
5. 一星級飯店屬經濟檔次的飯店，其設備設施和服務能滿足普通消費者的需求。

　　根據上面旅館等級之說明，彙整如**表1-2**。

表1-2　旅館星級示意表

星級	價位	設備水準
★ ★ ★ ★ ★	豪華飯店（Luxery Hotel）	Deluxe
★ ★ ★ ★	高價飯店（High-Price Hotel）	High Comfort
★ ★ ★	中價位經濟型飯店（Moderately Price Hotel）	Average Comfort
★ ★	經濟型飯店	Some Comfort
★		Economy

　　如以圖型表示旅館等級則如**圖1-2**所示。

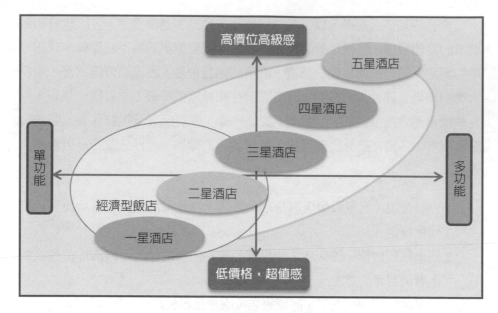

圖1-2　旅館等級示意圖

　　我國交通部觀光局所公布之星級旅館評鑑作業要點第三條，星級旅館基本條件如下：

一、一星級旅館

　　代表旅館提供旅客基本服務及清潔、衛生、簡單的住宿設施，其應具備條件：

1.基本簡單的建築物外觀及空間設計。
2.門廳及櫃檯區僅提供基本空間及簡易設備。
3.提供簡易用餐場所。
4.客房內設有衛浴間，並提供一般品質的衛浴設備。
5.二十四小時服務之接待櫃檯。

二、二星級旅館

代表旅館提供旅客必要服務及清潔、衛生、較舒適的住宿設施,其應具備條件:

1.建築物外觀及空間設計尚可。
2.門廳及櫃檯區空間較大,能提供影印、傳真設備,且感受較舒適,並附有等候休息區。
3.提供簡易用餐場所,且裝潢尚可。
4.客房內設有衛浴間,且能提供良好品質之衛浴設備。
5.二十四小時服務之接待櫃檯。

三、三星級旅館

代表旅館提供旅客充分服務及清潔、衛生良好且舒適的住宿設施,並設有餐廳、旅遊(商務)中心等設施,其應具備條件:

1.建築物外觀及空間設計良好。
2.門廳及櫃檯區空間寬敞、舒適,家具並能反應時尚。
3.設有旅遊(商務)中心,提供影印、傳真及電腦網路等設備。
4.餐廳或咖啡廳,提供餐飲,裝潢良好。
5.客房內提供乾濕分離之衛浴設施及高品質之衛浴設備。
6.二十四小時服務之接待櫃檯。

四、四星級旅館

代表旅館提供旅客完善服務及清潔、衛生優良且舒適、精緻的住宿設

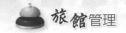

施，並設有二間以上餐廳、旅遊（商務）中心、會議室等設施，其應具備條件：

1. 建築物外觀及空間設計優良，並能與環境融合。
2. 門廳及櫃檯區空間寬敞、舒適，裝潢及家具富有品味。
3. 設有旅遊（商務）中心，提供影印、傳真、電腦網路等設備。
4. 二間以上各式高級餐廳（咖啡廳）並提供高級全套餐飲，其裝潢設備優良。
5. 客房內能提供高級材質及乾濕分離之衛浴設施，衛浴空間夠大，使人有舒適感。
6. 二十四小時服務之接待櫃檯。

五、五星級旅館

代表旅館提供旅客盡善盡美的服務及清潔、衛生特優且舒適、精緻、高品質、豪華的國際級住宿設施，並設有二間以上高級餐廳、旅遊（商務）中心、會議室及客房內無線上網設備等設施，其應具備條件：

1. 建築物外觀及空間設計特優且顯露獨特出群之特質。
2. 門廳及櫃檯區空間舒適無壓迫感，且裝潢富麗，家具均屬高級品，並有私密的談話空間。
3. 設有旅遊（商務）中心，提供影印、傳真、電腦網路或客房無線上網等設備，且中心裝潢及設施均極為高雅。
4. 設有二間以上各式高級餐廳、咖啡廳及宴會廳，其設備優美，餐點及服務均具有國際水準。
5. 客房內具高品味設計及乾濕分離之衛浴設施，其實用性及空間設計均極優良。
6. 二十四小時服務之接待櫃檯。

以服務型態而言，旅館有分多功能服務型（full service）及有限服務型（limited service）兩種，此與上述星級旅館的分類有相當密切之關係。前者為高星級旅館，設備設施齊全，餐廳提供豐富的菜色；而後者屬經濟型旅館（budget or economy hotel），僅提供住宿，不供應早餐或供應簡單早餐。如**表1-3**之說明可一目瞭然。

表1-3 旅館星級功能分類表

以機能分類	← 有限服務型 Limited Service		多功能服務型 → Full Service		
以價格範圍分類	budget	economy	midprice	upscale	luxury
平均價格範圍（美元）	35-59	59-79	79-135	135-325	250-600
星數	1星	2星	3星	4星	5星
代表性飯店	Sleep Inns Thrift Lodge Sixpence Inn	Holiday Inn Express Ramada Limited Comfort Inn Best Western Hampton Inn	Holiday Inn Courtyard Inn Days Inn Ramada Inn Travelodge Hotels Four Points	Marriot Omni Ramada Sheraton Hyatt Hilton Westin	Crown Plaza Renaissance Sheraton Grande Hyatt Regency Westin Hilton Tower Ritz-Calton

資料來源：依據飯嶋好彥（2011），頁40；Walker（2007），頁134，作者整理而成。

第五節　我國觀光旅館建築及設備標準法規

依據我國現行「觀光旅館建築及設備標準」，其規定如下：

第 1 條　本標準依發展觀光條例第二十三條第二項規定訂定之。

第 2 條　本標準所稱之觀光旅館係指國際觀光旅館及一般觀光旅館。

第 3 條　觀光旅館之建築設計、構造、設備除依本標準規定外，並應符

合有關建築、衛生及消防法令之規定。

第 4 條　依觀光旅館業管理規則申請在都市土地籌設新建之觀光旅館建築物，除都市計畫風景區外，得在都市土地使用分區有關規定之範圍內綜合設計。

第 5 條　觀光旅館基地位在住宅區者，限整幢建築物供觀光旅館使用，且其客房樓地板面積合計不得低於計算容積率之總樓地板面積百分之六十。

前項客房樓地板面積之規定，於本標準發布施行前已設立及經核准籌設之觀光旅館不適用之。

第 6 條　觀光旅館旅客主要出入口之樓層應設門廳及會客場所。

第 7 條　觀光旅館應設置處理乾式垃圾之密閉式垃圾箱及處理濕式垃圾之冷藏密閉式垃圾儲藏設備。

第 8 條　觀光旅館客房及公共用室應設置中央系統或具類似功能之空氣調節設備。

第 9 條　觀光旅館所有客房應裝設寢具、彩色電視機、冰箱及自動電話；公共用室及門廳附近，應裝設對外之公共電話及對內之服務電話。

第 10 條　觀光旅館客房層每層樓客房數在二十間以上者，應設置備品室一處。

第 11 條　觀光旅館客房浴室應設置淋浴設備、沖水馬桶及洗臉盆等，並應供應冷熱水。

第 11-1 條　觀光旅館之客房與室內停車空間應有公共空間區隔，不得直接連通。

第 12 條　國際觀光旅館應附設餐廳、會議場所、咖啡廳、酒吧（飲酒間）、宴會廳、健身房、商店、貴重物品保管專櫃、衛星節目收視設備，並得酌設下列附屬設備：

一、夜總會。

二、三溫暖。

三、游泳池。

四、洗衣間。

五、美容室。

六、理髮室。

七、射箭場。

八、各式球場。

九、室內遊樂設施。

十、郵電服務設施。

十一、旅行服務設施。

十二、高爾夫球練習場。

十三、其他經中央主管機關核准與觀光旅館有關之附屬設
　　　備。

前項供餐飲場所之淨面積不得小於客房數乘一點五平方公
尺。

第一項應附設宴會廳、健身房及商店之規定，於中華民國
九十二年四月三十日前已設立及經核准籌設之觀光旅館不適
用之。

第 13 條　國際觀光旅館房間數、客房及浴廁淨面積應符合下列規定：

一、應有單人房、雙人房及套房三十間以上。

二、各式客房每間之淨面積（不包括浴廁），應有百分之六十
　　以上不得小於下列標準：

　　(一)單人房十三平方公尺。

　　(二)雙人房十九平方公尺。

　　(三)套房三十二平方公尺。

三、每間客房應有向戶外開設之窗戶，並設專用浴廁，其淨面
　　積不得小於三點五平方公尺。但基地緊鄰機場或符合建
　　築法令所稱之高層建築物，得酌設向戶外採光之窗戶，不
　　受每間客房應有向戶外開設窗戶之限制。

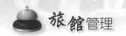

第 14 條　國際觀光旅館廚房之淨面積不得小於下列規定：

供餐飲場所淨面積	廚房（包括備餐室）淨面積
一五〇〇平方公尺以下	至少為供餐飲場所淨面積之三三%
一五〇一至二〇〇〇平方公尺	至少為供餐飲場所淨面積之二八%加七五平方公尺
二〇〇一至二五〇〇平方公尺	至少為供餐飲場所淨面積之二三%加一七五平方公尺
二五〇一平方公尺以上	至少為供餐飲場所淨面積之二一%加二二五平方公尺

未滿一平方公尺者，以一平方公尺計算。

餐廳位屬不同樓層，其廚房淨面積採合併計算者，應設有可連通不同樓層之送菜專用升降機。

第 15 條　國際觀光旅館自營業樓層之最下層算起四層以上之建築物，應設置客用升降機至客房樓層，其數量不得少於下列規定：

客房間數	客用升降機座數	每座容量
八〇間以下	二座	八人
八一至一五〇間	二座	十二人
一五一至二五〇間	三座	十二人
二五一至三七五間	四座	十二人
三七六至五〇〇間	五座	十二人
五〇一至六二五間	六座	十二人
六二六至七五〇間	七座	十二人
七五一至九〇〇間	八座	十二人
九〇一間以上	每增二〇〇間增設一座，不足二〇〇間以二〇〇間計算	十二人

國際觀光旅館應設工作專用升降機，客房二百間以下者至少一座，二百零一間以上者，每增加二百間加一座，不足二百間者以二百間計算。前項工作專用升降機載重量每座不得少於四百五十公斤。如採用較小或較大容量者，其座數可照比例增減之。

第 16 條　一般觀光旅館應附設餐廳、咖啡廳、會議場所、貴重物品保
　　　　　管專櫃、衛星節目收視設備，並得酌設下列附屬設備：

一、商店。

二、游泳池。

三、宴會廳。

四、夜總會。

五、三溫暖。

六、健身房。

七、洗衣間。

八、美容室。

九、理髮室。

十、射箭場。

十一、各式球場。

十二、室內遊樂設施。

十三、郵電服務設施。

十四、旅行服務設施。

十五、高爾夫球練習場。

十六、其他經中央主管機關核准與觀光旅館有關之附屬設備。

前項供餐飲場所之淨面積不得小於客房數乘一點五平方公尺。

第 17 條　一般觀光旅館房間數、客房及浴廁淨面積應符合下列規定：

一、應有單人房、雙人房及套房三十間以上。

二、各式客房每間之淨面積（不包括浴廁），應有百分之六十
　　以上不得小於下列標準：

　　(一)單人房十平方公尺。

　　(二)雙人房十五平方公尺。

　　(三)套房二十五平方公尺。

三、每間客房應有向戶外開設之窗戶，並設專用浴廁，其淨面
　　積不得小於三平方公尺。但基地緊鄰機場或符合建築法

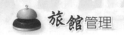

令所稱之高層建築物，得酌設向戶外採光之窗戶，不受每間客房應有向戶外開設窗戶之限制。

第 18 條　一般觀光旅館廚房之淨面積不得小於下列規定：

供餐飲場所淨面積	廚房（包括備餐室）淨面積
一五○○平方公尺以下	至少為供餐飲場所淨面積之三○%
一五○一至二○○○平方公尺	至少為供餐飲場所淨面積之二五%加七五平方公尺
二○○一平方公尺以上	至少為供餐飲場所淨面積之二○%加一七五平方公尺

未滿一平方公尺者，以一平方公尺計算。

餐廳位屬不同樓層，其廚房淨面積採合併計算者，應設有可連通不同樓層之送菜專用升降機。

第 19 條　一般觀光旅館自營業樓層之最下層算起四層以上之建築物，應設置客用升降機至客房樓層，其數量不得少於下列規定：

客房間數	客用升降機座數	每座容量
八○間以下	二座	八人
八一至一五○間	二座	十人
一五一至二五○間	三座	十人
二五一至三七五間	四座	十人
三七六至五○○間	五座	十人
五○一至六二五間	六座	十人
六二六間以上	每增二○○間增設一座，不足二○○間以二○○間計算	十人

一般觀光旅館客房八十間以上者應設工作專用升降機，其載重量不得少於四百五十公斤。

第 20 條　本標準自發布日施行。

第六節　旅館發展概況

　　旅館的發展取決於提供客源的國內旅遊、入境旅遊市場的需求發展狀況，這又取決於下列宏觀驅動因素的影響：經濟因素、自然資源因素、技術因素、國內外政治法律因素、社會文化因素。但同時也受到微觀因素的影響，主要有旅館經營管理理念與經營管理方式、旅館供貨系統的情況、旅館的市場營銷網絡、旅館的客源市場情況、旅館的競爭對手（替代性供給）情況、旅館的公共關係情況。

一、集團化與管理品質的提升

　　國內外大型企業集團旗下連鎖旅館不斷地增加與擴充經營版圖，國外一些知名品牌的高星級旅館如萬豪國際旅館集團（Marriot）、四季旅館集團、香格里拉旅館集團等其在全球的旅館數一直在增加中，而我國旅館集團規模亦不斷地增加與擴展，如福華旅館集團、國賓旅館集團、老爺旅館集團等，而麗寶集團旗下的福容飯店連鎖集團更是異軍突起，擁有國內多家高檔旅館。但國內旅館集團經多年的淬鍊和經驗的累積，不斷地吸收管理技術，經營管理水準與國外同業相比已不遑多讓。

二、網路銷售管道的發展

　　傳統的旅館行銷管道以旅行社、航空公司、企業合約等作為主要通路，隨著網路普及程度提高，使用人口也逐漸增多，許多行銷方式均是透過網路方式來達成，只要透過網路平台從事行銷活動與行銷溝通，即稱之網路行銷。旅館本身訂房系統、旅遊行銷網站、聯合訂房中心等都是網路行銷平台。茲列表說明旅館網站之功能：

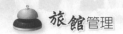

表1-4　旅館網站功能表

網站構面分類	網站功能性	網站功能項
訊息功能	1.旅館資訊	旅館位址圖、旅館簡介、旅館導覽、連鎖旅館、3D虛擬實境、Flash動畫、友站連結、人才招募
	2.資訊設施	餐飲介紹、客房介紹、設施服務、宴會會議、價目表
	3.周邊資訊	交通資訊、景點資訊、套裝行程、接駁車
	4.行銷資訊	優惠活動、新聞、廣告
溝通功能	1.旅客互動性	e-mail、與我們聯絡、留言板、問卷調查、會員專區、傳真區、電子書、站內搜尋器
	2.語言選擇性	英文版、日文版、簡體版、其他語言
交易功能		線上訂房、線上訂位（餐廳）、線上付款

資料來源：梁耀文（2010）。網路行銷與旅館營運績效研究。

三、新型業態與客房類型的發展

隨著觀光旅遊市場的細分深化，出現了迎合平時公務與商務會議需要、滿足週末與連休日休閒需要的渡假旅館加速發展的趨勢，出現了適合一般商人與渡假遊客旅行需要的經濟型旅館的發展；出現了伴隨休閒農業發展的農業休閒旅館（也包括民宿）發展；也出現了滿足長住者需要的長住型公寓旅館的發展，其客房中配有廚房、洗衣機、微波爐；也出現了滿足各種特殊生活方式需要的主題旅館或精品旅館；或是一種超低價位（每晚房價在台幣300～600元）旅館。例如所謂膠囊旅館的膠囊客房。一般旅館的客房也出現了主題化趨勢，例如健身睡眠客房、情侶客房等。二、三星級中檔旅館的創新業態也在探索發展中。

四、新興區域的旅館快速發展

在國內外，新興地區的旅館正快速發展中，我國的一些風景區、遊樂區、溫泉區，旅館一家一家如雨後春筍般地冒出，國外如中東杜拜、巴林，

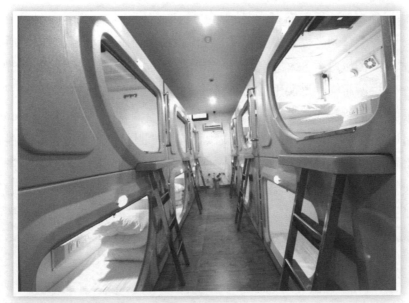

膠囊旅館中的膠囊客房（亦稱太空艙客房），住宿一晚約台幣600～800元，成為背包客的新寵

膠囊旅館

新加坡的聖陶沙，中國海東莞、深圳、海南島三亞、上海浦東等，這些旅館都有共同的特徵，即是以豪華舒適為號召。

五、品牌多元化的經營

單一品牌經營模式是旅館集團對其生產經營的所有旅館產品均使用同一品牌名稱，其優勢在於能夠集中企業財力、物力塑造單一品牌，有利於準確傳達企業統一的公司哲學與經營理念；其缺點在於不利於與多種檔次的旅館產品相容，從而造成產品形象模糊。以精品國際飯店公司（Choice Hotels International）為例是一個典型的主要依靠品牌經營戰略迅速成長起來的旅館集團。它在短短二十多年的時間裡主要透過品牌特許經營、多產品品牌組合、品牌行銷等品牌經營策略實現了其在全球市場規模的迅速擴大，品

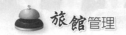

牌價值日益提高。目前擁有8個品牌的精品國際已經在全業務範圍從經濟型
消費、中等消費到高檔奢侈型消費,各種服務無所不包;服務對象包括商務
旅遊者、度假旅遊者、大眾旅遊者、家庭旅遊者、自由職業者等社會各階層
人士。凱悅飯店集團是使用這種品牌組合方式的典型代表,飯店母品牌「凱
悅」向顧客展現集團產品高品質的整體形象,子品牌(例如Grand Hotels、
Park Hotels、Regency Hotels)則從飯店檔次、服務特色等方面向顧客提供
不同的個性服務與價值體驗,豐富並提升了母品牌的形象。例如雅高集團
(Accor)有豪華、中檔、經濟型等不同的旅館細分市場,在Accor聯號品牌
下延伸出Sofitel、Novotel、Mercure、Ibis等多個品牌,達到了明晰產品定位
以有效占領不同細分市場的目的。世界著名飯店聯號及其品牌詳如**表1-5**。

表1-5　世界著名連鎖飯店及其品牌

飯店名稱	品牌Logo	旗下品牌
希爾頓飯店集團公司 Hilton Hotels Corporation	Hilton	希爾頓飯店(Hilton Hotels)、華爾道夫(Waldorf Astoria Hotel)、港麗(Conrad Hotels)、雙樹逸林(Double Tree)、大使套房酒店(Embassy Suite)、庭園旅店(Garden Inn)、漢普頓旅館(Hampton Inn and Suites)、家木套房酒店(Homewood Suite)、希爾頓渡假俱樂部(Hilton Grand Vacations Club)
洲際飯店集團 InterContinental Hotels Group	IHG InterContinental Hotels Group	洲際飯店(InterContinental Hotels & Resorts)、皇冠假日飯店(Crowne Plaza Hotels & Resorts)、假日飯店(Holiday Inn)、假日快捷(Holiday Express)、Hotel Indigo品牌飯店、Candlewood品牌飯店、Staybridge公寓式酒店

（續）表1-5　世界著名連鎖飯店及其品牌

飯店名稱	品牌Logo	旗下品牌
萬豪國際飯店集團公司 Marriott International, Inc. Hotels	Marriott	萬豪（Marriott Hotels & Resorts）、JW萬豪（JW Marriott Hotels & Resorts）、萬麗（Renaissance Hotels & Resorts）、萬怡（Courtyard）、萬豪居家（Residence Inn）、萬豪費爾菲德（Fairfield Inn）、萬豪唐普雷斯（TownePlace Suites）、萬豪春丘（SpringHill Suites）、萬豪渡假俱樂部（Marriott Vacation Club）、華美達（Ramada Plaza）、麗茲—卡爾頓（Ritz-Carlton）
凱悅國際飯店集團 Hyatt Hotels & Resorts	HYATT HOTELS & RESORTS	凱悅（Hyatt Regency）、君悅（Grand Hyatt）、柏悅（Park Hyatt）、凱悅渡假村（Hyatt Resots）、凱悅假日俱樂部（Hyatt Vacation Club）、艾美麗（Ameri Suites）、霍桑（Hawthorne）、夏田（Summerfield Suites）
聖達特國際集團 Cendant Corporation 分為旅遊、房地產、證券、資產四個不同公司	CENDANT	豪生（Howard Johnson）、戴斯（Days Inn）、騎士（Knight Inns）、速8（Super 8 Motel）、Travelodge、Villager Lodge、Wingate、Amei Host Inn、Wyndham Hotels & Resorts
喜達屋國際酒店集團 Starwood Hotels & Resorts Worldwide, Inc.	starwood Hotels and Resorts	聖瑞吉斯（St. Regis）、至尊精選（The Luxury Collection）、喜來登（Sheraton）、威斯汀（Westin）、W酒店（W Hotels）、美麗殿艾美（Le Meridien）
雅高 Accor	ACCOR	索菲特（Sofitel）、諾富特（Novotel）、鉑爾曼（Pullman）、美爵（Grand Mercure）、Suitehotel、宜必思（Ibis）、All Seasons、Hotel F1、Motel 6、Studio 6、伊塔普飯店（Etap'Hôtel）、紅屋頂客棧（Red Roof Inns）、弗慕勒飯店（Hotel Formule）

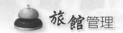
（續）表1-5　世界著名連鎖飯店及其品牌

飯店名稱	品牌Logo	旗下品牌
精品國際 Choice Hotels International	Choice Hotels	Sleep Inn、Comfort Inn、Quality Inn & Suites、Clarion Inn、Econo Lodges、Rodeway Inn

資料來源：谷慧敏（2001）。《世界著名飯店集團管理精要》。遼寧科學技術出版社；李欽明（2016）。〈中國大陸飯店產業發展與產業變遷之研究〉。《展望與探索》，第10卷第4期，頁87；百度文庫，世界著名酒店集團旗下品牌，http://wenku.baidu.com/view/cfd60e255901020207409c19.html，2011-7-13；依據上述文獻作者整理。

六、旅館工作與服務項目外包

　　旅館有些服務項目由於缺乏專業人員或相關資源，採取對外租賃的形式，把場地、設施設備甚至連帶人員租賃給旅館外部的合作方式，旅館只收取租金或者承包費。這種項目外包的好處是承包者專業化程度較高，旅館的資源更能充分有效的利用。服務項目外包最早從旅館的周邊配合設施或是非核心產品開始，例如花店、三溫暖、娛樂設施等，後來隨著外包業務的深入，旅館的餐飲甚至廚房實施了外包。

　　另一種外包方式也頗多見，即純粹工作人力的外包，旅館須支付一定的費用給人力外包商，以作為外包商的利潤和僱用人力的開銷，像薪資及勞健保費用。大抵上，旅館只將人力外包給包商承攬，由其僱用人員來執行工作，如安全警衛、房務、公共區域清潔，或是園藝、保養維修等工作，經營權仍屬館方。

　　無論何種外包方式，外包單位看重的是承包期內的收益，而旅館看重的是工作效率和長遠利益。由於兩者利益重點的偏差，在經營管理上會存在很大的差異。所以在外包合約上，旅館方面應保有管理與監督權，以維持旅館一定的服務水準和工作品質。

結　語

　　以目前台灣市場環境而言，旅館業是一個發展迅速而又競爭日趨激烈的行業。現代旅館的生存與發展，如果僅僅從內部管理的角度，合理計畫配置人、財、物的資源，保證經營業務良好運作，提高服務品質，強化成本控制，建立有效的管理制度等方面是遠遠不夠和缺乏競爭力的，還必須注重於經營戰略角度，以市場變化為中心，以客戶需求變化為出發點，充分利用市場規律，透過與市場的雙向訊息交流，用科學方法分析預測，對旅館經營方向、目標、內容、方式、市場策略等做出戰略性決策。

一、旅館經營

　　旅館經營就是在市場經濟、經營創意的原則下，以市場為對象，以客源組織、產品銷售和接待服務活動為重點，為取得經濟效益而進行的一系列運籌謀劃。旅館經營的主要內容為：

1.研究分析旅遊市場的需求特點、發展趨勢、競爭程度、結構類型。
2.開發設計符合市場需求的旅館產品。
3.旅館市場的選擇與定位；參與競爭方式的選擇以及競爭對策的謀劃。
4.制定保證旅館取得最佳利潤和顧客滿意的價格，以及對應價格的策略與對策。
5.旅館經營不但要考慮現在，更要放眼未來，旅館的未來應該是什麼，應該怎樣去做。
6.旅館經營活動的實現，可依賴的外部資源和內部資源工具和手段有哪些。
7.旅館要給社會公眾一個什麼樣的形象，以及如何來做。

二、service與hospitality的差異

　　依一般瞭解，所謂service與hospitality在性質上有所不同，從事旅館業者應予深切的認識和釐清，以作為對顧客良好的互動基礎。

　　service定義為：借助特定的設施設備作為手段或工具，以個人行為和行為結果來滿足他人物質及精神的需要的活動，其屬性為規範化服務、個性化服務、情感化服務。易言之，盡可能滿足顧客需求，給予方便上的支援，強調視顧客如上帝般的親切與關懷。

　　hospitality定義為：對人的一種「招待」、「照顧」、「慈善」、「禮遇」的心情，是人際間發自內心親切的、溫暖的互動和共通關係，而非固定不變按規範行事。

　　表1-6說明兩者差異之比較，更能釐清旅館服務之本質，使旅館對客服務更能踏實到位。

表1-6　service與hospitality差異對照表

service	上下主從關係	有服務費的對價關係	提供者和接受者各自的行為	規範化	追求效率化	講究工作系統化	透過實體之行動	傾向功利主義的色彩
hospitality	對等相互關係	有收取小費的附加價值	提供者和接受者雙向的心理作用	個人化	追求人性化	講究人際網絡化	透過關係之行動	傾向利他主義的色彩

資料來源：作者整理。

Chapter 2

旅館的經營型態

- 經營型態的演化——美國旅館歷史的概述
- 旅館經營型態分析
- 各種經營型態的優勢與劣勢
- 管理公司的篩選與合約內容
- 結　語

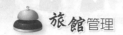

　　由於現代旅館產業管理經營技術起源於歐美，其營運的方式可說是歐美舶來式的。毋寧說，此種方式更相當反映出美國經營管理的精神。美式的旅館經營隨著業務進展而產生連鎖旅館，再發展出跨國經營的巨獸（Leviathan），這是在資本主義下企業必然的擴張結果。連鎖旅館其意義即是：「旅館連鎖（hotel chain）指在本國或全球各地直接或間接地控制二個以上的旅館，以相同的店名和商標、制式化的經營管理、標準的操作程序和服務方式，來進行聯合經營的企業。」其整個樣貌呈多樣性，本章將詳細論述與分析。

第一節　經營型態的演化——美國旅館歷史的概述

　　十八世紀後期，剛從英國獨立出來的美國，當時人口不多，經濟尚未繁盛熱絡，但在東岸沿海的城市已出現作為社交場合的旅館，規模不算小，這種旅館猶如英國客棧（inn）的放大版。

　　到了十九世紀，美國經濟已有長足發展，東岸城市波士頓已有較完備的一家旅館，稱「特里蒙多旅館」（Tremont House），在紐約則有豪華旅館「華爾道夫—亞士多里亞飯店」（The Waldorf-Astoria），都同為歐式建築的華麗旅館。「特里蒙多旅館」的營運方式在當時是一個劃時代的里程碑——「資本」與「經營」分離，亦即所有者與經營者是分開的。最令人耳目一新的是「華爾道夫—亞士多里亞飯店」，首先規劃完成了《飯店

特里蒙多旅館（Tremont House, 1829-1895）位於美國麻薩諸塞州波士頓，亦為首創行李員服務之旅館

畫家筆下的特里蒙多旅館

服務手冊》與建構一套現行使用的「旅館會計」，使得旅館經營邁向一新的領域。

　　進入二十世紀，美國經濟力已強，中產階級大增，為了滿足社會大眾旅行的需要，旅館亟待普遍設立。當時有位旅館的先驅者埃爾斯沃斯·斯塔特勒（Ellsworth Milton Statler），以較平價的房租而能維持一定服務水準的方式經營旅館，並利用科學化的計量管理做成本控制以實現薄利多銷的願望，也因此生意大好，一家接一家的開，連鎖旅館的經營方式順利得到推廣。

　　第二次世界大戰後，希爾頓集團併購斯塔特勒的各地旅館，使得該集團實力大增，知名度一躍而上，連鎖旅館逐漸成為一種營運趨勢。為了擴充連鎖帝國版圖，集團創辦人康拉德·希爾頓（Conrad Hilton）也導入了委託經營管理方式（management contract，又稱管理契約），藉此方式，連鎖旅館化的速度像快馬加鞭一樣往前疾馳。

專欄 2-1　埃爾斯沃斯·斯塔特勒

　　早在1917年，美國飯店業的專業雜誌《飯店世界》（*Hotel World*）就發表了亨利·波恩的文章，已經明確指出斯塔特勒（Ellsworth Milton Statler, 1863-1928）是美國飯店業標準化之父。這意味著他也是世界飯店業標準化之父。他跟美國的精英分子一樣，永遠不滿足於已有的成績，敢於突破常規，敢於創新，因此每設計一個新飯店總會有好多新事物。他的創新理念筆者不得不佩服地尊稱為「飯店的先知」，他首創：

- 每間客房都有自己的浴室
- 每間客房安裝了電話
- 客房有飲用水
- 電燈的開關安裝在房門旁

- 門鎖、門把合為一體
- 客房門上安裝顯示燈
- 客房備有書桌、紙筆等文具
- 房間增設衣櫥
- 各樓層樓梯口設防火牆

　　從現代飯店發展史來看，與豪華貴族型飯店不同的商業型飯店究竟具有什麼樣的特點呢？他看準了三個重點，首先，它的市場大，它的顧客是一般的消費者；其次，旅行者的目的主要是商務旅行，所以飯店主要被商務客人使用；第三，為了實現低價，實行成本控制型管理，在一定的費用範圍內為商務客人提供高品質的設施和服務。

　　斯塔特勒先生成功的經驗之二是強調飯店位置（location）。對任何飯店來說，取得成功的三個最重要的因素是「地點、地點、地點」。尋找適宜的地點來建造飯店是他一生的信條。但是，他的地點選擇，不僅要看當時的情況，而且要看到未來的發展，要把飯店設計在未來繁華的街道上。他的經典名言流傳至今：「客人永遠是對的」（The guest is always right），所以他十分注重服務品質的教育，這種理念也是給業界最大的貢獻。他同時制定「斯塔特勒服務守則」，主張僱用善良、快樂的人，生性溫厚的人，不是這樣的人就不用；他認為服務人員必須「和藹可親、態度熱情、笑口常開」。他告訴員工：「千萬不要過分自信，不要說話尖刻，不要標新立異。」

　　斯塔特勒先生在1928年65歲時去世。當時他已建造了擁有7,250間客房的斯塔特勒飯店集團。1954年客房雖已發展至10,400間，所有飯店則以1.11億美元出售給希爾頓集團，富有光榮歷史的斯塔特勒飯店終於打上了休止符。

埃爾斯沃斯・斯塔特勒
（Ellsworth Milton Statler）

另外,隨著美國汽車工業快速的發展,無遠弗屆而綿密的高速公路網已經相當完備,為了應付急速增加的開車旅行客人,假日飯店(Holiday Inn)看準市場需要應運而生。假日飯店的創辦人凱蒙斯·威爾遜(Kemmons Wilson),經營旅館很有一套手法,他利用飯店的「商標使用權」和「經營技術」作為一種商業的買賣,也就是以「加盟方式」廣招有意加入的旅館,在共同名號及管理制度下從事旅館的經營。在凱氏的催生下,連鎖旅館經營方式快速的推廣。

擁有里茲·卡爾頓酒店(Ritz Carlton)、萬豪酒店(Marriott)、文藝復興酒店(Renaissance)等相當知名品牌的萬豪國際酒店集團(Marriott International),在設立時,絕大多數是以自己擁有的旅館,用直營方式來從事旅館的營運。但是,在1980年代正積極擴充旅館版圖的時候(當時隆納·雷根當選總統),這時美國經濟處於停滯不前的狀態,自然,不動產業也受到嚴重波及。龐大的債務及利息負擔,壓得該集團無以為繼,面臨營運的危機。但是另一方面,旅館業務的經營非但未受影響,反倒是業績蒸蒸日上。

於是該集團採取了挽救策施,即是負龐大債務的旅館建築物,這些不動產因可能嚴重影響公司的營運業務,乃將「所有權」與「經營業務」兩者分開:轉化成「旅館不動產持有」的萬豪控股公司(Host Marriott)以及從事「旅館業務經營」的萬豪國際集團(Marriott International),成為兩家不同性質的公司。此一策施使得實際操作旅館業務的萬豪國際集團不再有束縛,像展翅的鳥一樣往前衝刺業績;而「旅館不動產持有」的萬豪控股公司則是將其建物轉換為「房地產信託投資基金——不動產證券化」(Real Estate Investment Trust, REIT),直接轉化為資本市場上的證券資產的金融交易。

對於「資本(所有)」與「經營管理」的分離、旅館連鎖化、委託營運方式(management contract)、加盟連鎖(franchise)等各種方式的經營,在美國有了合理性的發展基礎,這些新生事物的經營方式從美國開始而向世界擴展。

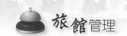

 ## 第二節　旅館經營型態分析

經營型態可依其所有權、經營管理權及決策權,包括經營方式、人事運用、人員訓練、旅館名稱與連鎖主體收入來源等項目作為判斷的依據。其中經營權是指關於股權分配、營業損益決算的管制、營業有關的預算資金運用權等權力;管理權則包含營業相關的業務運作、會計、出納、財務、採購等作業以及業務推廣與行銷。

由前述可知,旅館之所以有各種的型態規劃,係因投資耗費相當龐大,許多企業無法單獨承擔,加以觀光市場的國際化,即使有財力的業主,不見得有能力經營,於是出現權能區分的現象。所有權與經營權可因雙方需要予以搭配,而產生下列經營型態,**圖2-1**即標示旅館四種主要經營型態:

1.自資獨立直營方式(亦稱獨立經營,Independent)。
2.租賃營業方式(Lease)。

圖2-1　旅館四種主要經營型態圖示

3.加盟連鎖方式（Franchise Chain，簡稱FC）。

4.委託經營方式（Management Contract，簡稱MC）。

茲詳細分述旅館的經營型態：

一、自資獨立直營方式

投資的業者不借助外力，獨立經營或管理其投資的旅館，具所有權或經營管理決策權。而未加入國際連鎖系統，獨立自資經營也能發揮特有的優點，如企業資金可統籌運用，經營管理人員調派較為靈活有自主權、因應變化彈性較大等。缺點則為投資風險較高，面臨市場競爭壓力較大。

依自資獨立直營旅館的特性，事業主有經營權、管理權和所有權：

(一)經營權

1.資金調度。

2.股權分配。

3.人事運用。

4.營業損益決算之控制與因應。

5.營業有關之預算資金的運用權。

(二)管理權

1.旅館客房、餐飲、宴會廳及其營業相關之業務運作（含人事）。

2.經營上所需之會計、出納、財物及採購作業。

3.業務推廣與行銷促進。

(三)所有權

指旅館資產之所有權人。

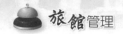

　　直營的連鎖旅館由總公司在不同區域經營的連鎖旅館，或由總公司收購既有旅館，以投資的方式控制及支配旗下的旅館，彼此規範並享有互相的權益與義務。因此旅館事業本身或其關係企業除了直接擁有旅館外，各連鎖旅館的所有權及經營權屬於總公司，擁有絕對的控制及管理權。

　　直營連鎖又稱Regular Chain（RC）這是一個道道地地的日制英文（日本人稱爲「和制英語」），雖然尙未得到國際的認同，但是在日本卻已經普遍被接受。而國內有些人喜歡直接引用日本的資料，在我們的某些報刊中出現RC的字樣，其實就是指直營店。直營店的優點是經營完全在總公司的操控之中，人事方面能資源分享、共同採購，並節約成本。缺點在於由於完全由總公司出資，總公司派人經營，在市場的開拓方面進展較慢，尤其在地價房租高漲的今天更是如此。直營店的典型例子在本國則爲國賓大飯店，日本如王子大飯店、東急大飯店等都是只有直營店而沒有加盟店。

　　直營連鎖經營方式較爲單純，如圖2-2之說明。

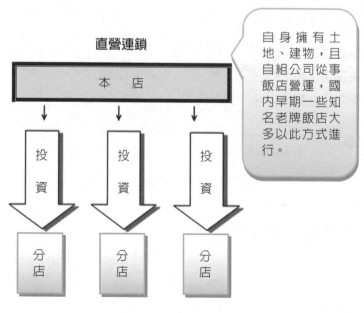

圖2-2　直營連鎖式意圖

二、租賃營業方式

也有不少自資獨立直營旅館以租賃方式出現，茲詳述如下：

1.經營者因本身無法擁有該旅館之產業乃以租賃方式處理。

2.有些財團因本身企業擴大，為了管理上方便，或節稅理由、因家族分產因素乃另行成立一家管理公司，以租賃方式向原所有權人承租方式經營，法律上是兩家公司，事實上仍有自資自營的特性。

3.租金計算方式：

(1)固定租金方式：最普遍採用的方式，租借者向所有者每月固定支付固定租金，連同保證金、押金存進的情況較多；租金視契約而定，大概每三至四年調整。

(2)營業比率方式：依營業額度有一定的比率計算來支付租金的方式。

(3)併用方式：基本上有固定的租金外，另訂營業額有超過定額時，再依比率計算租金的一種併用方式。

4.固定租金及實際租金：

計算租金時，應將保證金部分利息計入。例如：

(1)固定租金：保證金10萬／坪，租金1,000元／坪，一般以此類推計算之。

(2)實際租金：保證金、押金的利息加上租金稱實際租金。若以年息9%計，則：

100,000×9%／12個月=750元／坪

1,000元+750元=1,750元／坪

5.工事方面：租賃型方式的情況，因擁有資產伴隨資金的負擔，所以區分為出租人負擔及承租人負擔兩部分。因此發包也以此基本為原則而分別執行。一般考慮在營業上比較短期內需要更新內裝或動產的部分，由承租人負擔的情況較多。雙方亦必須議定租約到期解約時，其

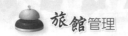

中承租人所支付之固定設備處理原則，以免日後發生爭執。

通常租賃營業方式在建物交接時，建物所有人與承租人都會在契約上載明雙方對建物設施的承擔的各自責任，以維持合作愉快，避免糾紛。

三、加盟連鎖方式

亦即授權加盟連鎖，獨立的旅館與連鎖旅館集團簽訂長期合作契約的方式，藉由建立一套標準營運系統方式，將該系統使用的權利授予加盟業者，連鎖旅館總部（franchiser）提供技術上販賣的策略、經營及人員訓練等服務，並賦予權力參加組織，可利用連鎖組織的旅館名稱、商標及經營方式，並由加盟旅館（franchisee）每年給付連鎖旅館集團定額的連鎖加盟金（franchise fee）等相關費用。除了人員訓練的方法外，連鎖旅館也會安排高階管理者接受人事訓練課程，使其瞭解企業文化並熟悉營運程序。以此型態經營的旅館可保留經營權與所有權，財務、人事方面完全獨立運作。但旅館連鎖集團會不定期派人抽檢，以維持連鎖集團的形象與水準。爲近年來酒店產業盛行的合作方式，如全球最大的連鎖體系假日酒店Holiday Inn即屬此類，其他則如Hilton、Best Western及Ramada Inn、Sheraton等知名酒店均屬此類。

其優點爲共用市場訊息、連鎖訂房系統及廣告宣傳、提高旅館知名度並開拓市場，且加盟旅館可取得連鎖旅館集團的標準作業程序。缺點是旅館經營管理受到連鎖旅館集團限制，使因應市場變化所訂定的策略靈活度降低。

知名品牌在特許加盟經營也是一種國際趨勢，其主要好處不僅僅在經營方面、管理方面、服務方面；如果我們從投資人的角度，特別是從房地產界的角度，實際上還有價值的提升，例如業主花費十億元建造一家五星級旅館，如果是以自主品牌來評估時或獨立自主經營時，可能就是十億，如果用國內某品牌，可能評估12億，但如果業主使用萬豪（Marriot）或是喜來登（Seraton）品牌的特許經營，冠上品牌之後，可以評估至15億。

加盟連鎖旅館流程

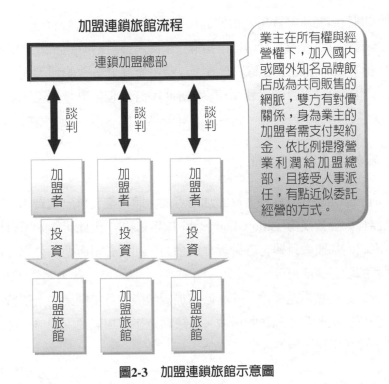

業主在所有權與經營權下，加入國內或國外知名品牌飯店成為共同販售的網脈，雙方有對價關係，身為業主的加盟者需支付契約金、依比例提撥營業利潤給加盟總部，且接受人事派任，有點近似委託經營的方式。

圖2-3 加盟連鎖旅館示意圖

圖2-3簡單說明加盟連鎖旅館的示意圖流程，即可一目瞭然。

旅館加盟特許經營的形式有多種，依出資比例與經營方式大致可分為自願加盟、委託加盟與特許加盟。其中特許加盟因風險小、利潤高而在旅館業是最常見的旅館加盟類型。茲介紹如下：

(一) 自願加盟（voluntary chain）

即是指個別單一店鋪自願採用同一品牌的經營方式及負擔所有經營費用，這種方式通常是個別經營者（旅館加盟者）繳交一筆固定金額的指導費用（通稱旅館加盟金），由總部教導經營的知識再開設店鋪，或由經營者原有店鋪經過總部指導改成連鎖總部規定的經營方式。一般而言，這樣的方式每年還必須繳交固定的指導費用，總部也會派員輔導，但也有不收此一部分

費用者,開設店鋪所需費用全由旅館加盟者自己負擔;由於旅館加盟者是自願加入,總部只收取固定費用給予指導,因此所獲盈虧與總部毫不相干。

　　此種方式的優點是旅館加盟者可以獲得全部大多數的利潤而不需與總部分享,也無百分之百的義務須聽從總部的指示,但缺點是總部因此可以不負責任,往往指導也較鬆散,此外店的經營品質也不容易受到控制。

(二)委託加盟（license chain）

　　此方式與自願加盟相反,旅館加盟者加入時只需支付一定費用,經營店面設備器材與經營技術（know-how）皆由總部提供,因此店鋪的所有權屬於總部,旅館的加盟者只擁有經營管理的權力,利潤必須與總部分享,也必須百分之百的聽從總部指示。

　　此種方式的優點是風險較小,旅館加盟者無需負擔創業的大筆費用,總部要協助經營也要分擔經營的成敗,但缺點是旅館加盟業主的自主性小,利潤的多數往往都要上繳總部。

(三)特許加盟（franchise chain）

　　特許加盟介於上述兩方式之間,通常旅館加盟者與總部要共同分擔設立店鋪的費用,其中店鋪的租金、裝潢多由加盟者負責,生財設備由總部負責,此一方式旅館加盟者也需與總部分享利潤,總部對旅館加盟者也擁有控制權,但因旅館加盟者也出了相當的費用,因此利潤較高,對於店鋪的形式也有部分的建議與決策權力。多數的加盟合作均採此種方式。

　　以下具體舉例說明特許加盟有下列優勢,惟未必每家連鎖總部提供條件都是一樣:

◆品牌

　　1.統一的、完整的企業品牌形象識別系統。
　　2.統一的產品推廣,宴會、會展行銷。
　　3.全國性統一的品牌建設。

4.國內出版物上的平面媒體及文案宣傳。

5.在相同名號旗下的旅館的相互訂房、前檯互薦促銷廣告。

6.加盟總部官方網站的整體推廣。

◆銷售

1.全國免費的電話0800預訂系統。

2.加盟總部中央客戶數據共享。

3.加盟總部與全國各大網路訂房公司的聯合銷售。

4.專業的銷售收入，收益成長諮詢。

5.利潤的維護。

◆技術

1.自主版權的旅館管理系統軟體—加盟總部的旅館管理系統。

2.特許經營旅館免費安裝。

3.與加盟總部中央預定系統（CRS）相連接。

4.寬頻系統設計。

5.專業的旅館電腦IT（Information Technology）架構設計、系統安裝和測試。

6.及時的電腦遠程維護和升級。

◆經營

1.特許加盟服務。

2.專業的特許加盟諮詢。

3.完善的特許加盟服務。

4.開業的團隊服務。

5.工程規劃、設計。

6.工程現場施工指導。

7.旅館開幕及籌備服務。

8.旅館開業的工程驗收。

◆培訓

1.由加盟總部的旅館訓練中心培訓和教育。

2.針對特許經營旅館的初始培訓、強制性培訓計畫。

3.全方位、多層次的專項選擇性培訓課程。

◆旅館管理

1.專業的旅館營運諮詢服務。

2.品質控制。

3.標準化的服務品質管理系統。

4.每季度／半年的品質檢查。

5.品質改善方案和追蹤系統。

6.保證旅館客人滿意度的控制方案。

◆成本控制

1.標準化、集團化的中央採購管道保證品質和優適的價格。

2.成本控制分析與指導。

3.先進的財務管理平台。

◆加盟費用（以下數字僅供參考）

1.特許初始費（一次性支付）15,000元／間。

2.特許經營保證金（一次性）50萬元（簽約年限結束後有息退還）。

3.特許經營採購保證金（一次性）100萬元（旅館開幕後有息退還）。

4.特許經營費：每月特許旅館總收入的4.5%。

5.委託管理費：每月特許旅館總收入的1.5%。

6.總部管理系統安裝維護費：首次安裝費25,000元，維護費50,000元／年。

7.工程籌備期管理費：25,000元／月（一般為四個月，具體視工程進度而定）。

四、委託經營方式

　　委託經營方式或稱管理契約。旅館事業投資者本身沒有旅館管理技術能力，而訂定管理契約委託專業飯店管理顧問公司，將飯店經營管理權交由連鎖飯店公司負責經營，所有權與經營管理權完全分離。受委託的飯店管理公司按營業收入的若干百分比收取基本的固定費用，如技術服務費、基本管理費等，並由營業毛利中抽取5～10%的利潤分配金。

　　受委託的管理公司通常需有良好聲望，如君悅（Grand Hyatt）、希爾頓（Hilton International）、假日（Holiday Inn）、喜來登（Sheraton）等系統。其收費內容說明如下：

1. 技術服務費（technical service fee）：旅館籌建期間，管理公司提供經營管理政策評估、市場調查及各營業場所空間規劃之建議而收取的費用。通常由雙方議定一固定金額，業主分期支付。
2. 基本管理費（management fee）：雙方議定每月（或每季）收取管理費，一般收取營業收入的2～5%之間的費用。
3. 利潤分配金（incentive fee）：從營業毛利中抽取5～10%利潤獎金。營業收入－營業費用（不含固定資產折舊）＝營業毛利。

　　筆者要強調的是折舊不含於減項之中，因此較一般財務會計之營業毛利金額為高。這些管理會計與財務間不同的理念，如果業主沒有充分瞭解，最容易形成雙方合作不愉快之導火線，過去國內也不乏此案例，避免這種紛爭最好的方法是在合約中載明毛利之定義，即列出毛利不含折舊、保險金、董事酬金等其他項目。

　　圖2-4為旅館委託經營方式的概要說明。

圖2-4 旅館委託經營方式示意圖

由**圖2-4**的說明對旅館委託經營充分瞭解後，以下**圖2-5**就可更清楚的呈現出委託經營的形態了。

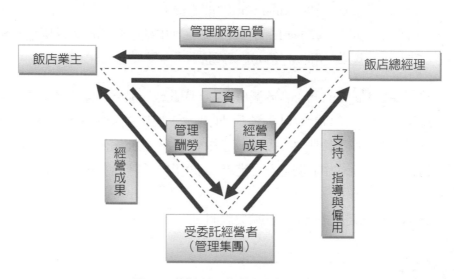

圖2-5 旅館委託經營的相互關係圖

依**圖2-5**，受委託者派出以總經理和各主要經營部門經理組成的管理班底，全面負責旅館的經營管理，按照標準管理模式推行現代的、國際化的旅館管理，確保旅館資產的保值、增值和經營的良性運轉，為業主培養一支職業化的員工隊伍，打造一座名牌旅館，其基本企劃有下列事項：

(一)全面管理

1. 負責按照管理公司管理模式和星級要求、品質管制標準，結合實際制定具有本旅館特色管理模式。
2. 負責組建精幹實用管理機構，合理編定職位，合理化用人，節省開支。
3. 負責結合旅館實際情況和市場情況制定經營方案及經營指標，並貫徹實施。
4. 推行激勵機制，指導、督促現場管理，做好服務品質，創造服務特色。
5. 負責確定客源市場定位，採取有效措施，大力促銷，招攬客源，靈活經營。
6. 負責有效控制成本，分析費用指標，撙節開支降低損耗。
7. 督導旅館在運轉中提高效能，保持良好經營管理狀態，保證旅館作業效率。
8. 負責為業主培養出一支具星級管理水準、能獨立經營管理的職業化員工團隊。

(二)開幕與籌備

根據旅館開幕籌備需要和相應旅館的要求，採取旅館專業人士到現場的方式，全方位協助業主籌備旅館開幕前從施工到開幕典禮的一切工作：

1. 制定開幕前各項工作計畫。
2. 協助業主設置旅館組織管理機構，合理地編定精簡實效的職位。

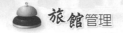
3.協助調整旅館格局、功能分布、室內裝修設計和布置，以及水、電、空調、消防安全和旅館內部運作流程。

4.協助建立旅館運行的基本模式（員工手冊、管理制度、崗位職責、操作流程、作業表單等）。

5.協助招聘、培訓管理服務人員（包括後勤之財務、工程、行銷等）。考核選聘，強化培訓。

6.協助擬定經營管理方案。市場調查，客源定位，制定經營方針、目標及管理方案，供正式開業的實施。

7.協助策劃、舉行特色主題開業儀式，強力對外宣傳。

第三節　各種經營型態的優勢與劣勢

　　目前旅館常見的經營管理模式各有其優勢與劣勢，在此逐一列舉說明：

一、自資獨立直營

◆優勢

1.不需支付昂貴的管理費，大大降低成本。

2.自行決策與管理，經營比較靈活。

3.業主對旅館的經營控制性較強。

◆劣勢

1.相關市場訊息的關注和把握相對弱勢，勢將影響旅館獲利能力。

2.品牌衝擊力不強，培養自主品牌難度較大，服務水準難以保證。

3.業主介入日常的管理較多，容易造成外行領導內行的弊病。

4.在國際品牌和國外客源較多的城市地區缺乏競爭力。

二、特許加盟方式經營

　　一般特許加盟的主店（franchiser）願意給予加盟店（franchisee）特許合作，大抵上有兩個考量重點，其一爲充分認同主店的企業文化，其二爲能忠誠地履行特許加盟合約。此種方式是以特許經營權的轉讓爲核心的一種經營方式，利用管理集團自己的專有技術、品牌與旅館業主的資本相結合來擴張經營規模的一種商業發展模式。透過認購特許經營權的方式將管理集團所擁有的具有智慧財產權性質的品牌名稱、註冊商標、定型技術、經營方式、操作流程、預訂系統及採購網路等無形資產的使用權轉讓給受許加盟旅館，並一次性收取特許經營權轉讓費或初始費，以及每月根據營業收入而浮動的特許經營服務費（包括公關廣告費、網路預訂費、員工培訓費、顧問諮詢費等）的管理方式。但加盟之後優缺兼具，仍須面對很多的挑戰。

◆優勢

1. 由於加盟主店的指導，加盟店人力資源的優化和服務品質的提升。
2. 與委託經營管理模式相較下，不需支付龐大的管理費用，成本較低。
3. 可以使用特許加盟店商標，藉品牌的知名度和影響力，提升旅館檔次、形象。
4. 憑藉國際形象，擴大海外行銷管道，提高外國客源，增強競爭力。
5. 透過特許加盟店的企業規模，受許加盟店可獲得廣告上的規模效應。
6. 透過總部大量進貨，統一配送，可降低成本，並保證貨源。
7. 由於加盟總部不受資金限制，能集中精力提高管理水準，增加品牌等資產無形的價值。

◆劣勢

1. 國際品牌不參與實際經營管理，難以眞正吸收其經營管理精神。
2. 須繳納一定的特許加盟費、管理費及訂房抽成，經營管理成本與自資獨立經營模式相較之下會有所增加。

3.加盟店對總部依賴較大，致使業主無法發展自有品牌建設，和集團連鎖化經營效果。

4.加盟店可能受到特許加盟合約的限制和監督，在一定程度上缺乏自主經營的權利。

5.特許加盟店在發展過程中，對加盟店的溝通和前期輔導不足，導致在後期經營過程中，與加盟店的摩擦會逐漸擴大。

三、委託管理經營

　　透過旅館業主與管理集團簽署管理合約來界定雙方的權利、義務和責任，以確保管理集團能以自己的管理風格、服務規範、品質標準和運營方式，來向被管理的旅館輸出專業技術、管理人才和管理模式，並向被管理酒店收取一定比例的基本管理費和獎勵管理費的管理方式。

　　但委託經營又分為委託國內管理公司經營管理和委託國際旅館品牌管理公司經營管理兩種，其優劣勢分述如下：

(一)委託國內管理公司經營管理

◆優勢

1.對國內的情況較熟，能充分地將先進管理理念與當地的實際狀況結合起來。

2.能較快地融入當地文化。

3.在中式餐飲經營方面是強項。

4.管理費用相對不高。

◆劣勢

1.各管理公司管理與服務水準參差不齊，不一定能保證服務品質與經營水準。

2.管理公司的努力程度、營業績效難以評估衡量。

(二)委託國際旅館品牌管理公司經營管理

◆優勢

1.具有厚實強大的品牌影響力，旅館開業後能較快占領市場，對市場衝擊力較大。
2.旅館的服務與管理水準有規範可循，能提供較系統化的員工培訓。
3.管理公司有極強的銷售網絡系統，在國外客源的開發方面優勢明顯，這些旅館均加入「全球訂房系統」（GDS）或成立自己的全球銷售網絡。
4.品牌價值高，顧客忠誠度強（針對國際客源而言）。

◆劣勢

1.業主需要支付高昂的管理費用，管理公司管理費分爲基本管理費（約占營業額的2～5%）和獎勵管理費（約占毛利潤的3～6%）的管理方式。
2.對當地的文化不瞭解，融入當地社會需要一定時間，不熟悉地方風俗和法規。
3.國際管理公司一般會規定工程造價和設施設備用品使用其品牌，會增加項目投資。
4.經營與管理模式較爲固定，缺乏靈活彈性。

第四節　管理公司的篩選與合約內容

目前旅館管理公司採取的合作方式基本上是委託管理經營與特許加盟和直接投資三種方式；但是知名的旅館管理集團一般採用的是以委託經營與特許加盟爲主。

　　旅館業主或開發公司如果要獲取投資的最佳回報和提升資產價值，妥善的選擇專業管理公司以及採取雙贏談判策略，是至關重要的環節。隨著市場中越來越多旅館品牌的出現，選擇過程變得日趨複雜和困難，對大多數旅館業主和開發商來說，此過程充滿挑戰。

　　因此我們要瞭解各管理公司規模、管理能力、契約條款、管理合約型式、管理監控系統和管理公司業績獎勵等關鍵條款。我們要挑選具有合作潛力的管理公司，努力使這一系列複雜的工作得以暢順進行，協助業主爭取長遠利益及爭取寶貴時間。

一、選擇旅館管理公司與關鍵條款

　　茲分兩方面敘述如下：

(一)對管理公司的選擇與評估

　　1.管理公司的聲譽以及在業主和貸款機關中樹立的形象。

　　2.管理公司在區域或國際上的管理規模。

　　3.管理公司品牌與項目的相稱性。

　　4.管理公司服務品質。

　　5.管理公司實現經營業績和現金流量最大化能力。

　　6.談判過程中關鍵合約條款的談判彈性。

　　7.管理公司為實現業主和開發商長遠目標的敏感性和積極度。

(二)注意雙方簽訂的合約裡關鍵條款

　　1.旅館業主權利，包括旅館管理中關鍵條款的控制，如預算、資金投入、重要職位管理幹部的任命及旅館的翻新改造。

　　2.投資資金變現的靈活性。

　　3.管理者需要實現的目標。

4.合約期限、合約續訂和合約終止條款。

5.技術服務及費用條款。

6.管理公司市場拓展和服務支出條款。

7.管理公司可能的資金投入或短期貸款條款。

二、管理合約的重要內容

管理合約內容的條款很多，但是牽涉雙關鍵性談判的則有下列事項：

(一)費用結構

一般來說，旅館管理合約的費用結構分兩部分：管理費和獎勵費。管理費的比例一般為旅館經營毛利的5%，也有的為旅館經營毛利的1～3%，具體比例之確定由管理合約中議定。獎勵費與旅館的資本結構和實際經營業績密切相關，獎勵費一般為旅館經營毛利的10%，管理合約談判時可就有關比例細節進行協商。目前使用較多旅館管理費用結構是3%的旅館營業收入加10%的旅館經營毛利。

(二)權利職責

在通常情況下，委託方的業主和旅館管理公司的角色分工非常明確，旅館管理公司全權負責委託旅館的經營管理活動，保證管理合約所訂定的經營目標的實現和委託旅館資產的增值；旅館業主有權對旅館經營狀況進行監督，控制旅館經營者的花費和有關成本開銷。

(三)合約期限

旅館管理合約的一般期限為五至十年，雙方合作愉快又能實現獲利，則可以再延長管理期限。近年來縮短期限的趨勢越來越明顯，顧問管理合約的期限較短，一般為三至五年。現在委託方的旅館業主趨向於要求更短的管理

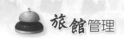

合約，旅館業主還可依據合約規定，旅館管理公司未能達成約定的目標，委託方業主有權提前終止管理合約。

(四)股權參與

有的委託方業主為了使旅館管理公司全心全意來經營旅館，在簽訂管理合約時要求旅館管理公司參與旅館股權。不過並非所有的旅館管理公司願意參與股權，主要是出於資金成本太高，委託方業主若希望賣掉旅館，或更換旅館管理公司時，會帶來不便與困擾。

結　語

如前所述，旅館要彰顯其組織的連鎖價值——知名度、集客能力、獲利能力，是有階段性的分工，這種階段性分工在旅館事業體的運作上是有必要的。那就是三權分立的原則。進一步說就是不動產與服務業的結合，它是一連串複合的事業體制，即所有、管理（operator，指開發公司）、經營的三段體制，保持這種三權分立的原則，旅館事業體於焉展開：

1.所有：持有土地、建物之所有者（owner）。
2.管理：由所有者的土地、建物以租賃關係，從事開發經營的公司事業體。其責任為旅館命名、媒體廣告宣傳、人才培育等。最重要的是對旅館的營業收入一定的比例加上毛利的一定比例作為其營業管理上的酬勞。
3.經營：旅館營業的實際執行操作。

所有、管理、經營是旅館運作的三個階段，各個階段都是獨立的主體，是相互分離的，但在整體運作上卻又是一種密切的組合。這樣的一種方式就是不動產的所有者（owner）對實際操作的專業機構委以重任，造成雙贏（win-win）的結果。亦即所有者一方沒有經營能力，卻能對專業者的技術和

知識（know-how）加以運用，使資產發揮極致效用；反之，專業的一方運用
所有者資產擴大連鎖事業，又能從所有者獲取管理費用的酬勞。

　　茲以**表2-1**及**表2-2**來清楚說明各種經營型態（包括技術顧問型態）的不
同方式。

表2-1　旅館經營型態一覽表

	自資直營	租賃營業	委託經營	加盟經營	技術顧問
不動產所有者	owner	owner	owner	owner	owner
建物所有者	owner	owner	owner	owner	owner
旅館營運	owner	旅館公司	owner	owner	owner
旅館經營	owner	旅館公司	旅館公司	owner	owner
員工所屬	owner	旅館公司	owner	owner	owner
Owner的收入與支出	旅館經營上發生的收支	建物租金的收入	旅館經營的收入與支出，MC合約規定的支出	旅館經營的收入與支出，FC加盟費用支出	旅館經營的收入與支出，技術指導費用支出

資料來源：作者整理。

表2-2　旅館經營方式

經營方式	所有	營運	經營責任	營運know-how	品牌
自資直營	owner	owner	owner	owner	owner
租賃方式	owner	旅館公司	旅館公司	旅館公司	旅館公司
MC方式	owner	owner	旅館公司	旅館公司	旅館公司
FC方式	owner	owner	owner	旅館公司	旅館公司

資料來源：作者整理。

　　實際上，旅館業主投資飯店最終目的就是企業獲利。因此，任何的經營
方式、型態，只要能達成獲利目標，投資一方必然是歡迎的，經營的面向並
不會拘泥於上述的經營型態，業主還有其他的選擇，例如所謂的策略聯盟
（strategic alliance/ affiliation）便是。

　　策略聯盟可以是相同行業的競爭對手之間或非相同行業的競爭對手之間

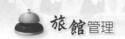

在科技或資源上的一種分享，此聯營方式用以增強市場中的競爭力或有效地降低成本。事實上一些國際品牌在不同形式上為旅館提供專業服務或互動項目，可以加強和發揮策略聯盟旅館在某一領域中的競爭優勢。如著名的提供全球網路訂房系統服務的UTELL、Vantis（原VIP International）就聯合世界各地的獨立旅館或中小旅館集團加入其系統，增加這些獨立旅館與國際大型旅館集團，如洲際、雅高、希爾頓、萬豪等國際旅館集團的競爭力，同時也打造出自己的專業服務品牌。一些國際大型航空公司與旅館之間的策略聯盟則表現在兩個非直接競爭的行業間強力連手，共同發展其忠誠會員計畫。

進入二十一世紀，旅館經營、競爭的態勢更是複雜、多元化，包括經營型態的抉擇、合併、搜購，旅館走向集團化、連鎖化是一種國際趨勢。對於世界旅館集團化的發展，需要站在全球的角度來進行觀察和分析。而作為新興市場國家的台灣，近年來旅館業發展迅速，發達國家的旅館集團在其傳統市場日漸飽和的情況下，紛紛選擇了加強在海外的投資和拓展工作，台灣市場不可避免成為關注焦點。旅館連鎖化經營與集團化經營的優勢在於：制度化、規範化、標準化、品格化、網路化和物質配送，這些都能給旅館帶來良好的客源與收益，這使旅館的投資人日益認識到旅館的連鎖化經營與集團化經營的要求。

Chapter 3

旅館舵手──總經理篇

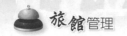

　　作爲旅館總經理（General Manager，簡稱GM），是旅館的經營、管理最高決策者，他的決策直接影響著旅館經營的好壞，所以，旅館是一艘大船的話，總經理就是掌舵者。一位出色的總經理可以讓旅館乘風破浪，決勝千里；一位不稱職的總經理，也能讓旅館身陷暗礁險灘，危機四伏。作爲旅館總經理可說是任重道遠。

　　以希爾頓國際旅館集團而言，總經理的任職期間平均有十五年之久。而任用的哲學很簡單，即是：

1.公認的領導力聲譽。
2.傑出而豐富的專業知識。
3.每日能圓滿與人「溝通」，無論員工或顧客。

溝通是總經理重要工作之一

　　以上看似簡單，但是整個工作過程卻有無比嚴峻的考驗，無論是對館內的經營或是面對業界的挑戰與競爭。

 # 第一節　前言──關於總經理

　　旅館總經理是旅館企業的靈魂，是旅館戰略決策的最高領導人，是經營管理的總指揮，是企業文化、品牌塑造的領導者，也是旅館內外協調的外交

大使，經濟效益良窳的火車頭。

旅館總經理是實施旅館經營戰略的關鍵人物，和整個管理團隊的典範，是旅館管理中的靈魂人物，擔任旅館經營管理的重責大任，其整體素質往往決定企業的成敗，而作為核心人物的總經理，應該具備哪些能力呢？

就總經理的工作要求，進而延伸到各種角色來說，全球管理界享有盛譽的管理學大師亨利‧明茨伯格（Henry Mintzberg）提出了主要的十種角色，即是：形象人物（figurehead）、領導者、聯絡者、監督者、傳達者、發言人、企業家、問題處理者、資源分配者、談判者。義大利學者Arnaldo Bagnasco提出了一個分析框架以說明這些總經理如何分配時間及劃分一些管理者的重要性。旅館規模不同，總經理在角色上的工作時間分配也是不同的，在小旅館集團裡，如果總經理作為企業家的角色所花時間比作為領導者所花的時間越多，那麼他的工作效率就越高。而在更大的旅館裡，總經理分配的時間應更多地用於領導者的角色，而不是企業家的角色。

就其重要性程度而論，總經理需要能夠成功的履行三種不同的工作職責：經營控制者、組織發展者和事物維持者。說到這三種工作職責，不得不提及能夠勝任這三種工作職責所需的各種技能，即領導者、聯絡者、訊息傳播者、問題處理者、企業家和資源分配者。這些技能都很適當地反映了總經理的工作性質內容與特點。

決策是旅館總經理的主要工作之一，總經理要處理大量的日常經營事務，總經理一般而言應做以下四個方面的基本決策：

一、目標、方針決策

即擬定旅館長遠發展目標和管理方針，為旅館確定發展方向和管理目標的基本思路。

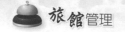

二、組織人事決策

即選擇旅館組織形式和機構設置類型,確定旅館管理層次及崗位職責,並為各管理階層選聘稱職的管理人員。

三、業務決策

即確定旅館行銷和接待業務過程的發展戰略的基本策略,如目標市場的選定、服務產品特色的選擇和服務品質標準的審定等。

四、財務決策

即確定旅館的資金籌措、運用、控制等方面的基本制度和策略、保證投入與產出的正常比例。

此外,總經理還需要在每日的工作中,反覆地與不同下屬進行業務聯繫,以便全面掌握隨時出現的各種經營問題,並快速有效的處理一些棘手的問題。合理地分配資源,調撥旅館的一部分資金和人力來協助解決短期的經營問題。

旅館總經理的組織能力,是要在業務進行中能掌握全局,組合眾議,形成決策,進行業務組織指揮,調動一切力量為了一個目標的工作。旅館是一個非常複雜的動態綜合體,要在動態中保證旅館業務的正常進行,旅館總經理組織能力發揮到很重要的作用,總經理要確切瞭解社會團體和競爭環境的各種訊息。其一,旅館總經理對組織結構、機構設置、人事安排有決策能力,要胸有成竹;其二,旅館總經理在執行管理職能中有組織業務正常運轉的能力;其三,旅館總經理要有對業務調配和重新組合的能力;其四,分析從外部收集來的訊息,並向旅館下屬傳達這些訊息,並制定有利於提高旅館經營效率和服務水準的各種具體計畫方案,保證下屬員工完全接受旅館所擬

定的計畫方案，並致力於這些計畫的成功實施。

對於事物維持者這一角色而言，總經理的主要任務在於設計確保旅館長期經營所需的資金，確保組織穩定和旅館的活力，故溝通顯得尤其重要，旅館總經理要溝通的對象很多，對上有董事長，對下有幹部、員工，對外有顧客。無論是旅館內部還是旅館與客人的溝通之重要性，對總經理來說是不言可喻的。每項工作職責的履行和管理角色都需要溝通。因此，總經理必須善於收集分析，如傳遞內部和外部訊息，必須有效地進行橫向、縱向的溝通工作。此外，總經理還需詳細地提出正式的預算方案，其中包括對資金的合理解釋，制定重要的人力資源發展方案，培養旅館管理人才。

由其工作角色，我們可以進一步推知工作職責與工作關係以及工作要求之間的關聯性，後兩者是影響前者的重要因素，而工作要求與工作關係與總經理的經營目標息息相關，分別為長期、中期、短期。總經理須做好服務，對成本和收入須做日常控制，同時也將會面臨獲利和提供優質服務的莫大壓力，注重與下屬員工經常做內部的語言溝通。對於具體工作內容而言，應該圍繞日常的、持續進行的經營問題做深入瞭解，包括為客人提供優質服務、控制成本、最大可能增加收入等。要每日巡視各工作部門，解決經營中出現的各種問題。對於中期，總經理須培訓發展員工、同時與下屬員工的內部相互溝通或與旅館業主的向上溝通。對於具體工作內容而言，培訓和發展下屬以便系統的、全面的為提高下屬對旅館的經營控制能力而制定各項計畫方案，調整和做好旅館的服務策略。同時做好對外工作，與旅館同業和社會團體廣泛接觸，以便更加瞭解旅館外部環境。對於長期，總經理要使旅館資金支出符合旅館戰略服務計畫，發展和支持旅館的穩定活力。同時，向下做內部溝通，進一步加強旅館穩定性和活動。與外部橫向溝通，以此作為認識旅館外部競爭環境和經營環境的訊息來源，還應做好與旅館高級主管或旅館業主的溝通。

總之，作為一名總經理，必須具有強烈的企圖心，對公司有高度責任心。有企圖心，才能在旅館中有所作為。有責任心，才能對旅館、顧客負責，才能使旅館在競爭中發展壯大。旅館總經理是才德兼備、有操守、有智慧、有能力、有用人調度之才、處事應變之術、有識人的本領和容忍的氣度。

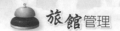

專欄 3-1　飯店的領導者

　　飯店總經理是領導者殆無疑義。但是有關領導者的定義，各家見解不同。領導學大師Warren Bennis認為領導者就是創新者（innovators），而領導者與管理者不同之處在於：領導者是做對事情的人（do the right thing），而管理者是把事情做對（do the things right）。

　　基於飯店工作的特殊性，可謂是多方繁複又兼具細膩，且主要事務是在處理「人」的往來與互動關係，無論對飯店員工或客人而言。因此，一位勝任的總經理必須兼有領導者與管理者的特質，飯店才有足夠的競爭力。

第二節　總經理職位的環境

　　從事旅館的經營就是要創造顧客滿意（customer satisfaction），而使營收增加，這是業者的最大目標。對旅館提供的種種商品和服務，是否達到滿意程度，消費顧客才是最終的評價者。舉例來說，餐飲部門的菜色與服務，雖能夠獲得好評；然而客房部門的服務卻被抱怨，旅館的整體評價自然就不會好。換言之，企業對「顧客總體評價的好感」，要努力達成的話，各部門之間合作與協調是相當重要的。而促成各部門協調合作的責任就落在總經理身上，他對各個部門要做出決策，但並非讓部門單打獨鬥，而是要在組織（如圖3-1）的統合下，發揮整體作戰效果，那麼總經理以其專業的知識與技能，無論前檯（front of the house）或是後檯（back of the house）的指揮統合就非常重要。

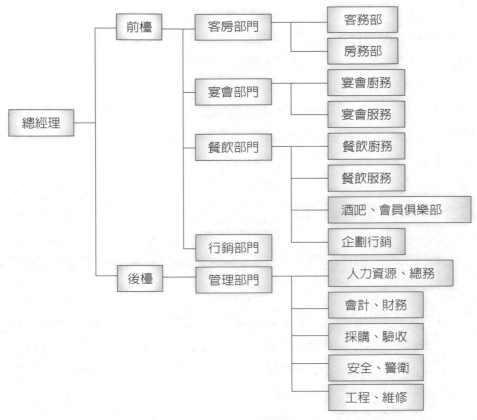

圖3-1 旅館組織圖

一、旅館業界總經理（GM）背景

　　就經營文化與環境而言，日本的實例可供台灣業界參考，因其相似性不少。近年日本學者飯嶋的研究發現，日本旅館GM有為數不少的人是非業界出身，沒有實務經驗。在研究中發放問卷給160名旅館GM，有高達47.5%是從其他行業轉職過來而成為旅館GM或是副總經理。其原因是日本很多航空公司、鐵路公司或企業投資飯店，而從中調派人員至旅館作為管理者。

　　相較之下，與外國旅館GM做一對照，英國問卷調查對象284人中僅16人

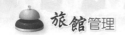

是非業界出身，澳洲更少，受測180人當中僅僅少數12人。而且，日本旅館業界出身的GM中有39.9%是由前檯服務客人的營業部門出身，美國則高達75.3%。由數字顯示，西方的旅館集團更重視GM出身。

話雖如此，日本旅館業界，尤其連鎖旅館有一套完整的育成制度，所以管理仍十分上軌道，其跨國經營漸與國際知名老牌旅館集團有分庭抗衡的態勢，在全球各地發展受到業界矚目，例如在我國的日系飯店有加賀屋、大倉、王子、老爺（國際日航）飯店等。

二、旅館總經理的培育

關於旅館企業GM的養成，以日本為例，台灣仍多有相似之處，茲具體敘述如下：

1.日本企業裡的晉升，依然有濃厚的按年資排序，逐級而升的傳統，若未屆一定的年齡與年資，是無法成為GM的，這種情形與外國比較就可凸顯出來。日本學者的調查，以日本旅館GM和美國旅館GM的年齡比較得出下列結果：

表3-1　美日GM年齡別分布

年齡＼對象	總經理的年齡別分布	
	日本（對象62名）	美國（對象87名）
30～35歲	一（0名）	4.60%（4名）
36～40歲	1.61%（1名）	14.94%（13名）
41～45歲	4.84%（3名）	34.48%（30名）
46～50歲	14.52%（9名）	21.84%（19名）
51～55歲	27.42%（17名）	18.39%（16名）
56～60歲	30.65%（19名）	4.60%（4名）
61歲以上	20.97%（13名）	1.15%（1名）
平均歲數	55.2歲	46.0歲

資料來源：村瀨慶紀（2010）。《經營力創成研究》，第6號，頁139。

由**表3-1**可看出日本GM的平均年齡為55.2歲，另一方，面美國GM的平均年齡為46.0歲，雙方差距為10歲左右。

以另一角度來看，46歲以上GM，在上表中，日本占93.5%，相對美國而言，僅占45.9%。日本人講求的「年功序列」（薪資等級、工作成熟度、年資輩分）和台灣的升遷環境有似曾相識之感。

2. 在日本而言，GM的前檯實務經驗又較美國遜了一截，其工作部門的出身，詳細分析如**表3-2**即可一目瞭然。

表3-2　GM出身部門統計表

日本的旅館企業		美國的旅館企業	
客房部門	25.7%	客房部門	30.7%
餐廳部門	10.1%	餐飲（F&B）部門	44.6%
宴會部門	4.1%		
行銷部門	27.0%	行銷部門	11.9%
管理部門	33.1%	管理部門	12.8%
合計	100.0%	合計	100.0%

資料來源：村瀨慶紀（2010）。《經營力創成研究》，第6號，頁140。

由**表3-2**可知，日本GM的出身以管理部門最多，占33.1%，其次是行銷部門27.0%，再其次則為客房部門25.7%；相較下，對美國GM出身調查發現，餐飲部門（包括餐廳與宴會部門）出身者為數最多，以44.6%奪冠，屬住宿部門的客房部為第二，占30.7%，第三為管理部門，占12.8%，最後則為行銷部門，占11.9%。

3. 以全球化的觀點而言，要從內部培養一位具決策能力的GM，仍力有未逮感覺，因為除了旅館事務相當繁複外，歐美國家連鎖旅館集團更是在全球攻城掠地，日本近年也是很積極地進出海外設立豪華旅館，如光靠內部升遷而上的GM，顯然是不足的。因此這些旅館集團往往借助他業優秀管理人才，如延攬企業界有管理長才的人士，以彌補GM人才的不足。基於全球化的影響，旅館GM的任用機制，只要是通才，無論性別、年齡或是國籍、人種已是一種世界共通的用人標準。

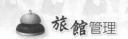

4. 至於由基層服務開始，要經過多少歷練，要累積多少年資才能爬上
　 GM位置呢？學界尚無對此作完整研究，如以東京都一家五星級飯店
　 為例，我們可得知一些梗概，但筆者認為僅可拿來參考而已，如**表3-3**
　 所示。

表3-3　進入旅館後晉升基準（以東京一家五星級飯店為例）

進入旅館後年數	擔任職務
5年	基層人員
7年	組長、領班
8～10年	主任、副理……30歲左右
18～20年	經理、協理……40歲左右
25年	總經理、總監……45～50歲左右

資料來源：Doi. K（2019）。《飯店業界詳說》，頁205。

第三節　總經理是職位還是職業

　　二十一世紀我國觀光客倍增計畫要達到發展目標，除了政府與觀光界的
努力培養觀光企業家外，另外一個重要的支撐要素就是職業經理人隊伍的建
設。

　　從一個旅館內部的管理層級上說，總經理無疑也是職位，而且還是掌握
產品經營權的最高職位。這是因為旅館是企業的一種特殊形態，而企業的本
質則是用支配權機制對價格機制進行替代。支配權機制的一個核心特徵就是
透過分工、部門化、授權與分權等方式形成各種類型的管理職位，這些管理
職位按照總經理負責制、層級管理制和指令服從制等科學管理與方法進行運
作。其中總經理位於旅館管理權利金字塔體系的尖端，是不可或缺的角色。

　　但是從總體上說，總經理是一種職業，一個依靠自己的經營管理能力，
從經理人市場獲取包括薪資、獎金、股權等經濟收益和地位、權威、尊重、
自我實現等非經濟收益的特殊職業。

　　畢竟，旅館是投資人的旅館，而非總經理的旅館。在一個總經理職業化的機制裡，計畫執行過程中可能會產生失誤，但是決策執行不可能產生失誤。因為資產所有人隨時可以透過更換總經理來保證決策按正確方向走，就像最近跨國公司的CEO頻繁更換那樣，這是很正常的事情。但是一個總經理被視為一種職位而非職業的機制裡，卻往往會出現相反的情況：執行過程中必須保持正確，就像公車司機一樣，但是關鍵的決策卻可能會「突槌」，如同誰也不能保證公車司機不會出事。這是因為在總經理的進入和成長階段，組織往往給予太多；而在企業的成功時期，總經理們又認為被給予太少，加之對自己未來的收入預期不明，導致總經理的進入、成長和退出機制都處於一種非正常狀態。

　　「職業導向觀」要求總經理的敬業精神直接向旅館所有人負責，為旅館資產（包括無形資產）的增值而鞠躬盡瘁。總經理的價值取向也很明確，就是在為資本及其人格化代表服務過程中不斷地提高自己經濟收入和非經濟收益，努力使自己的經營管理能力和供給曲線變得陡峭起來。

　　總經理和一般員工一樣，高級經理人也有流動性。是職業，就會有流動。只有越來越多的總經理們及其上司機構——董事長、董事會在「總經理是一種職業而不單是一個職位」上達成共識，不再把總經理是為某一部門的財產而視為市場主體的承擔者之一，總經理的成長路徑才有可能多元化，進入和退出的機制才有可能正常起來，我國旅館管理的科學化、現代化和國際化才能有最根本的人力資源保障。

　　總經理的職業觀也是總經理自身不斷地學習、修為和持續創新的根本保證。從1970年代以來，我國旅館大量問世迄今數十年的發展歷程，旅館管理重點從服務項目、程序與標準的確定，到市場行銷、人力資源、企業形象等專項職能的提升，再到資本營運、集團化形成等戰略層面的運作；從區域性競爭，到全國性競爭，再到國際性競爭；從市場競爭，到要素競爭，再到管理體制與機制的競爭。在此過程中，總經理的從業經驗、管理能力、知識結構、素質結構不斷地接受新挑戰，如果不善於學習，不勇於創新，職業化的總經理就會時刻面臨著被市場淘汰的危險。

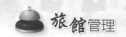

專欄
3-2

總經理的人間條件

　　旅館是一個「小而全」的國家，總經理被視為內閣總理大臣，被董事會、員工、顧客、協力商等視為值得尊重的人物。因此他要對旅館凡事「罩得住」，要把旅館治理好，要有「治大國如烹小鮮」的氣魄。老闆只用唯一的標準來檢驗，就是告訴總經理：「Show me the money!」

　　總經理只需具備下列四條件即可把位子安穩坐好：

1.讓顧客覺得舒適安全的把關者或是接待者（entertainer）。
2.能培育員工，使之成長的領導者。
3.是老闆值得信賴而賦予重任的代理執行者。
4.對地方上有傑出貢獻的「外交家」。

第四節　總經理的工作與責任

　　旅館的誕生，絕對是鉅額的投資，業主不會拿自己的錢財開玩笑。既然是投資，就要有回本，再要求利潤。於是掌舵者的旅館總經理要承擔整個經營成敗之責。於是，企業對總經理的個人條件與特質會有較高標準的要求。

一、總經理應具備的素質

1.堪為全體員工的表率模範，孚眾望，能合群。
2.品德高尚，見識廣博，工作勤奮、耐操、能吃苦耐勞。
3.頭腦靈光，對時代走向有敏感性和洞察力。
4.有人情味，能為人設身處地著想，在部下、同事、上司、相關單位以

及在雇主之間經常創造一種令人愉悅的氣氛，展現領袖氣質及領導才能。

5.不僅能把經營管理的層面向下傳達，更有堅定的信念和勇氣將全體員工的聲音帶到企業決策層，並提出解決問題方法與建議。

6.認清企業對社會所應負的責任，在行動中恪遵信念。

二、卓越總經理十個特徵

1.合作精神：願與他人一起工作，能贏得人們的合作，對員工不是壓服，而是說服。

2.決策能力：依據事實而非依據主觀想像進行決策，具有高瞻遠矚的能力。

3.組織能力：能讓部屬發揮才能，善於組織人力、物力、財力。

4.精於授權：能大權獨攬，小權分散；能抓住大原則，而把小事分給部屬。

5.勇於負責：對上級、下級、顧客及整個社會抱有高度責任心。

6.善於應變：權宜通達，機動靈活，不抱殘守缺，不墨守成規。

7.敢於求新：對新事物、新環境、新觀念有敏銳的感受能力。

8.承擔風險：對企業發展中不景氣的風險勇於承擔，並有改變面貌，創造新局面的雄心和信心。

9.尊重他人：重視採納他人意見，不主觀武斷。

10.品德高尚：良好的品德與操守，為社會和員工所敬仰。

三、總經理所擁有的能力

1.思維決策能力：能在各種方案中選擇一個較佳的方案。

2.規劃能力：對事物進行計畫、制定務實步驟的能力以及調查研究與組織能力。

3.判斷能力：對事物的來龍去脈、是非曲直進行判斷的能力。

4.創造能力：工作中能不斷地提出新的想法、措施和工作方法。

5.洞察能力：能透過現象看到本質，預見事務的發展和變化。

6.說服能力：對幹部、基層員工能進行說服，使他們同心協力進行工作。

7.對人理解能力：能掌握每一類型員工的性格、特點和能力。

8.解決問題的能力：特別是能善於發現問題。

9.培養下屬的能力：瞭解下屬的需要，對下屬善於進行教育，以提高他們的素質和工作效率。

10.調動積極性的能力：能採用巧妙的方法使下屬積極、主動地工作，而不是被動的單純聽命行事。

四、總經理不可或缺的功夫技巧

1.常顯露出熱心的口吻與態度技巧。

2.對旅館的硬體（設施）與軟體（管理經營）有獨到見解技巧。

3.強烈敏銳的數字觀念技巧。

4.善於應付媒體與保持良好關係技巧。

5.精通外語或母語以外之語言技巧。

6.能熟悉電腦各種使用與操作技巧。

7.良好交際手腕與人脈豐富技巧。

五、總經理的崗位職責

1.對旅館的經營目標、發展方向做出決策，確定戰略目標、經營方針服務宗旨，制定中長期發展規劃，審定旅館季、年度計畫，並透過強化現代管理，保證實施，努力完善經營、管理的指標和任務，不斷地提高旅館的經濟效益和社會效益。

2.組織健全的、合理的旅館管理體系，主持制定和完善旅館重大規章制度、操作規範：建立健全旅館內部組織系統；加強各部門之間的溝通與協調，確保旅館管理機制有序、高效運作。

3.重視人才的開發，負責中層以上管理人員的選拔、考核、培養和使用，督導旅館職能部門，做好對廣大員工的培訓、教育，不斷地提高旅館員工的整體素質。

4.經常分析市場需求變化情況，制定行銷戰略和策略，拓展客源市場。

5.重視民主化管理，關心員工，不斷地改進員工生活，充分調動廣大員工的工作積極性。

6.負責重要賓客的接待、服務工作，保持與社會各界的經常而廣泛的聯繫，協調與重要的外部公眾的形象，塑造與維護旅館的良好形象。

7.重視旅館的財務管理，加強經濟活動分析和成本核算，在全旅館主導當家理財的風氣，減少開支，避免浪費，降低成本，提高經濟效益。

8.全面負責旅館的服務、安全、消防、警衛、設備保養、維修等工作，努力為賓客創造安全、衛生、舒適和優雅的環境。

9.身體力行，廉潔奉公，遵紀守法，勤奮工作，為員工做出表率。

10.定期向主管領導機關報告工作，並完成上級交辦的其他工作。

11.正確行使各項權利，杜絕以權謀私。

12.與業界總經理保持互動聯繫，瞭解新事物、設備、管理和社會經營環境。

六、總經理每週重點計畫工作內容

(一)簽閱重要文件

1.每週對採購單據匯總表閱簽一次，對發生問題進行專題研究。

2.每週對驗貨單據匯總表簽閱一次。

3.每週對鑰匙簽領簿查閱一次。

4.每週查閱警衛日誌一次。

5.每週查閱打卡日誌一次。

6.每週查閱存車輛使用日誌一次。

7.每週對預算執行情況進行核查並做分析報告。

8.各部門經理工作報告。

9.簽署工作表、人事表格單據。

10.員工保險手冊簽署。

11.將本週重大事情向董事會彙報／請示工作一次。

(二)組織會議

1.每週主持一次旅館部門經理例會。

2.每週組織一次餐飲部營業及成本分析會議。

3.每週組織一次協力供應商訂貨會。

4.每週參加旅館銷售部會議。

(三)組織調查

1.每週組織並參加一次採購調查。

2每週組織一次全館的衛生檢查。

七、總經理每月重點計畫工作內容

(一)培訓工作

1.每月監督對新入職員工進行入店引導方面的培訓。

2.每月按計畫對部門領班以上的管理人員進行培訓。

(二)組織會議

1.每月組織一次優秀員工的評選工作會議。

2.每月組織一次財務成本分析會議。

3.參加財務部每月工作會議。

4.參加工程部每月工程會議。

5.每月組織一次節能計畫會議。

6.每月組織警衛部工作會議。

7.每月組織旅館銷售分析會議。

8.每月組織一次員工生活懇談會。

9.每月組織餐飲業務銷售推廣會議。

(三)重點檢查

1.每月工程維修保養計畫的落實檢查。

2.每月檢查一次主要設備的運轉情況。

3.每月檢查前廳電腦紀錄一次。

4.每月組織警衛、人事從事檢查員工更衣櫃一次。

5.每月檢查倉儲品種、規格、數量。

6.每月應收應付報表檢查一次。

7.抽查餐飲部月末食品盤點。

(四)客戶回訪

每月親自帶領銷售人員拜訪前十名大客戶。

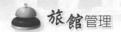

八、總經理每季度重點計畫工作內容

(一)評估工作

1.對每季度旅館各部門行銷活動策劃、組織實施結果的評估。

2.對每季度個部門經營管理情況進行評估。

3.50%的B級經理人員單獨談話1次／季。

4.30%的主管、領班人員單獨談話1次／季。

5.10%的服務員單獨談話1次／季。

(二)組織會議

1.每季度組織一次管理工作季度評議會議。

2.每季組織餐飲部（含廚房）全體人員會議一次。

3.每季組織領班、主管級人員徵求意見會議一次。

(三)重要檢查

1.每季重點檢查一次總機、鍋爐、電梯、空調設備、廚房設備、客房設備、洗衣房設備等運轉情況。

2.每季組織警衛進行消防全面檢查。

3.每季廣告計畫落實檢查。

4.每季對全館衛生進行全面檢查。

(四)客戶回訪

每季親自帶領銷售人員拜訪前三十名大客戶。

(五)市場調查

　　每季度親自帶領有關部門經理到各目標旅館考察餐飲及相關項目至少一次。

九、其他重要工作內容

　　1.親自接待政府機關、衛生機關、消防機關等有關部門蒞臨檢查。

　　2.遇年節保持與有關部門關係協調、宴請、送禮，慰問到位。

　　3.每年組織全員消防演習一次。

　　4.每年工程採購物資的去向核查。

　　5.工商事故的確認與處理。

　　6.員工文娛活動組織與參與。

　　7.主持制定年度財務預算並貫切執行。

　　8.固定資產採購與報廢的鑑定與批示。

　　9.固定資產盤點表（季末）簽署。

　　10.ENT、H/U單據簽署與控制。

　　11.免費房月末匯總表簽署。

　　12.親自處理重大客人投訴事件。

　　13.親自布置餐廳、節日氛圍營造方案的審定。

　　14.每年1月份組織各部門總結上一年工作並匯總上報總公司。

　　15.每年12月份組織各部門做好次年工作計畫並匯總上報總公司。

　　16.每年12月份總結全年的工作，並做述職報告。

　　17.直接上司或公司交辦的其他工作。

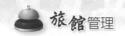
旅館管理

專欄 3-3　旅館總經理處理各種干擾的小方法

一、妥善處理電話干擾

1. 所有找總經理的電話，全部由總機轉到總經理辦公室秘書，由辦公室的秘書統一應接處理。

2. 總經理根據秘書記下的電話紀錄，有準備地給對方回電話。這就爭取到接聽電話和答覆電話的主動權。

3. 總經理可能已經接到了一些電話，這時要妥善處理。

二、巧妙處理來人干擾

1. 建立並養成提前告知、提前預約的制度和習慣。

2. 對於那些來自旅館外部的人中來找總經理閒聊的，總要有一定的辦法控制。可以告訴來訪者，我現在有五分鐘時間，這以後，我有個接待任務，或者有個會議要參加，請他能給予諒解。另一種方法，對於一般關係的來訪者，可以採取不讓他坐下閒聊的辦法。

3. 處理會議中來人打擾。如果是旅館人員的干擾，可以請秘書或其他人員告知來人總經理正在開會，不便打擾，一般不去接待處理。如果是外單位來人找總經理，可以請秘書先接待安排一下，待會議結束之後，再安排時間處理。

第五節　總經理的一天

　　我們為什麼關注總經理的一天？不僅是因為希望滿足在旅館業工作的人士對這個職位的好奇，而且更加重要的是，我們透過對旅館總經理一天工作

日程的窺探，可以從旅館總經理一天的工作生活，瞭解旅館總經理的經營理念、風格和關注點。旅館總經理的管理思維、風格、工作習慣和關注點，直接影響到整個旅館經營管理的成功與否。

筆者接觸過的旅館總經理的工作時間基本上是每天工作十至十四小時，比其他行業的一般工作時間要長，這是旅館業的特點所決定的。筆者認識的旅館總經理當中，絕大多數是早出晚歸，早上七時半上班，晚上一般都是九時、十時才能下班，而且經常有應酬到深夜。不少人羨慕旅館總經理的工作，認為他們每天的工作都是在高尚的環境中吃喝玩樂，簡直是「寓工作於娛樂之中」。

有多少人知道，旅館的總經理大多「人在江湖，身不由己」。旅館生意屬於款待業，特點就是每天二十四小時營業，除了特殊情況，一般一年三百六十五天天天營業，年節假日正是生意旺的時候，別想休息。因此，旅館經理人並沒有通常人們想像中的高級白領階級朝九晚五那麼瀟灑。如果是派到異地任職的旅館總經理，更是以店為家，平常基本上二十四小時都在旅館，實質上不存在上下班時間。和家人團聚，享受天倫之樂，對於旅館總經理而言，應該是奢侈的事情。

以下所列即是通常旅館總經理一天的工作情形，雖然是筆者自行杜撰的，有點戲劇化，但是每家旅館總經理的工作模式都是大同小異。

20XX年X月X日（星期一）總經理A先生的一天

07:30～
A先生為一家連鎖國際觀光飯店GM，幾乎將整個時間奉獻給飯店，他的宿舍就在飯店內，因為這是遵從公司住宿內部（live in）之規定，對工作熱情的他卻樂在其中，其實他很早就起床。盥洗完畢，穿好服裝，開始一天的工作。

08:00～
星期一的早晨，到餐廳走走，看客人用早餐情形，商務客稀稀疏疏，為數不多，倒是旅遊客人較多些，A先生輕聲地向餐廳員工和廚師打個招呼。接著往一樓大廳（lobby）走過去。剛好碰上一群制服穿著整齊的航空公司人員，在一旁等待辦理退房手續。A先生微笑地走近，對著熟悉臉孔的機長，兩人握手寒暄一番，並對機長說著：「Have a nice flight captain！」

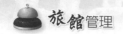

08:30～

由於這是退房的尖峰時刻，對行李員（bellman）、門衛（doorman）及櫃檯人員（front clerk）的辛苦表示慰問之後，回到自己的辦公室，打開電腦，館內區域系統的營業資訊網中，首先要看的就是每一部門的營業日報表、客房與餐飲預約的資訊、業務行銷報告……今日預定住客與宴會一覽表，都一一列印出來，詳細閱讀一番。館內區域網路（LAN）在多年前就開始使用，因此內部相互聯絡與溝通十分暢通，A先生也打開e-mail查看一下。之後他快速瀏覽了今日的報紙，即英文與中文報紙，此時秘書B小姐照例端來一杯不加糖的咖啡，並向總經理確認今日的整個行程；星期一會議還真不少，下午還要主持各部門幹部月例會。

09:00～

總經理辦公室的隔壁是一大片玻璃牆面約12坪會議室，內部陳設整潔雅緻，各部門經理陸續的走進來。這是每日晨間簡報會議，客房、餐飲、宴會、人資、工程、財務、行銷、行政主廚（這些經理團隊稱為ExCom）坐定位後，開始討論一些問題，總經理對各種提出的問題要做一番圓熟的回答和說明，或對決策性問題要做出指示。這幾週來，客房與宴會部門的業績實在不好看，A先生指示後天將召開業務會議，業務行銷經理C先生必須整理好資料，分析報告營業衰退的原因與做出建議，相關人員皆須出席，共同來討論，尋求對策。C先生是從其他旅館的業務經理轉職至本旅館，至今已三年多，37歲，是個精明能幹、工作勤奮的年輕人，在ExCom中表現積極而傑出，A先生有意培養他成為副總經理人選，以至成為他的後繼者。培育公司人才也是總經理的責任之一。

09:40～

例行的晨會舉行三十多分鐘後結束。一名負責大型會議的客戶來到總經理的辦公室，討論下月在旅館內舉行的會議團體的一些問題。總經理對有關原則問題提出了自己的看法，並答應細節方面會請宴會與會議部門滿足客戶需求。

10:00～

A先生開始批閱公文和各部門呈上來的工作日誌，但不久之後，接到工程維修部經理的電話，向他提出三個維修上的問題。

10:30～

機要秘書與大通科技公司總務經理聯絡好下午三時總經理拜會之事。A先生正詳細閱讀一位客人寫給他的投訴信函，信中抱怨早餐補菜速度太慢，讓他們幾位同行的商務客不能好好享受一頓美好的早餐。

12:00～

中午時分，有個重要的面會，即是母公司的執行董事D先生要和總經理做一個午餐會報（lunch meeting）；這家旅館是由母公司以委託管理方式簽約而承攬下來，並派遣A先生來執行這家飯店的經營管理任務。公司董事會預定下星期召開，所以D先生來臨之目的，是要和總經理A先生就飯店經營環境與情況做一事先溝通，也是一種非正式會議而已。D先生年紀大總經理18歲，但對A先生十分賞識，並信賴有加，可說是母公司與總經理一個很稱職的溝通橋樑。

14:00～
副總經理過來向A先生報告，10月的世界李氏宗親會在台北召開懇親大會，由於人數眾多，觀光局徵詢了多家旅館提供住宿，但本飯店的報價過高，觀光局要求能否降價事情，總經理也同意，至於降幅多少，指示副總再和觀光局聯絡，並參照同級旅館價格，再做決定。

14:30～
A先生帶著業務行銷經理出門，準備拜訪這家客源很多的日商公司。正步出辦公室時，安全警衛部主任趕上了，在總經理走出辦公室的路上報告上週末一位客人的車子在停車場裡，車內東西被竊的事情已處理完畢。A先生對安全警衛主任讚揚一番，隨後驅車去商談住宿簽約事宜。
大通科技公司因總經理親自出面拜訪，給足面子。雙方相談甚歡，最後簽下住宿合約，一年提供數百間客房住宿，A先生覺得不虛此行。

16:00～
接到某飯店總經理打來的電話，就飯店總經理聯誼會理監事改選一事談話。

16:20～
利用下午茶時間與新聘任的歐式自助餐經理商談新的酒單與成本方面的問題。侃侃而談時，總經理眼光被一幕情景所吸引：兩個年輕餐廳女服務員護著一位穿著舊西裝的老先生離開，左右各一位挽著老先生的上臂，小心翼翼走下兩階大理石階梯，老先生步伐非常緩慢，看起來應該年紀很大，服務員護送至大門口外，老先生上了車，服務員笑臉迎送後才回到餐廳來。A先生很感動也很驕傲，他所培訓下的員工對客人是那麼體貼。不由得心中按讚，詢問之下才知那位老先生已高齡92歲，也是A先生二十多年飯店生涯所碰到年紀最大的顧客。

17:00～
財務長帶著一個信用卡公司的代表前來拜見，臨時商談持續了三十分鐘。其後A先生上樓層挑選了一間單人房和行政套房抽查打掃是否確實。

17:30～
至員工餐廳用晚餐，A先生覺得好些天已未到員工餐廳用餐，因為大部分時間都與客人交際吃飯，好不容易享用員工餐廳的晚餐。總經理菜才吃了幾口，感覺有些不對勁，但還是吃完一餐。事後把總務主任叫來詢問，我們飯店不是禁止員工菜裡有蒜頭、韭菜之類的東西嗎？總務主任尷尬地回答，可能新的員工餐廚承包商疏忽了，而總務主任也未盡監督的責任，A先生要求總務主任宜多注意一下。

18:30～
東南亞某國王子光臨本飯店，各部門早就準備好接待事項，包括總統套房的布置，總經理與大陣仗同仁神采奕奕地在大廳向王子問候表示歡迎，王子也大方地與總經理合拍照片。

19:40～
在辦公室打電話與他飯店總經理聊天。之後看看手錶，獅子會授證典禮差不多應結束了，到宴會廳與正在用餐的獅友們打招呼、搏感情。另一目的就是要瞭解菜餚的品質與出菜速度以及服務人員的服務情形。

22:00-
囑咐夜間經理，王子一行人在夜間的服務和安全宜多注意，隨後回宿舍休息。

　　作爲企業的主要領導和管理者，旅館總經理根據董事會或業主下達的經營目標，擔負著旅館經營策略的制定，以及根據這一策略組織、落實並指導相關的經營方針的實施的重任。在這一過程中，總經理必須能洞察市場的現狀和發展趨勢，瞭解旅館日常經營狀況，掌握員工的思維脈動和精神與物質訴求，審時度勢，適時調整旅館的相關政策程序與規章制度。同時旅館總經理又是一個旅館企業文化的宣導者和身體力行者。總經理的言談舉止、思維品質、工作作風無不深深影響和感染著全體員工，營造和引領著一種企業文化氛圍，也直接影響到整個旅館經營管理的成功與否。

　　正因爲如此，關注和瞭解總經理一天內的工作排程將對我們瞭解他的經營理念、管理風格、工作作風和關注重點，以及瞭解由此而體現、折射出的企業文化是大有裨益的。

　　一般而言，旅館總經理會在早上7:30左右開始自己一天的工作。他可能並不一定會去自己的辦公室，而是以在旅館各處的巡視來開始自己職務的履行。他這一天中的第一圈巡視可能會從旅館的大廳開始。因爲這時可能正是旅館前檯開始忙碌的時段之一。作爲總經理，他要親眼看一看旅館一天開始時的準備工作做得如何，各營業點上的員工人手是否充足，以及員工的精神面貌如何。有時他還需站在大廳裡，與熟識的客人打招呼，與準備離店或外出的客人道一聲告別。然後他便會轉向旅館的邊門或後門。這裡通常是員工上下班的出入口，是供應商向旅館內送菜送貨的接收點。他希望這些地方能保持和旅館的前區部分一樣乾淨；希望看到供應商送到的蔬菜肉品等是能確保符合有關食品衛生的檢驗標準。在通過員工通道的時候，他是會順道拐入員工餐廳的。他要向正在那裡用餐的員工道聲早安問個好。他往往還會專門去查看一下員工更衣室的衛生狀況，關心裡面的設施設備是否完好。當然如果看到更衣室裡化妝室的衛手紙、洗手液用完了而沒有及時補充，他也會及時提醒，叫人補上。因爲在他看來，員工的事情無小事。

　　大約在8:30的時候，他坐到辦公桌前。他需要抓緊時間閱讀一下各種有關前一天的報表和報告。其中，從營業報表中他可以瞭解到營收情況、住宿率、平均房價及其後一週的客房預訂情況；從大廳副理報表中他可以看到旅

館前天的住客相關情況，透過顧客的一些意見、建議或投訴，發現旅館管理與服務及其流程中的問題；看有關餐飲的營業報表和宴會、會議場地的預訂表，不僅可以瞭解旅館餐飲的營收情況，而且可以知道即將舉行的一些大型活動的情況。有些大型活動雖然表面上看是餐飲部的經營活動，但實際上涉及到旅館各個部門的配合和溝通問題。如安全警衛部屆時所必須負起的旅館安全和車輛停放的管理責任、工程維修部必須負起確保設備設施完好的責任等；而透過閱讀VIP情況報表，則能有助於他瞭解當天在住和即將抵達的VIP情況，一次來確定哪些VIP是要自己親自迎送或由副總代勞的。

　　每天的9:00一般都是旅館總經理主持召開晨會的時間。在這約莫半個小時的時間內，參加會議的各部門負責人將會依次通報各部門即將發生的重要事件或即將舉行的重大活動，以及需要其他部門什麼樣的配合和支持等。這時如果遇到難以決斷或部門間相互推託的情況出現，總經理便是所有這些活動和問題的總決策人及總協調人。

　　在9:30到10:00左右的這段時間內，如果時間允許，總經理也可能有選擇地邀上一兩位高級行政人員一同前往咖啡廳用早餐。當然，在很多情況下，實際上卻是總經理想約這一兩位高級管理人員在一種較為輕鬆隨意的氛圍裡討論一些事情。

　　而10:00到11:30或11:45的這段時間則很可能是各部門負責人，如客房、人力資源、餐飲或財務經理等約見他彙報工作或商量事情的時間。當然在這段時間內，他也有可能會外出拜訪一下某機構的重要客戶，召開某個重要的會議或在辦公室接待某個求見的員工，回覆幾個電話或幾封電子郵件。

　　11:45左右的時候，如果沒有什麼特殊事情纏身，總經理一般都會走出辦公室，進行他一天中的第二次全旅館巡視活動。和第一次巡視一樣，他此行同樣不會漏掉後區部分。他會到各個位於後區部分的辦公室停留一下，和正在辦公室裡工作的員工打個招呼，這時他也會專門駐足關注一下員工通告欄的布置情況。如發現有什麼內容未及時更換或有某些宣傳品出現破損，他會通知人力資源部，當然他此行最重要的一站是到員工餐廳察看一下，和正在就餐的員工打個招呼或到廚房查看一番。他要讓員工感到他很在乎、關心

他們。

　　而每月一次的某個中午必定是總經理與員工代表共進午餐的時候。他要讓這些普通員工也體驗一下被服務的感覺。他要借此機會親耳傾聽來自一線員工的呼聲，幫助他們解決一些能夠解決的問題。他要讓員工知道他很重視員工的訴求。

　　每天的下午二時到五時主要是他參加旅館如銷售、成本控制、經營分析等各類會議或活動的時間。很多時候，他在這一時段中可能會安排有兩個甚至三個會議。每個月的優秀員工頒獎典禮、員工生日會、新聘員工的面試等活動也都是他所希望或儘量想參加的。不過有時他也會利用這下午的某個時間去拜訪一些重要的客戶。這裡他的身分似乎變成了旅館的公關經理。他會專門去拜訪某個重要客戶公司的高層，與他們晤談、交朋友，由此來為旅館銷售人員的銷售活動疏通門路，打通關節。因為作為總經理，旅館銷售和營收的好壞永遠是他工作的重心。

　　下午五時以後至七時的這段時間內他大多又會走出辦公室到旅館各處轉上一圈。在巡視過程中，他除了希望能與客人接觸、徵求意見和建議、查看餐飲、會議和大型宴會等的接待、服務情況外，他還會尋找機會與員工進行交談，瞭解他們工作中需要什麼支援。同時他也將特別查看那些不在營業的場所，包括那些處於後區部分的辦公室在下班後是否已經人去樓空，關燈上鎖，因為節能降耗與旅館安全也是作為總經理的他所必須關心的大事。

　　總經理辦公室的那盞燈晚上七時後都不一定熄得了，因為這時他還可能重新回到辦公桌前，批閱、簽署秘書早已堆放在那裡的所有待批的報告、合約或文件。

　　總經理的一天是忙碌的一天，從他的這些活動規律中，我們不僅可以領略到他的工作作風、關注焦點和管理風格，而且還可以感受到他的人格魅力和道德情操。這樣做對於總經理本人來說也是非常重要的，因為：

1.總經理是旅館企業文化的創導和引領者。他的工作方法、工作作風將影響並引導整個管理團隊工作作風的形成，從而影響和決定著旅館的服務品質和客人的滿意度。

2. 要管理好旅館和員工，就必須盡可能多地走出辦公室，透過巡視，瞭解旅館一線的情況、傾聽客人和員工的意見和心聲，從而確保自己能夠做出正確的決定和決策，並也可藉此向客人、員工傳遞這樣一個資訊，即旅館重視、在乎他們的意見和建議，並將以此作為一切工作的重點和中心。而所有這一切卻是光坐在辦公室裡看檔案、聽彙報所無法做到的。

3. 總經理應該既是旅館全體員工的管理者，又是他們最堅定的支持者。因此總經理只有能夠經常走出辦公室，經常看到員工或被員工看到，多和員工接觸、溝通，給員工以鼓勵和支持，讓他們感到得到了尊重和授權，他們才能在服務上敢於創新和超越，才能對待工作全情投入、對待客人真心付出。

4. 就總經理一天的工作內容而言，他不僅必須關心和重視諸如行銷、營收和利潤等大事，為此甚至可以不惜披掛上陣，親自拜訪旅館的重要客戶，而且也應該密切關注包括菜餚的品質、大廳空調的溫度是否太低、背景音樂是否太雜、營業區域牆面的油漆是否脫落等看似瑣碎但卻關乎旅館服務品質、客人舒適度和滿意度的「枝末細節」之事。而要這樣做、要掌握第一手資料，他也必須走出辦公室，深入到工作現場。因此，像上面所舉例子一樣，總經理每天至少三次的巡視應該成為每一位總經理工作日程中必須堅持的一個部分，因為這樣的巡視正可讓總經理對旅館的上述情況做到瞭若指掌、心中有數，然後才能在管理上做到確實掌握，針對性強。

第六節　總經理的交際藝術

一個優秀的旅館總經理在交際方面有幾個構面：(1)交際所需的個人素質；(2)交際中應持的態度；(3)交際原則：尊重與理解；(4)交際要有準備。

茲分別敘述如下：

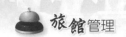

一、交際所需的個人素質

1. 整齊的外表：反映出總經理良好的精神風貌。旅館總經理在交際場合，要做到儀表端莊、服飾整潔，衣服的顏色協調明快。

2. 行動大方，舉止穩重：能給對方一種成熟可信賴的感覺。作爲旅館總經理在交際時，用簡單的手勢輔助解釋說話的內容，手勢起落有致，幅度不宜過高過大。走路時應不急不徐。握手時，短促、適度地表示有力，切忌過重。

3. 語言的掌握：利用對方能接受的語言溝通思想感情是很重要的。總經理在進行交際和溝通時，首先要掃除語言中的障礙。

4. 廣泛的知識：廣泛的知識，深厚的涵養，是旅館總經理取得交際成功的內在因素。旅館總經理從某種意義上的要求，應是個「通才」。要懂得旅館管理的專業知識，有一定的文學藝術修養，以及各種有關學科的知識，如經濟原理、財務管理、人力資源管理、行爲科學、心理學、行政管理學、市場行銷學等。

二、交際中應持的態度

1. 微笑、幽默：對外交際，首先要使對方愉快。做到這一點，要帶著輕鬆愉快的心情和微笑的神色。另外，在交際場合，用幾句幽默的話語，既能調節交往時的情緒和氣氛，也可以潤滑雙方之間的感情，可以收到更佳的交際效果。

2. 誠實、信賴：在交際中，首要的基本前提應該是誠實和謙虛。因爲交往的雙方只有建立在誠實的基礎上才可能互相信賴，交際的成功建立在互相信任的基礎上。

3. 用討論和徵詢的口吻：

　(1)在與別人交往過程中遇到意見不同和障礙時，運用商量的徵求意見

式的、討論式的口吻的態度比較有利。

　　(2)比較務實的辦法：首先要肯定讚揚對方談論中合理的部分，然後用商量的口吻提出自己的觀點和看法。

　　(3)比較有效的辦法是在這些語句之前或之後，加上「能不能」、「可不可能」、「是不是」、「好不好」、「行不行」等用語，並以極友好和善的態度，面帶微笑提出自己的想法，往往容易被對方接受。在交際中，應該設身處地的為對方著想，也站在對方利益的角度去考慮一下問題，就容易找到共同點，感情也會融洽。

4.請求別人協助。

5.以誠懇的態度幫助別人。

三、交際原則：尊重與理解

　　「尊重對方，理解對方」是旅館領導者交際中必須遵循的一條重要原則。

1.讚揚和鼓勵：實事求是的讚揚、鼓勵是尊重對方的重要表現。在讚揚對方的時候，一定要真誠、真實。適時適度地讚揚對方，使對方感覺到他在你心目中的形象、地位和作用。而當對方有困難，處於劣境的時候，能給予理解和關心，則會使他感到溫暖、友愛和信心。旅館總經理在進行人際關係交往時，應該有效地運用讚揚、鼓勵和理解對方的藝術，研究心理學的原理在交際中的運用，以不斷地提高自己交際水準。

2.使對方覺得他自己很重要：總經理有時要親自做業務拜訪。總經理出面的拜訪和會見，就會使對方感到他自己的價值和重要。而在交往過程中，虛心、細心地傾聽對方的談話，也是贊許、尊重對方的一種方式。切忌在與對方交談時東張西望，翻閱手中的報表、資料、文件、雜誌。

3.理解對方，不強人所難。

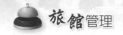

四、交際要有準備

1. 心理準備和精神準備：交際前要有良好的精神狀態，要樹立信心。
2. 語言上的準備：
   (1) 實事求是地分析對方的情況，歸納尋找對方成功的做法和經驗，見面時適時給予幾句具有真情實感的讚譽和鼓勵對方的話，這會使對方感到自信和心情愉快，這是良好的開端。
   (2) 在進入實質性交談前應做好準備，提出主要的、關鍵性的、有實質內容的話。
   (3) 結束交際時的語言要圓滿、愉快，給對方留下深刻的印象。
3. 訊息上的準備：
   (1) 在交際前，有準備、有目的地收集哪些對雙方交往相關有用的資料、資訊，就能占有優勢。要使每次交際都是互相間的資訊交流，這就要有新的內容，以不斷地提高交往的品質。
   (2) 瞭解對方的情況，認真分析研究對方的發展變化和目前所處的狀況，然後做出有利自己的對策方案。

專欄 3-4　向總經理按讚

總經理的表現應做到下列四個滿意：

O/S: Owner Satisfaction　老闆滿意
C/S: Customer Satisfaction　顧客滿意
E/S: Empolyee Satisfaction　員工滿意
S/S: Safety & Social Satisfaction　安全與社會滿意

結　語

　　旅館總經理是旅館企業的靈魂，是旅館戰略決策的最高領導，是經營管理的總指揮，是企業文化、品牌塑造的領軍者，也是旅館內外協調的外交大使，經濟效益好壞的火車頭。旅館總經理是一店之長，對旅館的全面管理和所有事務負主要責任，以確保旅館正常營運和營利。

　　作為一館之首，必須要有下列認識：

1.熟悉政府和企業的相關政策與法律法規；其中還包括企業的經營理念、管理理念和共同遵循的價值觀、企業的管理模式和管理制度等。

2.總經理要以一個職業經理人的要求，養成高尚的職業道德，全心全意、創造性地投入工作。對待企業要忠誠任事、忠於職守；對待工作要事實求是，勇於承擔責任；對待自己要嚴格自律、勤勉好學；對待同事要公正誠信、寬容謙遜。

3.總經理要有顧全大局的氣概，站在社會的高度、企業的高度、顧客的高度、員工利益的高度來思考問題、解決問題；以自己的模範行為影響屬下，帶領好旅館這支團隊，使敬業奉獻的精神真正轉變為員工的自覺行動，成為旅館經營成功的關鍵。

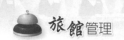
RevPAR之義意

RevPAR是Revenue Per Available Room的縮寫，是指每間可售出客房產生的平均實際營業收入，用客房實際總收入除以客房總數，但一般都用實際平均房價乘以出租率表示，結果都是一樣的。因為平均房價和住宿率比較總收入更具備可控性，所以更多的旅館或飯店習慣用實際平均房價×住宿率（occupancy rate）來計算。

RevPAR的計算公式：

RevPAR＝客房總收入／客房總數量

RevPAR＝實際平均房價×住宿率

住宿率＝已售出客房總數／客房總數量

實際平均房價＝客房總收入／已售出客房總數

Revenue Per Available Room（每間可供售出客房收入）這一概念作為其旅館經營業績衡量和分析的基礎。RevPAR這一國際飯店業普遍採用的衡量手段反映的是以每間客房為基礎所產生的客房收入，因此能夠衡量飯店客房庫存管理的成功與否。

不可否認的是，旅館經營管理者的目標就是要透過客房住宿率和平均房價的提高來實現RevPAR的最大化，因為客房收入在旅館經營的總收入中的確占有很大的比重。一般來說，提供全功能服務的高星級旅館的總收入中有40～65%是來自客房。而在附屬服務設施（主要是餐飲服務）有限的經濟型旅館，高達90%的收入則是來自客房。關於RevPAR的相關理論與實務運用，在後面章節會詳細討論，因為它及相關計算公式對總經理而言是一項管理上的利器。

Chapter 4

旅館的位址選擇

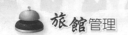

一家旅館是否能夠經營成功，在一開始選址和投資決策時已經70%以上決定了是否成功。

前　言

社會經濟的進步和穩定必然使人流量大增，而人到異地首先想到的是吃住甚至娛樂的安排。於是，這個龐大的市場促成旅館越開越多，迎合了廣大消費者的需求，旅館迅速膨脹，空閒大樓改為旅館的比比皆是。原本是業外的投資人，看到旅館業有利可圖，紛紛投資建造或改造旅館，因此迫切需要專業的人幫其籌劃開業乃至管理。如果請旅館管理公司，勢必要價不菲；於是，託人找職業經理人獨當一面，真可謂經濟實惠。筆者在管理中間，發現不少投資者在籌設當中發生錯誤情形，結果造成投資浪費，有苦說不出。為便於投資人少走彎路，為使旅館早日走向良性建設，筆者提出一些淺見和論述與大家分享，互相切磋。

投資者究竟能投入多少資金，這是一個很敏感的問題，一般不和盤托出。如果建造過程中一旦發生資金短缺，就會出現停工待料、以濫充數，甚至砍掉部分服務專案、不能按照計畫開業等現象。由此可見投資者一定得將投入的資金準確地估算出來，徵求職業經理人及其管理團隊意見，這樣便於一氣呵成、級數檔次匹配的旅館，故前期設計管理團隊的參與和控制將對日後運行具有巨大意義。

筆者強調設計對旅館未來盈利的重要影響。一家旅館日後經營產值中的客房、餐飲、娛樂、休閒、商場等收入比例，也是因選址、目標客源市場和旅館定位設計和類型的選擇，大不相同。

如經濟型旅館以客房為主（客房收入占80%以上）、會議型旅館以客房、宴會廳、會議廳和餐廳等和娛樂休閒配套為主（收入比例一般為：客房：餐飲：娛樂休閒收入＝5：4：1）；都市商務旅館突顯客房、高檔餐飲和會議設施、商務服務中心、高檔商業專賣店（例如精品店）和高檔健康休閒項目為主（收入比例一般為：客房：餐飲：娛樂休閒：商場＝4：3：2：1）。

當然，有些旅館以餐飲帶動客房或強調餐飲市場，則收入比例一般為：客房：餐飲：娛樂休閒＝4：5：1；渡假旅館一般客房收入占總營收的大宗為50%以上。這樣旅館的毛利率可以達到35～45%左右，甚至更高。

　　總之，不同定位決定布局和配套，進而決定未來經營業績的流向和結果。所以我們說其實一家旅館是否能夠經營成功，在一開始選址和投資決策時已經70%以上決定了是否成功。

　　經營毛利（GOP）指除去投資利息、折舊和董事會費用、房屋稅等經營管理者無法控制的費用以外的利潤。

　　旅館營業總利潤簡稱GOP，GOP＝旅館營業總收入－旅館營業總支出；GOP率就是利潤率，GOP率＝GOP／旅館營業總收入×100%。

　　其他還有客房營業總利潤，簡稱客房GOP；餐飲營業總利潤，簡稱餐飲GOP，都是類似的。旅館營業總收入是核算每一會計年度旅館在銷售商品、提供勞務及讓渡資產使用權等日常活動中所產生的收入。包括客房、餐飲、娛樂、商場、商務中心、其他收入等。旅館營業總支出是核算旅館經營性銷售商品、提供勞務過程中發生的費用，以及非經營性部門發生的日常費用支出。

第一節　旅館區位的選擇

　　世界商務旅館創始人美國旅館大王斯塔特勒（Ellsworth Milton Statler, 1863-1928）說：「旅館成功的三個最重要因素是地點、地點、地點。」（The three most important elements in any hotel's success are Location, Location, Location.）

　　這句話是永遠不變的真理嗎？

　　要建造一家成功的旅館，首先要談的，就是地點的選擇，其大立地的區位選擇和小立地的地點選擇（location selection），可說是經營成功的關鍵因素。雖然學者如弗蘭克·戈（Frank Go）認為旅館可以根據其所在的地點區分為城市中心旅館、近機場的郊區旅館、公路沿線汽車旅館、濱海的港口旅

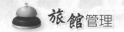

館和渡假旅館等。投資者可因地制宜，確定擬建旅館的類型。本文所要討論的是城市、都會區或一般聚落的旅館選址。

　　旅館選址就是指旅館營業場所的區位選擇。區位選擇不僅關係到企業的市場開發能力大小、對消費者吸引力的大小，更重要的是對長期效益的取得具有戰略性的影響。據有關資料顯示，旅館選址的好壞對旅館的成功營運的直接和間接的影響在眾多相關因素中占到70%左右。可以看出旅館區位的選擇是決定旅館成功營運的一項重要因素。因此旅館的選址是一項重要的工作，必須仔細考察、認眞分析、愼重做出結論，否則會造成不可彌補的損失。

　　區位一詞源自德文standort，英文於1886年譯爲locationt，即位置、地點、位址、立地、場所或地段之意，也有人翻譯成區位。事物的區位包括兩層含義：一方面指該事物的位置，另一方面指該事物與其他事物的空間的聯繫。對區位一詞的理解，嚴格的說應該包括以下兩個方面：一是它不僅表示一個位置，還表示放置某事物或爲特定目標而標定的一個地區、範圍；二是它還包括人類對某事物占據位置的設計、規劃。

　　一般商家或企業所欲尋求的「好地點」就是區位優勢，就是人類經濟活動占有場所的範圍、位置、設計及其在經濟發展過程中所表現出來的有利情境和趨勢，即某一地區在發展經濟方面客觀存在的有利條件或優越地位。其構成因素主要包括：自然資源、地理位置，以及社會、經濟、科技、管理、政治、政策、文化、教育、觀光等方面，區位優勢可說是一個綜合性概念，它不是靜止的，是在不斷發生變化的。因此，一方面可以充分利用區位優勢，促進區域經濟發展；另一方面，可以透過改善區位的內涵，不斷地獲得區位優勢，以促進經濟的持續、健康發展。

　　旅館大王斯塔特勒的經營哲學——Location、Location、Location，其道理至今仍顛撲不破，隨著觀光旅遊的快速發展，處於優越地理位置的旅館，在日趨激烈的市場競爭中顯示出來的競爭能力和影響力，是一些區位較差的的旅館難以匹敵的。

　　至於業主對區位選址的評估存在一些主客觀認定的問題，歸納和總結位

址選擇事實上是一種多方複雜的工作，有下列決定性考慮因素：

一、現場情況

需考慮以下四個方面的要素：

1. 現場概略：旅館相關人員在地圖上標明場所方位，正確歸納現場及其地形、附近區域土地運用情況，以及首要交通路線。
2. 能見度：擬建旅館是不是耀眼。能見度很可能是影響旅客需求量的重要因素。
3. 進出難易程度：即是可及性（accessbility），進出難易程度尤為重要。
4. 可得到性：如房產是不是能租或買到，什麼時候可以運用，是不是受城市規劃中的分區限制。

二、商場區域規劃

所要瞭解的是本區域和附近區域的經濟情況、人口統計要素。商場區域評價可以從兩個方面進行：

1. 旅遊目的地分布的區域規劃，包括客人的旅遊目的地、從旅客旅遊目的地至擬建旅館的行程距離、旅客常運用的交通工具、競爭對手旅館位址。
2. 商場區域特徵，具體包括：該區域的常住人口及其結構、商家營業額、就業人口數、工商企業與社會機構分布現狀、辦公室密度、旅遊者人數。

三、商場環境

1. 客源評估：客源評估是對潛在客源及其預期消費作出評估。假設預期的需求來自當地的工商活動，那麼掌握這種需求的最好方法是對該區域潛在客源進行調查。

2. 對競爭者的評價：對競爭者評價是為了知道該區域全部同業情況和將來可能發生的變動。判定當地現有和擬建旅館的客房數量；分析各個競爭對手的房價規劃、歷年客房出租率、營業定位、整體設備。

四、地理位置和交通條件

　　旅館在確定選址之前，必須諮詢潛在地點的區域建築規劃，瞭解和掌握哪些地區被分別規劃為商業區、文化區、旅遊區、交通中心、住宅區、工業區等資料。保證選址所在位置一定要在劃定的範圍內。同時也要注意市政發展動向，其選址所處的區域的規劃情況，是否有對旅館經營有利的市政規劃（如未來的商業中心、產業中心、行政中心、交通幹線建設，未來是否成為臨街店等）。旅館的選址，主要包括地理位置和交通條件，一定程度上集合兩者，為旅館發展提供絕佳先天條件。

(一)地理位置

　　所謂地理位置，是旅館集自然與人文於一體的環境，大致包括以下幾點：

1. 位於都市商務辦公區、商業中心、會展中心、貿易中心、交通中心、大型遊樂中心、住宅區、成熟開發區。
2. 鄰近火車站、碼頭、車站、捷運站、公路高速客運中心區域。
3. 鄰近捷運沿線、高速公路城市入口處、主要道路交叉道口、交通樞紐

中心、商業網點、汽車終點站、大型停車場附近區域。

4.在都市內鄰近知名的大學或在校學生數量達兩千人之學區。

5.具有良好的可見性，最好是「三角窗」（十字路口），且有良好的廣告位置。

6.最好鄰近都市某個標誌建築、知名建築或歷史文化、旅遊項目。

7.周邊直徑1～3公里之內不宜有第二家同類型旅館。

(二)交通條件

交通條件也是重要考量，大致有下列重點：

1.交通條件是選址需要考慮的首要條件，一般以地鐵站附近為上佳條件，因為地鐵的覆蓋面廣、客流量大。

2.在沒有捷運的地區或都市中，在選址點的300公尺方圓內有多條以上能通達商業中心、機場、車站、碼頭的交點站線為好。

3.鄰近城市交通樞紐道路、大橋、隧道、高架、城市環線，車流大，具有可停留性。

我們如將上述所列之位址的各種重點因素以圖示之，則如**圖4-1**與**圖4-2**，可清楚說明旅館地點之優越與否，牽涉到多方之考量。

第二節　大立地評估

由上節之說明，我們瞭解旅館地點選定的重點內容，旅館在營運時才能夠有滿點的天時、地利與人和（指管理）之致勝點。但進一步分析，選擇旅館大立地則須從商圈規模和其內容、性質來做評估的起始，但不外乎有兩個重點：

1.從綜合巨視（macro）觀點看商圈的範圍大小。

2.就住宿、餐飲、宴會、活動聚會（function）顯在需求的質與量，其資

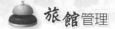

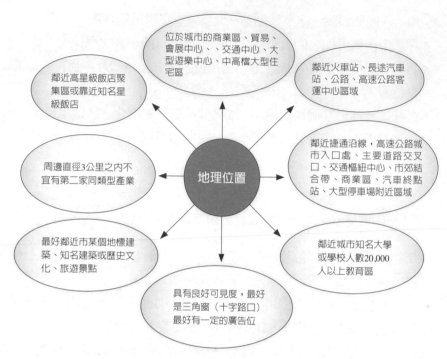

鄰近高星級飯店聚集區或靠近知名星級飯店

位於城市的商業區、貿易、會展中心、、交通中心、大型遊樂中心、中高檔大型住宅區

鄰近火車站、長途汽車站、公路、高速公路客運中心區域

周邊直徑3公里之內不宜有第二家同類型產業

地理位置

鄰近捷通沿線,高速公路城市入口處、主要道路交叉口、交通樞紐中心、市郊結合帶、商業區、汽車終點站、大型停車場附近區域

最好鄰近市某個地標建築、知名建築或歷史文化、旅遊景點

鄰近城市知名大學或學校人數20,000人以上教育區

具有良好可見度,最好是三角窗(十字路口)最好有一定的廣告位

圖4-1　旅館選址地理位置上的考量因素

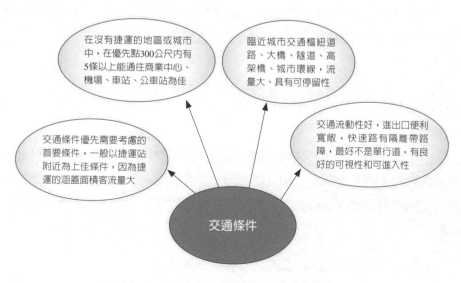

在沒有捷運的地區或城市中,在優先點300公尺內有5條以上能通往商業中心、機場、車站、公車站為佳

臨近城市交通樞紐道路、大橋、隧道、高架橋、城市環線,流量大,具有可停留性

交通條件優先需要考慮的首要條件,一般以捷運站附近為上佳條件,因為捷運的涵蓋面積客流量大

交通流動性好,進出口便利寬敞,快速路有隔離帶路障,最好不是單行道,有良好的可視性和可進入性

交通條件

圖4-2　旅館選址交通條件上的考量因素

訊情報的收集。

以「顯在需求」來說，可參考過去三至五年間住宿率的表現以及同業的館內設施、商品結構、營業狀況作為參考。

將收集起來的資料，亦即商圈的質與量做優缺點分析，大致上可以作為將來營業數據之預估。在此我們可以五個評估項目作為標準來總體評論選擇的大立地區位。**表4-1**列舉出標準的大立地調查項目，適用於多設施、多功能的旅館。這些評價項目與評價基準可供現行業者或即將投入旅館業者作為相當有價值的參考。

根據以上的表格，由業者自我評估，可瞭解選定位址的優缺點。如果有多數項目符合上表所列，對業主的未來營運而言，將有不少加分與建立信心之作用。同時，一個旅館的所處環境的治安狀況，也是旅館選址的理想考慮因素，其目的是嘗試分析目標店周邊治安環境對住宿率是否存在影響。

第三節　小立地評估

設若一家旅館經營不善，也許換個名稱及經營者，重新拉皮裝修後，經營上可能起色，這種例子在國內外非常多；可是地點不好的旅館，就永遠難以起死回生了。

在一個立地上，旅館內部的營業設施儘管一再加強、更新或增設，主事者也付出心力經營，實際上成績仍有其極限。究其原因，旅館經營會受到周邊環境的制約，旅館的等級、商品結構、價格政策之每一經營因素，都會無可避免受到地點的偌大影響。

就旅館等級和地點選擇而言，假設欲成立一家優越的旅館，投資人不一定要選擇繁華的商業區，因為高昂的地價反而會令業者望而卻步，投資者寧可找一良好氣氛而安靜舒適的地點來蓋旅館。不過，對投資資金充足的大型而多功能設施的旅館而言，還是會傾向選擇人潮多、商業繁盛的地帶。投資者可由**表4-2**所列示的各種指標來評估自己旅館地點的強弱項，作為營業的參考。

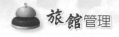

表4-1 大立地條件區域評估表

都市名稱　　　　　　　　　　　　　　年 月 日

調查項目	評估基準	1	2	3	4	5
人口	1 2 3 4 5	10萬人以下	10萬~30萬人	30萬~50萬人	50萬~70萬人	70萬人以上
人口增減狀態	1 2 3 4 5	減少	稍微減少	沒有增減	稍微增加	明顯增加
都市型態	1 2 3 4 5	觀光型都市	消費型都市	行政機關型都市	生產型都市	商業形都市
都市開發計畫	1 2 3 4 5	無	小型計畫	中型計畫	大型計畫	計畫施行中
都市未來之發展性	1 2 3 4 5	無發展性	不太有發展性	發展性少	有發展性	很有發展性
年內進入之旅客數目	1 2 3 4 5	50萬人以下	50萬~100萬人	100萬~300萬人	300萬~500萬人	500萬人以上
年內進入之旅客數目增減	1 2 3 4 5	減少	稍微減少	沒有增減	稍微增加	明顯增加
什麼區域進來之旅客較多	1 2 3 4 5	（ ）	（ ）	（ ）	（ ）	（ ）
什麼目的進來之旅客較多	1 2 3 4 5	（ ）	（ ）	觀光旅遊	（ ）	商務旅遊
附近主要交通站的重要性	1 2 3 4 5	不重要	不太重要	稍微重要	重要	非常重要
火車、海空港、巴士、捷運	1 2 3 4 5	1	2	3	4	5個以上
有幾家銀行	1 2 3 4 5	～家	～家	～家	～家	～家以上
公司、機構、營業場所數	1 2 3 4 5	（ ）	（ ）	（ ）	（ ）	（ ）
公司、營業場所營業額	1 2 3 4 5	＿萬元以下	＿萬～＿萬	＿萬～＿萬	＿萬～＿萬	＿萬元以上
平均消費水準如何	1 2 3 4 5	＿萬元以下	＿萬～＿萬	＿萬～＿萬	＿萬～＿萬	＿萬元以上
物價如何	1 2 3 4 5	不高	不太高	普通	稍微高	高
商業、活動隨季節之變動性	1 2 3 4 5	變動很大	有變動	少有變動	不太有變動	沒有變動
其他	1 2 3 4 5	—	—	—	—	—

表4-2 競爭同業經營能力評估表

旅館名稱　　　　　　　　　　　　　　　　　　年　月　日

調查項目	評估基準	1	2	3	4	5
容納客數	1 2 3 4 5	～人以下	～人	～人	～人	～人以上
客房住宿率	1 2 3 4 5	60%以下	60～70%	70～80%	80～90%	90%以上
價格	1 2 3 4 5	很高	稍高	普通	稍便宜	很便宜
停車場收容量	1 2 3 4 5	～輛	～輛	～輛	～輛	～輛以上
交通方便性	1 2 3 4 5	很不方便	不方便	普通	方便	很方便
設施是否周全	1 2 3 4 5	很不好	有點不好	普通	稍好	很好
對客服務	1 2 3 4 5	很不好	不好	普通	好	很好
建築、設施老化程度	1 2 3 4 5	很老舊	有點舊	普通	還好	新穎
地點是否良好	1 2 3 4 5	地點不好	有點不好	還算普通	覺得稍可	地點很良好
風評	1 2 3 4 5	很差	差	普通	好	很好
平均住宿房價	1 2 3 4 5	＿＿＿元以下	＿＿＿元	＿＿＿元	＿＿＿元	＿＿＿元以上
固定之常客	1 2 3 4 5	很少	少	普通	還好	很多
擴建的餘地	1 2 3 4 5	沒有		勉強夠	足夠	非常足夠
全國性知名度	1 2 3 4 5	沒有	知名度不高	稍有知名度	有知名度	高知名度
餐飲的營業額	1 2 3 4 5	低		普通	高	很高
附屬設施具備否	1 2 3 4 5	沒有			有	
經營階層的經營能力	1 2 3 4 5	不好	有點不好	普通	優秀	很優秀

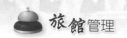

一、適合於住宿機能旅館的地點

　　以前火車站的周圍都有不少旅館林立，這種情況各國皆然。站前旅館主要吸收商務、觀光客，方便這些人住宿的需求，當然也容易吸收未預訂客房的客人（walk-ins）。因此，旅館的商品構成則是以住宿為主軸，客房結構以單人房（single room）占較多比率。而且，此種旅館的停車場容納量少，只是聊勝於無。

　　直到近年來，地方性中小都市興起，商業逐漸興盛，開車商務客增多，停車場的停車能力——即其是否有足夠容納空間，與旅館生意好壞有很大關聯，備有多量泊車能力的停車場的旅館應運而生。針對此一客層，現在不僅是在火車站附近的旅館才有，在公路旁，擁有足夠停車場的旅館也搶食這塊市場大餅。

二、適合餐飲機能旅館的地點

　　都會商業區的繁華地帶，到處是川流不息的購物客、觀光客，各式各樣的餐飲店林立以招徠顧客，此時，旅館的客房型態當然會改變而以雙人房（twin room）及一大床客房（double room）的間數較多。在這種繁華區域，商店櫛比鱗次的狀況下，消費客層的特性、逛街的動機、消費型態的觀點而言，旅館也應推出各種不同形式、不同口味的餐飲來號召客人上門，以提高營業收入。

三、適合宴會及聚會機能旅館的地點

　　就宴會聚會的設施而言，商圈內的需求程度如何，應做一番詳實的調查。人們較容易集會的地方，亦即該地方交通工具使用有其便利性，應是適合集會的地點。就可及性言，通常一些往來方便的車站附近或是商業地區都

是適合的。由於旅館在不僅是人多且交通方便的地方提供宴會、開會等的機能，旅館整體的附加價值將會增強，整體行銷能力也可順水推舟。

　　當然，集會能力強的旅館必須有泊車能力為後盾，寬廣而足夠的停車場是標準的旅館配備。各種的集會如結婚宴會、社團授證、展示會等，旅館餐飲總收容人員量的30～40%是理想的停車容量。

專欄 4-1　商務旅館與位址選擇

　　商務旅館（commercial hotels）或許大家已習慣稱為商務飯店或商務酒店，在性質上是暫住型，是從市場競爭中細分出來針對從事商務活動而入住的客人服務的現代化旅館。此類旅館多位於城市的中心地區，也接待旅遊客人及因各種原因做短暫停留的其他客人，但主要還是接待商務型客人，一般認為商務客人的比例應該不低於60～70%。在都市中，這類旅館適應性廣，占旅館業較大比例，此類旅館為適應細分市場的需要，也分各種等級。其中，等級較高、以接待商務客人為主的旅館一般比較豪華舒適、服務設施齊全，交通、通訊便利，幾乎都會配備有商務中心、各類會議室、展示廳、宴會廳等，還設有商務套房及行政樓層。

　　為何很多旅館努力爭取商務客人呢？商務旅行客人具有下列消費特徵：

一、講究服務品質較不重視價格

　　商務客人其各項活動費用基本上是由組織或公司等單位支付，標準較高，所以商務客人在住宿、通訊、宴請、飲食、交通等方面都較為講究。商務型的客人不大注重服務的價格，卻很講究服務的品質，優質的服務品質則是商務人士選擇酒店的最重要因素。

二、消費傾向明顯

　　商務客人在工作的同時幾乎都要涉及到通訊服務如網路、電話、傳真、打字、複印、會議、郵件以及宴請、交通、銀行等方面。館內設有商務中心、會議

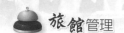

室、宴會廳以及幫忙聯繫計程車、預訂機票等服務。商務客人在這些方面的消費傾向比一般的客人更加明顯。還有旅館配套之健身以及休閒設備，商務客的消費較普通過夜住客多，因為商務人士常年在外奔波，他們往往把工作和身體鍛鍊、休閒結合在一起，尤其是在旅館裡一站式完成。

三、再宿意願強

商務旅館的商務客有很多為VIP客人，因為他們重訪率高，入住過多次，消費金額一般都會達到甚至超過升級為VIP的標準。館方給予公司或個人優惠，雙方都互惠互利。而且商務客一旦習慣某個旅館的服務方式之後不太願意多次換旅館入住，因為要不斷地去適應各個旅館的服務方式對他們的工作來說不是一件好事，與其花精力去適應各種不同的服務耽誤工作倒不如每次都住宿習慣的旅館就可以展開工作來得實在。所以商務客人重返率是極高的。

四、時間概念較強

商務客大部分在下午五時到晚上十時的期間入住，以便晚上休息一晚第二天再展開工作。與一般遊客出來休閒觀光或探親不一樣的是，商務人士入住旅館帶有很強的目的性，有嚴格的作息時間與工作計畫，他們是來完成一步又一步工作成果的，不是來虛度時間的，他們每次來帶著簡便的行李箱匆匆入住，每次走也是帶著簡便的行李箱匆匆退房離去，所以商務客人都要求旅館具備高效率的服務流程來滿足其工作需要。

五、平均停留期間較長

商務客人往往帶著計畫而來，未完成計畫就無法返回，一般商務客人每次入住少則兩三天，多則一兩個星期，某些外國公司客每次來都住宿一個月以上是常有的事。有些外國商務客甚至長期包房入住一、兩年，但總的來說，商務客人平均入住天數都能達數天左右，所以他們對旅館的印象是很深刻的，也比一般的過夜旅遊者更能瞭解旅館。旅館在增強自身形象方面應主要考慮到商務客人的感受。

108

第四節　經濟型旅館的立地

　　在國內外有更多注重住宿機能的旅館，提供專業化住宿服務，讓旅客享受房間設計簡單精美、乾淨舒適、物超所值的服務，而且目前隨著人口流動益加頻繁，有方興未艾的趨勢。這種旅館規模不大，價格不高，因此在設立的地點選擇上，雖然理論與商務型、會議型、宴會型等大飯店差別不大，但實際上仍有微妙的位址上的選擇，以便招徠更多的顧客上門。

　　這種專注於住宿機能的服務設施稱之為經濟型旅館（budget hotel，日本稱為「宿泊特化型ホテル」），亦即去掉高星級旅館的大型餐飲、宴會、三溫暖、健身房、KTV等營運成本高但利用率低的配套設施，集中精力經營客房，成為專業的住宿場所，其特徵如下：

一、位置與環境

1. 經濟型旅館並不是廉價旅館。投資較少，營運成本低，是經濟型旅館的特徵之一，但不是其本質，也不是絕對目的，經濟型旅館的本質是負擔小，回收快，這兩個要素使經濟型旅館的一般性規模和經營定位相對有了一個範圍。

2. 經濟型旅館的特點是開銷少賺錢快，但卻往往只能在經濟發達、人口流動快、密度高、交通方便、政府機關多的城市或地區生存，經濟不熱絡的地區很難產生真正意義上的經濟型旅館。

3. 經濟型旅館內部以客房為主要經營項目，餐飲、會議、娛樂等配套設施很少或沒有，所以旅館四周300公尺半徑範圍之內應有滿足客人綜合需要又步行可及的餐館、酒吧、郵局、娛樂、便利商店等設施，交通站點也應較近。

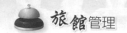

二、投資與評估

1. 投資額度與投資目的必須取得合理的平衡，選址的同時需要對客源結構及其可靠性和結構持久性進行評估。
2. 投資額的確定基於對建設成本和營運成本兩個內容的精確瞭解，以及對投資回收可行性和週期的客觀計算。
3. 房間越多，單位造價越低。
4. 設備的實用主義選擇。

三、規模與功能

1. 經濟型旅館可大可小，多數旅館的客房總數集中在50～150間的範圍內，當然在此範圍外也有更小或更大的。總樓層數以不超過10層的設定是比較理想的。
2. 也可以將經濟型旅館設立在商業大樓內，讓這棟建築物的其他功能樓層如餐館、酒吧、精品、商店等可以自然而然為旅館配套、服務。
3. 也可以將旅館首層的某個區域用來招商出租，例如快餐店、旅行社、藝品店，既補充了旅館功能，又方便客人。
4. "B and B"（Bed and Breakfast），客房是經濟型旅館的最重要功能，應占旅館建築總面積70～80%，其次是一大廳、一個是餐廳，另一個可能是小酒吧或小商品亭等，經濟型旅館並不希望客人在公共區域內長時間停留，大廳設計講求實用。旅館的營運、調度、監控功能都設在前檯區域。
5. 安全、衛生、方便是基本標準。
6. 遵守政府政策及法規、法令，同時參與社會活動作為對旅館的支持與保障。

7.雇工管理模式及運用。

四、理想的立地條件

　　經濟型旅館的立地選擇與高星級旅館在理論上並無太大不同，但由於規模、功能與客層的來源有明顯差異，因此業者在選址上有自我微妙的看法。如**表4-3**所示。

　　以上所列的各項選址項目，業者也可自行做一番評估。選好的地段位址的重要性源於地段所能帶來的收益，對於經濟型旅館而言，好地段位址的意義首先是客源，其次是專業化。地段是都市功能、都市形象、都市配套以及聚客便捷性的載體，因此地段位址往往直接決定了客源數量與品質。客源是地段位址最根本、最為關鍵的意義，包括客戶的數量和客戶的類型，將基本決定旅館經營的好壞和旅館的型態。業界人士曾評論說，選擇了一個好的地段位址就成功了70%。對於經濟型旅館而言，地段位址的重要性就更加突出，因為其對住宿率的要求比傳統的旅館要高，只有有充足的客源保證了高的住宿率，才能在成本控制的基礎上形成可觀的利潤。

 ## 第五節　旅館立地重要性實證

　　關於旅館地理位置之重要性在此舉出研究實證案例，顯現旅館的「位置」和「價格」都是顧客的首選，敘述如下：

一、研究案例1

　　美國有名的諮詢公司艾普希龍（Epsilon）新發布的一份研究顯示，「使用者推薦」和「旅館評論內容」對旅行者的旅館選擇（即使是曾經入住過的旅館）會產生重要影響，而電子郵件依然是旅行者與旅館進行交流的主要管道。

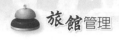

旅館管理

表4-3　經濟型旅館立地評估表

旅館名稱　　　　　　　　　　　　　　　　　　　　　　　　　　　年　月　日

調查項目	評估基準	1	2	3	4	5
最近公車站的距離	1 2 3 4 5	250～200公尺	200～150公尺	150～100公尺	100～50公尺	50公尺以內
距離捷運站距離	1 2 3 4 5	250～200公尺	200～150公尺	150～100公尺	100～50公尺	50公尺以內
距往機場巴士站的時間	1 2 3 4 5	25～20分鐘	20～15分鐘	15～10分鐘	10～5分鐘	5分鐘以內
附近50公尺內停車容量	1 2 3 4 5	～輛	～輛	～輛	～輛	～輛以上
距離最近主幹道上單位時間車流量	1 2 3 4 5	～輛	～輛	～輛	～輛	～輛以上
附近的公車總線路	1 2 3 4 5	1線	2線	3線	4線	5線以上
5公里範圍內核心區域的公車線路數	1 2 3 4 5	～線	～線	～線	～線	～線
外牆側面的可視距離：從主幹道上觀測	1 2 3 4 5	～公尺	～公尺	～公尺	～公尺	～公尺
附近區域街道治安狀況	1 2 3 4 5	很不好	不好	普通	好	很好
周邊方圓50公尺範圍內餐館與飲料店的數量	1 2 3 4 5	很少	少	還好	多	很多
周邊人口的收入水準	1 2 3 4 5	不高	一般	稍高	高	很高
步行10分鐘內ATM機數量	1 2 3 4 5	無	1台	2台	3台	4台以上
方圓3公里範圍內旅遊景點	1 2 3 4 5	無	1處	2處	3處	4處以上
2公里內有商業中心（購物中心、徒步街、大型商場）	1 2 3 4 5	無	1處	2處	3處	4處以上
區域500公尺範圍內附近商品集散地或物流集散地	1 2 3 4 5	～處	～處	～處	～處	～處
附近500公尺範圍內醫院規模	1 2 3 4 5	小型		中型		大型
附近1公里範圍內學校的數量	1 2 3 4 5	無	1所	2所	3所	4所以上
周邊方圓半徑2公里內會展中心的總建築規模	1 2 3 4 5	（ ）	（ ）	（ ）	（ ）	（ ）
附近1公里範圍內辦公大樓	1 2 3 4 5	很少	少	還好	多	很多
周邊500公尺範圍內娛樂休閒場所	1 2 3 4 5	很少	少	還好	多	很多
附近三星級旅館數量	1 2 3 4 5	無	1家	2家	3家	4家以上
附近方圓500公尺內的三星級旅館的walk in價格	1 2 3 4 5	（ ）	（ ）	（ ）	（ ）	（ ）

　　該項研究中指出了一些市場機會，讓旅館行銷人員可以吸引猶豫不決的消費者、開展客戶忠誠度計畫，以及與現有和潛在的客戶進行有效交流。

　　這份調查訪問了400名以上最近預訂過旅館的消費者，對他們在選擇過程中的體驗進行了分析。這份調查是Epsilon一項規模更大、涉及1,500名美國消費者的調查研究的一部分，是消費者訴求綜合聆聽實踐的一部分，目的是分析客戶體驗行銷（customer experience marketing）的現狀。客戶體驗行銷是傳遞相關互動活動的一種途徑，可以對如今的消費者希望參與、挑選和購買的多種管道進行預測和回應。這份研究從不同行業產品中收集資料，包括電視機、電腦、旅館、汽車保險、移動設備、通訊服務和信用卡產品。

　　以下是艾普希龍公司旅館調查的主要發現：

1. 只有33%的受訪消費者明確知道他們將選擇什麼旅館，剩下三分之二的消費者對自己的決定「比較確定」或者不確定。
2. 價格因素成為影響所有受訪消費者做決定的首要因素。旅館位置是否方便成為第二受歡迎因素。
3. 在不確定選擇什麼旅館的消費者中，正面的旅館評論是一個重要決策因素。除了產品和品牌評論網站以外，親友的意見也成為重要影響因素。
4. 消費者偏向使用電子郵件與旅館品牌溝通。
5. 品牌網站、搜尋引擎和旅遊相關網站是最受歡迎的資訊收集來源。
6. 在電子郵件和網站上，消費者對產品資訊、折扣優惠及旅館便利設施最感興趣，與消費者興趣相匹配的資訊也備受歡迎。
7. 每十位酒店忠誠度計畫成員中，有八位以上同意這些項目可讓他們更願意在所屬俱樂部的飯店入住。

　　「面對對忠誠度計畫如此成熟的行業，以及可以獲取海量資訊的旅行者，市場業者們需要不遺餘力地投其所好」，艾普希龍策略和分析諮詢集團（Epsilon Strategic & Analytic Consulting Group）執行副總裁麥可培尼（Michael Penney）表示，「基本原理並沒有太多改變。只要這些市場性的

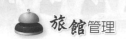

交流具有相關性，並且以消費者希望的形式傳遞給他們，他們就願意參與進來。」

二、研究案例2

另外一家專注於為旅館提升顧客滿意度的市場調查研究公司Market Metrix最近完成了一份調查報告，它分析了影響位於全球各地區的消費者選擇某家旅館或某個賭場的因素。調查結果針對目前旅館顧客的行為提供了相當有價值的資訊，並為旅館如何吸引這些顧客提供了建議。

該調查報告根據Market Metrix旅館業指數來得出結果，並收集了四萬名來自美國、歐洲和亞洲等地區的旅行者的資料。著重向顧客提出了幾個主要問題，詢問他們在最近一次進行的旅程中為何選擇某家旅館。

來自全球各地區的旅行者所提供的回應，旅館所在的位置依然是影響顧客制定旅館決策的最主要因素，休閒觀光者尤為重視這一要素。對於年紀較大的旅行者以及高收入的旅行者（年收入為100,000～150,000美元，且偏向入住中高檔旅館或高檔旅館）來說，旅館所在的位置是相當重要的考慮因素。

在影響顧客制定旅館決策的主要因素當中，「價格」和「過往的體驗」的重要性僅次於旅館所在的位置。有趣的是，「過往的體驗」這一因素的重要性在過去幾年不斷地上升，而顧客對「旅館的地理位置」和「價格」的重視則一直維持在穩定的水準。或許這是由於市場上有各種旅館產品選擇可供顧客預訂（尤其是在高端旅館市場），因此他們的要求也越來越高。

在全球市場，「過往的體驗」在顧客制定旅館決策的過程中發揮著更為重要的作用（11.9%的受訪者稱其重視這一因素），其重要性高於好友的推薦（6.8%）、品牌的聲譽（5.5%）、促銷活動（5.0%）、忠誠度計畫的力量（3.8%）及線上點評（2.9%）對顧客選擇旅館的影響。茲將分析結果以**圖4-3**示之。

顧客為何選擇某家旅館？

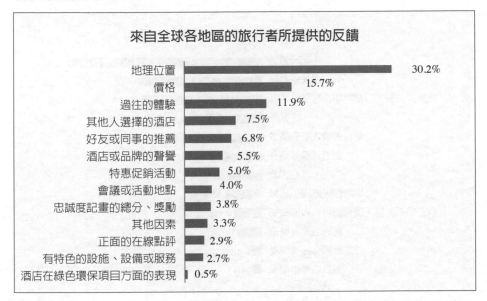

來自全球各地區的旅行者所提供的反饋

- 地理位置 30.2%
- 價格 15.7%
- 過往的體驗 11.9%
- 其他人選擇的酒店 7.5%
- 好友或同事的推薦 6.8%
- 酒店或品牌的聲譽 5.5%
- 特惠促銷活動 5.0%
- 會議或活動地點 4.0%
- 忠誠度記畫的總分、獎勵 3.8%
- 其他因素 3.3%
- 正面的在線點評 2.9%
- 有特色的設施、設備或服務 2.7%
- 酒店在綠色環保項目方面的表現 0.5%

*根據Market Metrix在2016年針對美國、歐洲和亞洲等地區的旅行者所作的調查結果反饋

圖4-3　顧客選擇旅館的原因

　　相較之下，觀光賭場飯店（casino hotel）的地理位置對顧客制定決策的過程中所發揮的作用較小。如**圖4-4**所示，「過往的體驗」和其他因素如賭場的氣氛如何、是否能讓人感到興奮以及是否具備娛樂性等，都是顧客體驗的一部分。實際上，如果將這些方面都一併納入考慮範圍，那麼顧客體驗就是顧客選擇賭場的主要因素，如**圖4-4**所示。

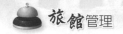

顧客為何選擇某個觀光賭場飯店？

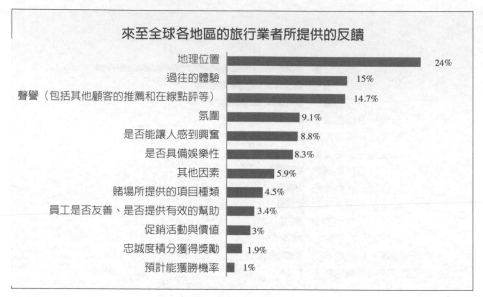

來至全球各地區的旅行業者所提供的反饋

地理位置	24%
過往的體驗	15%
聲譽（包括其他顧客的推薦和在線點評等）	14.7%
氛圍	9.1%
是否能讓人感到興奮	8.8%
是否具備娛樂性	8.3%
其他因素	5.9%
賭場所提供的項目種類	4.5%
員工是否友善、是否提供有效的幫助	3.4%
促銷活動與價值	3%
忠誠度積分獲得獎勵	1.9%
預計能獲勝機率	1%

*根據Market Metrix在2016年針對美國、歐洲和亞洲等地區的旅行者所作的調查結果反饋

圖4-4　顧客選擇觀光賭場的因素

結　語

　　隨著工商業、觀光業的縱深發展，對旅館的需求必定是愈加殷切。同時，隨著旅館越建越多，也許將來有一天，關於旅館地理位置的選擇，將會成為新的一門學問。但無論如何，我們有理由相信，現有旅館位置選擇的經驗，必定會使將來旅館對位置的選擇愈合理和科學。

　　回顧本章介紹之後，我們在此做一個總結：

一、區位因素

　　旅館的經營成敗在相當大的程度上取決於它的位置與交通幹線、工業區、商業區、都市中心或觀光旅遊區的關係。因此，旅館地理位置的區位選擇是至關重要的，必須分析預想設點地區的社會、經濟、文化和旅遊環境。同樣，也必須估計到競手的情況（價格、優點、缺點等）和需求量（工商業人士、觀光客、大小會議等等）。

　　此外，還應考慮當地旅館業的總體情況。在一個確定的區域裡提出建店的問題以後，必須分析該區域旅館業的總體情況及其發展趨勢，這對旅館投資者是非常有益的。「同行密集客自來」，這是古時的經營之道，對今天的許多行業仍然適用。但對旅館業來說，旅館的投資者在確定的擬建旅館位置時，必須考慮周圍有哪些旅館是直接或間接的競爭對手，而且必須分析競爭對手的優勢和劣勢，因為旅館業的客源市場相對於其他行業來說會顯得供給不足。如果擬建旅館周圍已建成或在建旅館的數目就已使客房出租率不足，投資者除非有足夠的把握憑藉自己的旅館設備設施和服務品質從其他旅館吸引足夠的客源，否則，旅館就要重新考慮選址，以免造成投資損失和旅館之間的惡性競爭。

二、環境因素

　　擬建旅館地理位置周圍的環境，對旅館的經營有著極大的影響。通常來說，都市中心旅館周圍的環境往往是商業區、住宅區或者文教區。而郊區旅館、海濱旅館或公路沿線旅館周圍的環境往往很難定論。如紐約曼哈頓的第五大街，矗立著世界上許多著名的金融中心，辦公大樓林立，為周圍的旅館提供了相當數量的商務旅客和會議團體。當然，如果擬建旅館周圍有大型零售商店、購物中心，則能為住宿者提供購物消遣的場所。總之，周圍地區的

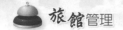

繁華，能增強旅館的市場地位，對旅館的客房出租率、房價、餐飲銷售額都會產生有利的影響。交通也是環境因素中的一個重要組成部分。任何旅館都受交通的影響，交通方便與否，直接影響客人對旅館的選擇。而且在影響擬建旅館地理位置的所有因素當中，交通是最具有影響力的。因此，確定擬建旅館的地理位置時，投資者必須考慮旅館與需求客源產生點之間的距離，以及當地的交通方式。就現在的交通方式來說，主要是火車、高鐵、汽車、飛機和輪船。對位於城市中心的旅館來說，住店者多為商務客人，因而首要的考慮是旅館與機場、火車站、捷運站、汽車站或碼頭之間的距離。距離這些地點近且可進入性程度高的旅館在競爭中往往處於有利地位。此外，旅館的客源除了外地的觀光客外，還有當地的居民，故必須同時考慮當地居民進入旅館用餐或娛樂休閒的難易程度。

三、客源因素與可見度因素

旅館地理位置對客源市場的細分無疑會有很大的影響。位於城市中心的旅館，因為其周圍大多是商業中心或金融中心，因而對進行商業貿易的旅遊者有很大的吸引力。事實上，幾乎所有的旅館都把商務客人作為自己的主要目標客源市場，並且商務客人也樂意選擇這類旅館住宿和進行商務活動，因為這類旅館往往能為他們提供方便和周到的服務。公路沿線旅館吸引的是汽車旅遊者和家庭旅遊者，以他們為自己的目標客源市場。而渡假地區旅館因為建在風景名勝區，因而其主要目標客源市場是渡假旅遊者及一部分商務旅遊者。每逢年節假日，人們總喜歡選擇風景名勝區去觀光、休假和娛樂，希望得到比在家裡更好的休息娛樂和享受。在選擇旅館的具體位置時，我們還必須注意到旅館的可見度。隨著資訊技術日新月異的發展，越來越多的觀光旅遊者可以透過電話、傳真或網路提前預訂旅館，對這些旅遊者來說，旅館地理位置的可見度也許並不很重要。然而，都市中心旅館的能見度對未提前預訂的旅遊者的需求量卻有相當大的影響。一般來說，都市中心旅館分布於都市的各個不同位置，遊客在自己經濟允許的條件下，通常會選擇他首先看

到的旅館去住宿而不會再花時間和精力去尋找其他的旅館。對公路沿線的旅館來說，旅館地理位置的能見度也是影響旅遊者需求量的關鍵因素。

四、成本與其他因素

旅館地理位置的選擇對投資成本的影響主要顯現在土地成本。據統計，旅館的土地成本一般占總投資成本的上10～20%。當然，選擇的地理位置不同，地價肯定也有差別。通常，都市中心旅館的投資成本遠遠高於郊區旅館以及公路沿線旅館。影響旅館地理位置選擇的其他因素還有當地的人口、資源、氣候、經濟發展趨勢以及當地政府對觀光旅遊業的態度等其他因素。比如氣候，就受到風向、日照程度、日照時間等因素的綜合影響。因而在我國都市建旅館，旅館的位置最好不要朝西，否則就會有日曬。此外人口的多少，也影響在當地建旅館是否會有預期的投資回報。

透過以上的分析，旅館地理位置選擇的重要性是不言而喻的。但不可否認，未來旅館的選址在現有旅館位址的基礎上必定會有新的發展。如更加注重旅館位置周圍的生態和環保；綠色交通系統（公車系統、自行車系統和步道系統的整合）將是旅館選址時對交通需求的首要選擇等等。

Chapter 5

旅館開發與籌備

- 旅館籌建工作的基本原則
- 功能布局方案
- 裝修設計
- 籌備期間的統籌方案
- 結　語

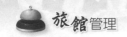

旅館管理

　　飯店籌建籌開作為飯店基礎建設和開業運營的關鍵環節，對飯店建設、投資、標準以及後期營運是否成功，營運成本高低等均產生決定性的影響。飯店籌建籌開分為市場定位策劃和可行性及財務分析階段、飯店規劃設計階段和開業統籌階段。市場定位策劃和可行性及財務分析是依據當地經濟、社會、旅遊和飯店業發展現狀，新建飯店地理位置以及周邊環境狀況，分析新建飯店在本區域市場中的優勢和劣勢；結合當地經濟及旅遊發展規劃，判斷該區域飯店業發展趨勢，對新建飯店進行清晰的市場定位；根據市場定位預測主要受眾人群、客源結構、市場競爭力及未來經營狀況，進行投資回報分析。飯店規劃設計是根據飯店市場定位和客源結構，以滿足市場需求和後期的經營管理為前提，詳細規劃飯店的平面布局、機電和裝修設計。開業統籌是飯店開業前一系列工作的規劃和實施，以保證飯店能順利實施開業，達到定位標準。目前國內越來越多的飯店投資者、設計者、經營者開始逐漸認識到籌建籌開工作的重要性。科學的市場定位和功能定位要建立在充分的市場調研分析基礎上，投資決策要建立在可行性及財務分析的基礎上，經營管理要建立在一個高度專業化的管理團隊基礎上。

　　籌建籌開是一個飯店從「孕育」到「出生」的重要階段，它作為飯店基礎建設和開業營運的關鍵環節，對飯店建設、投資、標準以及後期營運是否成功，營運成本高低等均產生決定性的影響。經驗表明，飯店投資者在籌劃建設一座飯店時，通常需要找到設計單位和承建商，並在開業前期從社會招聘一個經驗豐富的管理團隊為其籌建籌開。如果一個飯店專案沒有經過科學而充分的市場調研、規劃設計、投資分析和清晰的經營管理模式設計，盲目決策將極大地增加專案投資的風險性，其結果往往是在經營中自食苦果。所以尋找一個好的飯店管理團隊，策劃一個成功的籌建籌開方案，將有效提高飯店投資的科學性、未來發展的可持續性，並且極大地規避風險。

第一節　旅館籌建工作的基本原則

　　旅館的建設不同於一般的建築工程項目，有著其特殊性。從規劃、設計、施工、開業、運營全過程，都是旅館投資的系統工程，每一步都需要專業化的思考和專業化人員認真實施，並且要嚴格兼顧各專業間的密切聯繫。旅館建造專案投資巨大，投資回收週期漫長，又涉及規劃、設計、建築學、結構學、人體工學、美學、環保、管理、裝飾學、美學、聲光學、心理學、材料學等諸多學科，因此需要很好地加以研究和系統總結。

　　旅館建造初始，最重要的人就是業主（owner），他必須把飯店的整個樣貌表達給各相關專業人士，例如規模、定位、風格、造型、裝設等，各專家依據業主理念（philosophy）來形塑整體飯店。

　　在籌建團隊中應包括以下幾個方面的專業人士：

1.建築師、室內設計師。
2.旅館布局和工程方面的專業人士，尤其是在機電設計、設備選型等方面具有豐富經驗。
3.旅館投資方面的專業人士。
4.財務經營分析方面的專業人士。
5.餐飲配套設施和客房經營方面的專業人士。
6.旅館整體市場行銷方面的專業人士。

　　現代旅館籌建可劃分多個階段：規劃階段、設計階段、建造階段、開業籌備階段和營運階段。按其工作性質區分，主要是如下幾個階段的工作：規劃設計階段（前期）、基建裝修階段（建造）、開幕籌備階段。

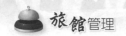

一、旅館籌建各階段總體工作任務

籌建中兩個階段的進度，要遵循飯店建設的慣例和客觀規律，堅持如下原則：

1. 實事求是，遵循規律：要考慮工程的實際狀況、工程總量、設計師能力、投資方的資金準備等多種因素，尤其是已有土建基礎的項目。
2. 合理安排，有序銜接：進度安排要將市場定位、飯店設計、工程建設等多項工作進行有機結合，有序銜接，避免產生相互脫節的現象。
3. 精心設計，保證品質：計畫中要給予設計師充足的時間，設計方案的精雕細琢，是施工進度和設計效果的根本保證。
4. 平面立面，有機結合：機電方案要在平面布局規劃的基礎上與立體裝修設計充分融合，千萬不可分割開來。
5. 超前謀劃，規範運作：要充分考慮不可抗拒的因素，留出提前量；同時，注意規範運作，儘量避免與當地政策法規相悖。

(一)規劃設計階段

1. 主要籌建籌備內容：建造標準、旅館各種定位以及旅館專案的設計論證、市場調研、可行性分析、功能布局、設施設備配置、制定經營思路及方案、旅館設計與方案審定、圖紙修改。

階段	主要內容	所需時間
市場定位策劃和市場及財務可行性研究階段	・市場定位策劃 ・市場及財務可行性研究	1～2個月
規劃設計階段	・平面規劃 ・機電設計規劃 ・裝修設計規劃	3～4個月

2.參與團隊組成：投資者、市場調研員、規劃設計師、旅館籌建及未來經營者、設計人員、監理人員。

3.專案管理內容：專案背景描述、目標確定、範圍規劃及定義、工作分解後排序及延續時間估計、進度計畫、資源計畫、費用估算和預算、品質保證及計畫。

4.組建籌備項目組並設立籌備辦公室：

(1)籌備項目組：包括飯店各部門負責人要盡量保證各部門總監或經理到位，執行對各部門的有效控制，保證各部門能按照總體籌備計畫順利推展。

(2)確定籌備辦公室。

(3)安排辦公用品到位。

(4)建立飯店電子檔案資料庫，飯店籌備過程中的各項資料（包括工程資料）都要入庫存檔。

(二)基建裝修階段

1.主要籌建籌備內容：施工要求、土建、設備安裝督導、室內外裝修裝飾路管網工程、環保工程、基建資料歸檔等。

2.參與團隊組成：旅館建設者、監理、內外裝修裝飾設計及施工人員、旅館籌建人員。

3.專案管理內容：採購計畫和招標及旅館籌建工作總體方案最重要的是合同簽訂和執行及監督，各種實施計畫中，有關安全計畫、專案進展報告、費用、品質、安全的控制、範圍變更控制、現場管理及環境控制，每一環節都是很重要的。

(三)開業籌備階段

策劃開業的各項計畫、組織實施各項工作、人員招聘、人員培訓、內部裝修布置要求、各種證照手續辦理、建立工程檔案、市場調研、經營方案、

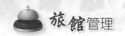

價格制定、行銷方案、廣告策劃、經營管理等。

二、旅館籌建管理部門需具備的職權

1.全面負責及協調旅館籌建專案的統籌工作。

2.根據籌建工作需要，各相關專業人員參與旅館專案籌建工作的調動權。

3.籌建工作職能部門負責的相關籌建專案的參與權及決定權。

三、旅館籌建步驟

1.選址、土地勘查。

2.市場調研及旅館定位，確定旅館規模和檔次。

3.專案定位及可行性分析。

4.規劃審查和立項審查。

5.工程報建。

6.旅館設計（包括委託設計、概念設計及概算、施工圖設計、擴初設計、機電和技術設計配套等及預算；其中設計又分為建築設計及室內外裝修裝飾設計）。

7.圖紙審查、優化、確定及所有合格證的辦理。

8.土建。

9.道路管網與設備安裝工程（包括水電、消防等）。

10.土建各單項工程驗收及綜合堪驗星級旅館籌建工作總體方案。

11.園林綠化、室內外裝修、裝飾；開業籌備（包括人、財、物的籌備和服務體系、管理體系、市場體系的建立及證照的辦理）。

12.對外試營運。

13.對外正式開幕。

四、旅館籌建期間的組織架構

　　旅館籌建團隊分兩類：一類是負責籌建旅館，一類是負責開業籌備，各設一名副主管，整個團隊設一名主管。主管必須是個善於領導與規劃的人，是戰略家、實幹者、技術專家、領導者於一身的集大成者。負責籌建的專業工程技術人員需求如下：

1. 土建工程師：要求具有高星級旅館建築施工經驗，能夠處理現場施工問題。
2. 結構工程師：要求具有高層建築結構施工經驗，能在符合規範的前提下，最大限度地控制鋼含量，對建築設計的結構圖能夠提出優化建議。
3. 給排水工程師：要求具有高星級旅館給排水施工經驗，熟悉旅館中水系統知曉相應施工材料，能夠處理現場施工問題。
4. 暖通工程師：要求具有高星級旅館暖通施工經驗，熟悉中央空調各類品牌、管道材料及末端設備的選型、星級旅館籌建工作總體方案的基本市場價格，且能夠處理現場施工問題。
5. 電氣工程師：要求具有高星級旅館電氣施工經驗，熟悉配發電、中央空調、電梯、泵房設備等大功率設備的用電配置，餐飲、會議、客房等經營場所的規範用電標準與實際需求的差距經驗等等。
6. 弱電工程師：要求具備高星級旅館弱電系統設計、施工經驗，熟悉高星級旅館的弱電專案配置，熟悉綜合佈線、電腦網路、程式控制交換機、樓宇自控、火災自動報警及消防聯動、安全監控報警、客房智慧控制、停車場管理、電子巡視、無線對講、衛星電視、電子資訊顯示、多媒體會議、旅館管理等各系統的功能、配置、常用產品性價比。

五、施工計畫注意事項

製作總體工程施工計畫時要注意的要點：

1. 根據專案的竣工時間計畫，要求土建、裝修方做出詳細的、切實可行的施工計畫甘特圖，並做出獎懲約定。
2. 要求以下施工方：消防、給排水、強電、弱電（含樓控、安全監控、客房智慧控制、會議設備、綜合佈線等）、暖通末端安裝等，根據專案要求的竣工計畫及土建、裝修的施工計畫，做出自己的詳細可行的施工計畫。
3. 要求設備廠家，如中央空調、電梯、鍋爐、水蓄冷設備、游泳池、桑拿、洗衣設備等，做出設備安裝預埋、到場、安裝、調試的計畫。

專欄 5-1　蓋完飯店就等著賺錢？

如何籌備飯店，如何讓飯店盈利，如何讓飯店利潤最大化，如何讓飯店社會效益最大化，是不是建房子、挖人才、買設備、飯店開業了就能盈利了？依筆者觀察，飯店經過幾年征戰下來，除了為數不多的幾家飯店外，其他的大部分飯店都已陷入不停地敲敲打打之中，繼續在為前期的籌備不當，反覆投入成倍的資金，這是一個多麼可怕的行業現象。

為何這麼多飯店這麼快就陷入敲敲打打修修補補、欲振乏力？為何重複投入的大量資金卻越陷越深？為何黃金地段看似紅火的生意卻利潤很少？是什

麼在無情地吞噬著企業的利潤？是什麼在影響著飯店的生意？飯店就像一台創造經濟價值和社會價值的巨型機器，我們在參與製造這種巨型機器的時候，怎樣堵住那些遺留的黑洞，我們在操作這種巨型機器的實踐中，能不能推出填補飯店漏洞的升級版技術？怎樣才能使飯店更具有穩定性和發展性呢？

企業善用人才應該是重要的答案吧！

經過多年研究發現，事業留人、情感留人其實都不能從根本上控制人員流失。因為，金錢、物質、事業永遠不能使人得到滿足，滿足的只是一種精神狀態。如果職員在精神狀態得不到滿足，他就不會留下來。而人員的科學性搭配，會大大滿足職員的精神狀態。

我們常說良性循環的飯店，必定經歷打江山→經營→擴張發展三個階段。我們也發現了一種存在的現象，市場出現了籌備是一批人，籌備完了，開業短則幾個月，長則不過一年半載就逐漸把這批人逐步換掉，然後再招聘經營管理人才。其實，這是非常錯誤的做法，事實證明，凡是後來生意一直穩定的飯店，都是籌備人員從開始一直堅持做到三、五年甚至更長的時間，因為他們不再需要磨合期，他們內則瞭解自己企業文化，外則熟悉當地市場，他們能夠準確地判斷環境變化，能夠及時調整思路與時俱進。

第二節　功能布局方案

一、旅館理念及等級

闡述旅館的星級、客源類型、位置、房間數量、餐飲和娛樂設施以及設計理念和風格。

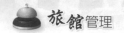

二、設計動線和主要特徵

1. 設計動線系統：分為客人動線、服務動線、貨物動線和資訊動線四大系統。
2. 主要特徵：
    (1) 客房數量，包括行政樓層、無菸樓層等特殊客房的比例（現在旅館幾乎實施全面禁菸）。
    (2) 各餐廳餐位數，包括各類型餐廳以及大廳、會員專屬空間。
    (3) 多功能廳面積。
    (4) 各類型會議室面積。
    (5) 各娛樂功能設施面積。

三、客房

1. 基本類型客房的面積，如單人房、雙人房、套房（含一般套房、商務套房、總統套房）等。
2. 房型分析，各類型客房的比例、客房走道寬度等。
3. 客房設施，包括家具、電器以及裝飾品等。
4. 公共區域：
    (1) 大廳設施和面積估算：描述大廳內設施和面積，包括總服務櫃檯、禮賓部、行李寄存處、貴重物品保管室、公共休息區域、商場、鮮花店或精品店、團體接待處、公用電話、總機室、公共化妝室、商務中心、前檯辦公室（如前檯主管辦公室、訂房辦公室）等。
    (2) 餐飲設施和面積估算：描述各類型餐廳的設施和面積，包括餐廳入口、餐廳待座區、包廂及客座區、收銀台、備餐間、餐廳辦公室、中餐的海鮮池（如有）；西餐的自助餐台、送餐部、點心櫃等。

(3)會議設施和面積估算：描述各類型會議設施和面積，包括大中小型
　　　會議室、多功能廳、走道空間、儲藏室、控制室等。

　　(4)娛樂設施和面積估算：描述各類型娛樂設施和面積，也包括各娛樂
　　　設施中的功能設施和面積，例如游泳池的面積、休閒空間、倉庫、
　　　儲藏室、更衣室、化妝室等。

四、後勤區域

1.廚房及倉庫：
　　(1)描述各餐廳廚房的面積，包括員工餐廳廚房、花房、麵包房等。
　　(2)描述廚房所需倉庫的面積，包括冷藏庫、餐具與酒水倉庫等。

2.倉庫：描述店內各類倉庫的面積，包括玻璃瓷器、清潔和辦公用品、
　卸貨平台、垃圾房、其他（工程材料）、倉庫辦公區和驗貨區等等。

3.洗衣房：描述洗衣房及其輔助設施的面積，包括洗衣房、汙穢布巾置
　存空間、乾淨布巾置存空間、管衣室、化學品儲藏室等。

4.機房：鍋爐、空調、弱電機房、汙水處理設施等。

5.行政辦公區域：描述各行政辦公室及其所包含的輔助設施的面積，包
　括客房部、餐飲部、財務部、市場行銷部、安全部、工程部、人力資
　源部等。

6.員工活動區：描述與員工生活有關設施的面積，包括員工通道、員工
　餐廳、置物櫃、盥洗室、更衣室、化妝室、員工用電梯、會客區、醫
　務室等。

五、機電設計

1.空調、通風系統。
2.給排水系統。

3.供電系統。

4.供氣系統。

5.垂直交通系統配備。

6.消防系統。

7.報警系統。

8.弱電集成系統。

9.建築物避雷系統。

10.網站、辦公智慧化系統。

11.會議音響和智慧化系統。

12.旅館標識系統。

13.室外景觀系統描述。

第三節　裝修設計

整體旅館的裝潢與陳設，其風格與必要性最好由業主、建築設計師、專業經理人、水電專業者共同參與討論，塑造成主事者皆滿意的結果。

一、外觀

對整體外觀提出裝修設計要求，包括但不限於外立面、窗戶、燈箱（霓虹燈）、大堂正門、屋頂、周邊綠化、停車場、垃圾房等。

二、大廳

對大廳內功能區的裝修設計描述及附屬設施清單，包括但不限於總服務台、禮賓台、貴重物品保險室、大廳副理、休息區、公用電話、公共衛生間、商店以及燈光、照明、插座等。

三、客房

　　從客源類型中考慮客房數量、房間型態、位置，配合設計理念與風格，這當中的設計亦包含客人動線、服務動線、貨物動線和訊息動線。

四、餐廳

　　對各類型餐廳包括中餐、西餐、風味以及酒吧的定位、色彩搭配、風格、流線設計、通風和排煙、燈光照明、藝術設計、功能配置以及家具等娛樂設施。

五、會議設施

　　各類型會議設施面積比，如大中小型會議室、多功能廳、儲藏室、控制室。設計原則上把握下列原則：

　　1.將主要的麥克風安裝在距離電視、電話、會議系統較近的地方。
　　2.揚聲器應該放在不會與麥克風產生干擾的地方。

　　會議室的裝修不同於一般的辦公室裝修，在選擇材料上要選一些較爲先進的裝修材料，當然，越是高檔的會議室需要的花費越大。會議室裝修之擴聲系統多功能會議室的音質要純，沒有雜音，沒有混響，聲壓要足夠大，保證每個參加會議的人都能聽清楚。

六、娛樂設施

　　清楚呈現娛樂設施和面績，例如游泳池的水面、平台、倉庫、儲藏室、

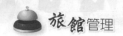

更衣室、洗手間等。各娛樂設施應著重色調優雅、裝飾富麗華貴、氣派非凡，極高的休閒品味和優質的健康享受。讓顧客的渡假生活安全又舒心。

七、後勤區域

飯店對待後勤區的時候也不應敷衍，合理的處理才能發揮出最大的功效。後勤區域要避開飯店的主要出入口，區域內面由管衣室、更衣室、浴室與洗手間等，因為員工到達飯店後首先需要的是衣物更換，確保能夠以統一而最佳的穿著服務客人。飯店員工數量大且流動性高，涉及高效率的招幕以及培訓工作，飯店設計考慮到這類工作要不對人造成干擾，後勤區域要儘量避開飯店對外營業的開放空間。

簡言之，後勤區域要有足夠空間滿足員工生活或作業需求，設計必須最合理的處理，方能使飯店如預期般運轉。

第四節　籌備期間的統籌方案

籌備階段主要是飯店開幕前一系列的工作規劃和實施，例如：組織架構、員工招聘、員工培訓、開業與經營預算、物資採購、市場推廣、證照辦理、飯店驗收、開幕慶典等。

一、組建籌備項目單位並設立籌開辦公室

開業統籌的主要內容有：組建籌辦項目組並設立籌開辦公室，瞭解飯店施工進度，制定籌辦工作進度計畫、人事和培訓、經營計畫和預算、編制各部門運作手冊、採購和印刷、開業廣告和推廣行銷、申辦各項證照、員工招募與培訓、開業慶典計畫、場地驗收、試辦營運與營運檢討。

1.籌開項目組：包括飯店各部門負責人要盡量保證各部門總監或經理到位，對各部門作有效控制，保證各部門能按照總體籌辦計畫順利進行。

2.確定籌開辦公室。

3.安排辦公用品到位。

4.建立飯店檔案資料庫，飯店籌辦過程中的各項資料（包括工程資料），都要入資料庫存檔。

二、掌握飯店施工進度

1.與籌建小組瞭解工程進度及機電設備狀況。只有在詳細瞭解工程進度的基礎上，才能準確安排籌開進度並進行有效的銜接，避免由於步驟不一致而造成的延誤和損失。

2.最高主管與各部門主管手邊應有飯店工程進度表與施工平面圖。

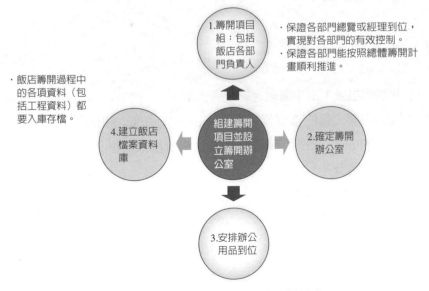

圖5-1　組建籌開項目並設立籌開辦公室

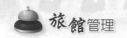

3.保證各級管理人員熟悉飯店布局和各自負責的工作場所，編制標準作業流程（SOP）和制定本部門的籌備計畫。

三、員工招募計畫

　　員工招募的確是籌備工作相當重要的一環，招聘的成功與否，直接影響飯店營業後的服務品質，因此要周詳的辦好員工招募，找到合適的人選並安置在合適的職位。具體工作包括：

1.先確定要招聘的職位、人數、日期。
2.選定招聘的媒體。
3.決定廣告的篇幅。
4.用字要明確並具說服力。
5.制定招聘當天的整體活動計畫。
6.確定招聘面試官、後勤人員、應徵表格的準備。
7.各部門的充分準備。

四、落實招聘人員計畫

1.各部門根據人事手冊確定職級與人數。
2.提出相關人員的素質條件（job specification）和任職工作要求（job description），在限定期限內提報人力資源部彙整。
3.刊登媒體廣告。
4.安排應徵程序場地。
5.進行實地演練一次。

專欄 5-2　飯店的招募計畫

一、招聘依據

　　飯店組織架構設置及人事定員方面由總經理呈董事長詳閱，經雙方溝通敲定各職級定員之後實施招聘動作。

二、招聘原則

　　根據飯店的市場定位、組織架構、人事定員方案及人員素質要求，對外公開招聘，擇優錄用。

三、招聘步驟

　　根據飯店開業的進度安排，為保證人員的素質，使招募工作有條不紊，招募分為三個步驟：

　　1.計畫準備。

　　2.階段時間：○年○月○日～○月○日。

　　3.按階段時間分別做好招聘準備工作。

四、起草計畫必須在預計的工作天完成

　　1.擬定完成招聘簽呈和招聘廣告簽呈。

　　2.人力資源部準備：

　　(1)飯店基本狀況介紹。

　　(2)各級職員工福利概況。

　　(3)做成招聘職位一覽表。

　　(4)整理成為「飯店招聘指南」。

　　(5)人力資源部準備「求職履歷表」。

　　(6)以上資料必須在兩日以內完成。

6.各單位準備應徵面談中要提出的問題。

7.準備「錄取通知書」及相關回覆信。

8.各部門提出的人員招聘須在規定時限內完成。

9.萬一招聘員額不足，需準備第二次的招聘活動。

五、整理資料，建立人才庫，形成檔案

1.錄用人員名冊。

2.建立各單位職級人員資料檔案。

3.建立人員資料電腦檔案庫。

4.錄用人員薪資待遇確定，寄發錄取與否通知書。

六、應徵面談之流程

1.按照報到先後次序，發放關於飯店基本情況的飯店簡介、宣傳單。

2.驗證求職申請人身分證、前工作證明（有經驗者）、畢業證書及各種專業證照。

3.目測身高、服裝儀容、學歷情形、語文程度、身體狀況、特點專長、求職要求（職位、待遇）進行初步瞭解，對基本合格者進行職位初步分配。

4.第一次見面，營業部門主管（front of the house）如客房部、餐飲部、業務部，以及後勤單位主管（back of the house）如人資、財務、採購、工程、警衛等，對應徵人員面談，瞭解其專業知識的程度，在面談中進行挑選，並對應徵者提出的問題做回答。

5.確定職位招聘完成後，呈報給總經理。

6.如需特別複試人才，則交由部門經理、副總經理（或總監）與總經理再度面試懇談，絕對不遺漏將來有貢獻之人才。

七、經費預算

1.廣告費：

　第一次招募：＿＿＿＿＿＿元

　第二次招募：＿＿＿＿＿＿元

　小計：＿＿＿＿＿＿元

2.場地費：＿＿＿＿＿＿元

3.宣傳費（飯店簡介、宣傳單、印刷品）：＿＿＿＿＿＿元

4.其他費用（便當、文具、茶水等）：＿＿＿＿＿＿元

5.合計：＿＿＿＿＿＿元

整個招聘的活動協調由人力資源主管負責。

八、人事和培訓

1.擬定飯店各部門的組織架構。飯店的組織架構原則上以「高效精簡、目標明確、專業系統、權責相等、分工協作」的要求設置，但同時也要配合檔次、建築格局、設施設備、市場定位、經營方針和管理目標等。飯店各部門組織與運作標準（SOP）定調，由總經理最終綜覽統合完成，飯店的規模組織機構的基本模式如下：

　(1)最高領導層（董事長、總經理）。

　(2)職能部門最高主管（A級：各部門經理）。

　(3)職能部門中級主管（B級：各部門主任）。

　(4)職能部門基層主管（C級：各部門領班）。

　(5)職能部門基層員工（D級：各部門員工）。

　飯店組織結構如**圖5-2**。

2.制定飯店籌備期、試營業期和正式營業後的薪酬和福利。

3.制定員工招聘計畫，要制定對人員招募不足的預備方案。招聘計畫中

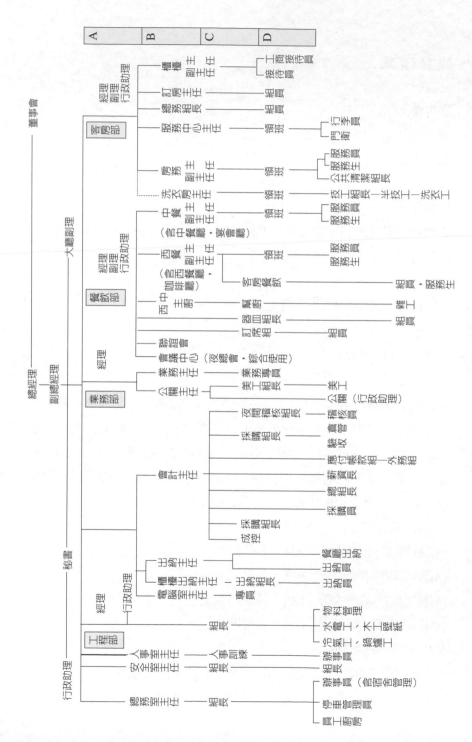

圖5-2 飯店組織系統圖

要明確時間、發布的媒體、招募的職位與預算。在招聘計畫中要做好一旦徵募的員額不足的狀況，保證招聘的順利進行。必須認知，招聘廣告的發布同時也是作為飯店市場推廣和行銷的一部分，是樹立形象的一個機會，須用心準備，把握利用。員工招聘面試程序最好勿太過繁複：

(1)應徵資格由人力資源部先就其應徵信函或網路資料做審核，合於資格者由人力資源部填寫初審意見表，推薦到相關用人部門，其後統一約定時間面試。

(2)面試由相關用人部門進行，面試通過後由各部門主管確定薪資、級別呈報總經理核定，人資部彙整後通知合格的應試者到職日期。

4.制定開業前的培訓計化。培訓計畫分為整體飯店層次和部門級層次，按照部門和職位予以制定。培訓計畫中要給予實際操作預留足夠的時間，尤其關於食品衛生知識、消防演練、緊急事件應變等要高度重視。

5.制定飯店權限制度。為進一步釐清內部管理制度，適應市場競爭和經營管理的需要，充分發揮管理人員的積極性，飯店應制定合理使用被授權權限。亦即為了合理規範飯店各級職人員，保障飯店順利運作，各級職人員的招待、業務行為應有明確規定。例如出差待遇、劃出暫時非營業區域（house use）（參閱**專欄5-3**）、折扣權限、優惠權限、主管使用公務經費額度等。

6.組織運作手冊。工作手冊是部門工作指南，也是部門員工培訓和考核的依據。一般來說，工作手冊應包括崗位職責、標準工作程序（SOP）、規章制度及運作表格等。任何一部運轉手冊，由於飯店各部門環境與特性的不同，飯店功能與布局的不同，都有不同的相應方式。

7.制定飯店籌備之各項管理制度。為完善飯店籌備期間各項管理制度，應有下列基本規範：

(1)員工禮節、儀容儀表規定：例如員工籌備期間上班時服裝儀容得體大方，配戴識別證等相關規定。

(2)上班時間及休假管理：上班、午休、下班以及公假、事假、病假、

臨時請假、公休日及加班等相關規定。

(3)員工用餐、宿舍管理：制定用餐（含工作、出差之誤餐）、宿舍管理等相關規定。

(4)考勤管理：上下班打卡、簽到以及全勤、遲到、早退、曠職等規定。

(5)施工場所安全管理。安全管理項目很多，茲列出重要者如下：

・非經理級以上之主管，禁止進入施工場所，如員工因工作需要，必須進入施工場所，需請示部門經理同意後才可進入。

・施工人員與員工必須配戴「識別證」或「臨時出入證」，警衛人員方可放行。

・進入施工場所，需注意安全，要戴工程帽，禁止在施工現場吸菸、亂吐檳榔汁、亂扔垃圾。

專欄 5-3　HOUSE USE

　　在飯店術語裡，特指飯店房間被飯店內部使用，即「自用房」。常見用途：作為飯店高級主管住房、管理用房等使用。在飯店管理系統PMS裡通常標示HU，房價為零，在統計報告中常被單獨列出，並且從可售房（AVR）中減除。它有別於免費房（complimentary room），在統計報告中免費房是要算作占用房（occupied）來計算的，有鑑於此，HOUSE USE不會直接影響日平均房價（ADR）。

　　飯店應該合理控制HOUSE USE的使用。通常只有總經或當他不在時副總經理可以批准自用客房的短期或長期使用。各部門經理如果要求使用自用客房必須在工作時間內申請。實務上也有將客房短期用作倉庫或客房用作辦公室之情形。

(6)員工通道：
　　·員工進出需行走員工出入口，禁止從公共區域出入，警衛室進行
　　　監督。
　　·員工上下班需接受警衛人員例行檢察，攜帶公物出入飯店，需持
　　　有部門經理簽字之放行條，同時警衛人員要做記錄。
　　·飯店各重要角落由警衛室主管調查後呈報總經理，核可後設立
　　　監視攝影器，以確保物資與人員安全。

九、經營計畫和預算

1.確定各部門的經營定位和理念。
2.編制籌備開業費用預算。

專欄 5-4　企業投資星級飯店能達到哪些作用？

　　能搭建企業平台與橋樑的作用：高星級飯店是少數企業家才能擁有的重要的活動平台，是企業公共關係及其他領域溝通的橋樑，透過它可以融資、樹立企業的品牌。

　　較有規模、名氣的大型集團或企業，多數擁有自己的高星級飯店，透過這個最矚目、最直觀、最有說服力的視窗來展現本企業的品牌、形象、實力、企業文化。

　　投資興建高星級飯店還有其他的益處，首先是投資的穩定性比較強，相應來說風險相對不大；其次是成長性好。雖然飯店投資是資金密集型投資，但是總體來看成長性比較好；最後是現金流的作用。飯店的經營會形成穩定的、較大量的現金流，從企業經營的角度來說，現金流比利潤還重要！正是這個現金流效應，使很多飯店的投資商即使暫時虧損也要繼續經營。

3.編制飯店開業年度預算。

4.編制飯店市場推廣預算。

十、編制各部門運作手冊

1.制定編制計畫。

2.設計服務標準。根據飯店的檔次，設計滿足需求的標準及服務環節的關鍵點。

3.各營業與非營業單位的運作流程。

4.規章制度（例如員工手冊、公文往返程序、開會制度等）。

十一、採購和印刷

　　飯店各部門經理雖然不直接承擔採購任務，但這項工作對各部門開業後的營運工作影響較大，因此，飯店各部門經理應密切關注並適當參與採購工作。這不僅可以減輕採購部主管的負擔，而且還能在很大程度上確保所採購物品符合要求。飯店各部門經理要定期對照採購清單，檢查各項物品的到位情況，而且檢查的頻率應隨著開業的臨近而逐漸升高。

1.編制各部門採購物資清單。按照類別和部門分類，例如：客房一次性消耗品、客房布巾類、餐飲布巾類、飯店管理軟體等。

2.編寫各部門印刷品清單。以部門為單位，根據實際需求控制使用量，盡量採用飯店行政和管理系統軟體，避免紙張浪費。

3.市場詢價與編制採購和印刷的資金預算。制定資金使用計畫要根據市場中普遍通行規律，合理安排採購資金的使用。

4.所需物資和印刷品標準正式定調。標準的制定必須符合實際運作，由各部門經理作決定。

5.與廠商簽訂採購合約。合約內容基本上由部門經理與廠商議定，但合

約應有保固條款，最後由飯店總經理批示裁定 。

6.驗貨與收貨。採購部門人員須會同各部門主管驗貨，經點收數量與品質無誤後由主管簽收，並發放單位使用。

總之，做好上述工作是飯店籌備工作中對未來飯店經營管理關鍵的第一步，只有充分準備和運籌謀劃才能使飯店在開業後迅速進入正常營運狀態，並使飯店迅速占領可能最大的目標市場。

結　語

做好飯店開業前的籌備工作，對飯店開業及開業後的工作具有非常重要的意義，對從事飯店管理工作的專業人員來說是一項挑戰，同時又是一次經驗的累積。籌備工作主要是建立部門營運系統，並為開業及開業後的營運在人、財、物等各方面做好充分的準備，從以上的內容，在此做具體回顧與總結：

1.各部門經理到職後，首先要熟悉飯店的平面布局，還要實地查看。根據實際狀況，確定飯店的管轄區域及各部門的主要責任範圍。職責劃分要明確，最好要以書面的形式加以確定。

2.要科學、合理的設置組織機構，飯店各部門經理要綜合考慮各種相關因素，例如：飯店的規模、檔次、建築布局、設施設備、市場定位、經營方針和管理目標等。飯店開業前事務繁多，營業設備、用品的採購是一項非常耗費精力的工作，僅靠採購單位去完成此項任務難度很大，各營業部門應予協助共同完成。採購標準與數量必須配合飯店設計標準及目標市場定位，同時根據設計的星級標準符合市場的發展，不能過於傳統和保守。採購清單的設計必須完整規範，通常應包括這些項目：部門、編號、物品名稱、規格、數量、單價、參考廠商、備註等。此外，在制定採購清單的同時，最好先確定有關物品的標準圖

示或樣品。

3. 飯店管理人員應參與制服的設計與製作，同時訂定出制服的洗滌、保管和補充的規定。飯店管理人員在制服的款式和質料的選擇方面，跟據飯店的裝修風格和特點應該是融合成一體，有其獨到的美感。

4. 「工作手冊」是部門的工作指南，也是部門員工培訓和考核的依據，一般來說，工作手冊應包括各職位的工作職責、職務工作說明書（job description）（見**表5-1**）、工作規範（job specification）、工作程序、規章制度及作業表格等部分。

5. 飯店各部門的員工招募與培訓，需由飯店管理人員和飯店其他部門負責人共同負責。在員工招聘過程中，根據本飯店的要求，對應徵者進行初步篩選，各部門經理則負責錄取把關的動作。培訓是飯店開業前的一項主要任務，飯店各部門經理需按飯店的實際情況制定切實可行的部門培訓計畫，編寫具體的授課計畫，督導培訓計畫的實施。因為新招徠的員工來自五湖四海，背景、經驗都不同，行為與想法存有很大差異，培訓的工作就是讓員工齊一觀念與行為，讓員工明確「顧客滿意」的動機與目標，在一致的行為和操作標準之基礎上，養成職業道德和主動奉獻的敬業精神。培訓核心要求就是員工要具「飯店意識」、「顧客意識」、「服務意識」、「安全意識」，確定飯店目標，塑造優質的團隊精神。

6. 追蹤飯店裝修工程進度，一般由營建單位和工程部等共同完成，同時飯店專業經理人根據工程的進度給予合理建議。這在很大程度上確保裝潢的品質和設計，達到飯店要求的標準。飯店各部門在參與驗收合格後，每一部門要留存一份檢查表，以便日後的追蹤檢查。

7. 在全館的基建清潔工作中，飯店各部門除了負責各自區域的所有清潔工作外，大廳等公共區域的清潔也是重要的一環。開業前建築大樓內外清潔工作落實與否，直接影響飯店整體成品的保護，是絕不可忽視的。主管們對各部門員工進行清潔技能的培訓與提供配備所需的器具及清潔劑務必完備，而且必須對清潔過程進行檢查與指導。

表5-1　職務工作說明書範例

客房部領班職務工作說明書			
職稱	客房部領班	部門	客房部
直接主管	客房部主任	下屬人員	25名
性別	男女不拘	年齡	25～45歲
教育程度	專科以上	相關經驗	於四星級以上飯店就任樓層領班1年以上
工作區域	客房樓層	工作時數	8hr／日
專業知識與技能	1.掌握客房服務常識，熟悉客房服務工作流程及接待禮議等知識。 2.具有較好的語言表達能力、溝通能力，有高度的工作責任心，熟悉飯店各項規章制度，掌握必要的安全知識。	個性儀表	身體健康，精力充沛；儀態大方，待人接物得體；吃苦耐勞，合作意識強
主要工作職掌	1.負責檢查管轄樓層房間的設施設備、物品擺放、溫度、清潔等情況，保證客房的正常運轉並達到規定的標準。 2.負責樓層員工每日工作安排、部署；所屬設施設備的保養工作。 3.控制客房消耗品、布巾用品、清潔用品等的存量和消耗量。負責消耗物資的請領、報銷、報廢等事項，最大限度的節省開支。 4.巡視下屬員工的工作進度，抽查服務品質，發現問題及時糾正。 5.制定員工的培訓計畫，定期進行專題培訓、技能比賽等。 6.填寫領班交班和房態顯示表。 7.檢查並安排樓層公共區域的清潔衛生工作。 8.監督員工完成工作情況，做好考核處理。 9.彙整住客的顧客意見並做好統計，做好顧客的抱怨處理與分析，提供住客最卓越的服務。 10.關心並協助員工，瞭解員工之工作情形，員工工作上的困難隨時予以協助。 11.定期進行轄區的消防器具檢查，做好防火、防盜，負責轄區安全。 12.負責每月員工之工作排班與排休表。 13.每天檢查員工交班狀況，批閱工作報告日誌。 14.負責客房每月盤點。 15.確實做好上級臨時交辦事項。		

　　8.飯店各部門在各項準備工作到位後，即可進行模擬運轉（試營運）。這既是對準備工作的檢驗，且能為正式營運打下堅實的基礎。開業前

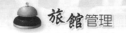

　　的試營運往往就是飯店最忙碌、最易出現問題的階段，也是對前期籌
　　備工作的一個總檢驗，在這個過程中對一些電腦操作、制度、作業標
　　準與流程都有其重要意義；對此階段工作特點及問題的研究，有利於
　　減少問題的出現，以確保飯店開業前的準備到正式營業的順利渡過。
9.在試營運前即應開始建立飯店各部門的財產檔案，對日後飯店各部門
　　的管理具有特別重要意義。很多飯店各部門經理往往因爲此期間的忙
　　碌而忽視該項工作而失去了掌握第一手資料的機會。

Chapter 6

飯店試營運與開幕計畫

- 試營運前之階段工作
- 飯店試營運的時程準備
- 開業前注意事項
- 結　語

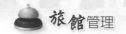

　　籌備一家飯店從「孕育」到「出生」的重要階段，它作為飯店基礎建設和開業營運的關鍵環節，對飯店建設、投資、軟硬體標準關乎後期營運是否成功，營運成本高低等均產生決定性的影響。

　　一旦籌備工作即將步入軌道，猶如子彈列車蓄勢待發，接下來工作就是兩大項目重頭戲，此兩項工作絕對關乎日後飯店營運之興衰，無論業者（owner）或專業經理人不可等閒視之。其一為試營運（soft open），其二為開幕慶典（grand open）之舉行。

第一節　試營運前之階段工作

　　在籌備末期的工作還有很多，工程上都已是收尾階段，員工培訓也是如火如荼進行，一切動作都是指向塑造一完美的飯店。由於有試營運時間壓力，很多的事項須加緊完成，讓飯店以完美的姿態準備迎接賓客，留給社會好的評價。

一、開業廣告和推廣計畫

(一)飯店企業識別手冊與標識建立

　　整套VI（Visual Identity）手冊是為了向人們展現飯店的企業理念、企業性質、企業的整體面貌、企業文化、經營理念、服務宗旨等。VI手冊設計的目的在於使更多的人瞭解飯店企業的整體狀況，並提升其在同行業中的競爭力。讓你來到此一飯店，透過內部全面的、完善的、一體化貼近服務，會使你身心得到發自內心的安全、放鬆與享受。

　　以下舉出數個國際品牌的標識為例（**圖6-1**）：

圖6-1　國際品牌標識

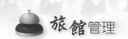

(二)拍攝宣傳照片

以飯店客房、餐飲之實體或促銷活動內容為主，無論是靜態之廣告宣傳品或是動態供網站使用圖片，必須要有專業設計。

(三)制定戶外宣傳

廣告看板、電子看板、跑馬燈等，也包括道路指示牌。

(四)制定各類媒體的宣傳廣告計畫

包括報章雜誌、電視、交通工具與商務電子行銷。

(五)開展客戶拜訪活動

列出客戶拜訪計畫，包括政府各機關、學校、公司、旅行社、民間社團、各公私立協會或社會名望人士，做有計畫之拜訪活動。拜訪活動期程必須做記錄如**表6-1**所示。

表6-1　拜訪活動期程

單位及地址	電話拜訪日期	電話拜訪內容	預約會面日期	期前準備	成果	備註
－	－	自我介紹 說明目的 預約時間 禮貌再見	－	名片 優惠券 小禮品 促銷宣傳	會談 內容	－

二、證照辦理

飯店開業前需辦理的審查文件須符合建築法、消防法、都計法等相關法規外，工商登記領取營業執照、稅務登記與發票申請、環保審查與汙水處理

設備審查、消防合格證、銀行開戶、飯店電視系統、電話系統等。

　　文件辦理部門為環保署、衛生福利部、稅務局、消防局、電信局、經發局、勞工保險局、觀光局、銀行、數位公司等。

三、辦理保險

　　企業相關保險種類很多，飯店業主可依狀況作需求取捨，一般飯店主要投保以下幾項險種：

1.企業財產相關保險：保障旅館建築、裝修及附屬設施。
2.公眾責任保險：由於旅館的設施或疏忽導致住店客人的人身或財產的損失（有些設施屬於單獨附加的項目，如游泳池、電梯、看板、停車場等）。
3.火災責任保險：屬於專項保險，主要負責旅館火災時客人的人身傷亡或財產損失。
4.旅館員工的意外保險：員工由於意外傷害導致的醫療費用或死亡（傷殘）賠償。

四、各部門員工制服制訂

　　飯店制服是從事飯店服務人員工作時的著裝。飯店制服是指為達到統一形象、提高效率或安全勞動的防護目的，按照一定的制度和規定，飯店員工穿用的一定制式的服裝。飯店員工的制服可分為兩方面的意義：

(一)制服文化

　　飯店文化經歷多年淬鍊日趨豐富成熟，已經不僅僅是原來意義上的「住宿、餐飲」文化，她不僅是經濟水準和物質生活的反映，更是人們追求精神文明，提高物質生活品質的反映。現代飯店文化包含的內容極為豐富和廣

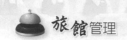

泛，如風土文化、飲食文化、風俗人情等，而飯店制服與這些都休戚相關，例如在東部花蓮、台東飯店的員工服裝可能設計成原住民風味服飾而表現出當地的特色。因此，「服裝是文化的表徵，服裝是精神的具象」，人們的著裝品味，反映了他們的個性、氣質和文化修養，表現出人們不同的文化屬性，就是所謂的「服飾文化」。飯店服飾內容的繁多，全面形成了飯店制服的多樣性，不僅是服飾文化的一種表現，而且也成為飯店文化和飯店整體形象的重要組成部分。因為，它不僅表現了員工職位的識別功能，更體現了企業精神，能把制服的實用性、藝術性和企業精神融合在一起。飯店制服的影響已經遠遠超出其職業範圍：大到國際社會、國家形象、禮儀尺度，小到企業形象和精神。

(二)制服含義

其一是指不同部門不同職位員工服飾的可識別性。比如前檯客務部服飾與房務部服飾的區別，又比如同為廚師服飾，其帽子的形狀和高度，衣扣的顏色和數量，就分別代表了廚師們在廚房裡不同的身分和地位。

其二是指員工服飾與客人服飾的可識別性。任何一個進入飯店的人都可以從服飾中區分出飯店員工與來店客人。這就要求飯店員工服飾不能太時裝化。當然，飯店服飾也需要美感，但這是一種與環境融合，為飯店總體形象增添光彩的美，而不是突兀的、引人注目的、獨立的美，絕不可讓客人覺得你的光彩蓋過了他。

其三，管理人員和服務人員的服飾要有明顯區別；如領班領結、部門經理著深色西裝等。

試營運前，所有員工的招募應已完成，除了展開培訓外，應完成制服設計與款式，並制定制服管理規則。此時，飯店自有洗衣房部門之各項機器安裝及人員設置均已完成，應從事訓練各項布巾類、客衣、制服的分類與洗滌工作；如果飯店本身並未設置洗衣房，屬於外包的情形，應與廠商簽約完成；且另一重要部門「管衣室」亦完成其初期狀態，有能力處理員工與客衣

的分類、儲存與受理領取。因此，制定制服管理規章與建立房務部客衣送洗流程也是相當重要。制服管理項目包括制服領用、更新、換洗、破損、修補、報廢、賠償、離職歸還等，且規定上班中不准穿著制服外出，除非單位主管許可，都須明載於制服規章手冊中，避免滋生管理困擾。

制服表現出員工職位的識別功能，更體現了企業精神

專欄 6-1　制服管理規定

茲就制服的領取與退換的規定做一例示。

為了完善對飯店員工制服的管理，根據飯店的實際情況制定相關的規定：

1.員工到職後，憑人資部通知單由員工本人到管衣室領取兩套制服（一套由本人領走，工作時穿著，一套在管衣室備洗滌時更換）。

2.制服由員工自行保管，員工在職期間如遺失制服或非因工作因素造成制服損害需要賠償。賠償方式如下：

(1)使用不足半年的制服，以製作價格100%賠償。

(2)使用期超過半年不足一年的制服，以製作價格50%賠償。

(3)使用期超過一年而不足兩年的制服，以製作價格30%賠償。

(4)對於一些易造成制服損害的特殊職種，管衣室可根據實際情況酌情處理。

(5)使用超過兩年以上（含兩年）的不做賠償處理。

(6)因工作原因而損害制服，需由員工所在部門經理出具證明後，可到管衣室更換制服。

(7)員工在職期間，若因工作調動而需要更換制服，可憑人力資源部出具的職位變動通知單到管衣室更換制服。

(8)部門整體更換制服時，需由員工本人到管衣室領取制服，並辦理制服更換手續，不得由部門內人員成批領取，或由他人代領。

(9)員工離職時，憑藉人力資源部出具的離職通知單到管衣室辦理歸還手續，若遺失或損壞制服，管衣室需在離職通知單上注明賠償金額。

五、整體飯店的工程驗收

飯店準備試營運前，飯店總體工作幾乎完成，可以說一家美侖美奐的飯店似乎呈現在眼前，各部門人員大致就位完成。各部門經理須完成自己工程設施的接管驗收，茲說明如下：

(一)驗收的意義

1.飯店新建築的整體接管驗收是指在竣工驗收合格的基礎上，以主體結構安全和各項設施能滿足使用功能為主要接管驗收之目的。

2.釐清交接雙方責任、權利、義務關係，確保飯店具備正常的使用功

能，爲日後管理提供法理依據。

(二)驗收的內容

分爲工程方面與營業必備項目兩方面之驗收，前項工程驗收應在整體建築工程完成後即行展開，營業必備項目之驗收是前項工程檢驗修改完畢後即開始裝修建築物內部，完成後始著手驗收。

◆建築工程檢查驗收

其驗收方式是按照工程、設備相關文件進行逐套檢查，符合設計及規範要求，所含各項工程與裝置的設備均驗收合格，品質控制資料完整；有關安全、節能、環境保護和主要使用功能的檢驗資料需完備，主要使用功能的抽查結果符合要求。因爲建築工事檢驗要具工程、水電的專業知識與技能，譬如：室內外牆面、地面與頂棚、屋面、細縫、各項管路（溫水管、自來水管、排水管等）、雨水管、樓梯、護欄、門窗、排水地漏、管道支架、閥門、配電箱、接線盒、開關、防雷接地、空調系統、鍋爐等，進行外觀、質量驗收，非飯店經理人之工作範圍，通常由工程監理諮詢專業人員執行始能勝任，並附有各項檢驗報告，在報告書中蓋章負責。其驗收原則如下：

1.檢查工程是否完成合同規定的各項工作內容。
2.檢查工程質量是否符合設計規範要求。
3.檢查是否有預先進行驗收。
4.檢查工程技術資料是否其全。
5.檢查竣工驗收程序是否符合現行規定。

◆裝修硬體的驗收

各種驗收項目應由工程專業人員、各部門經理人與各級幹部協同驗收，檢驗各項硬體功能之完整，符合營業運作之需求，茲分兩部分說明驗收內容，首先就飯店整體使用功能而言，此方面應由飯店高層與專業人員負責執行：

1.飯店門面：安裝完成，使用正常；如果是連鎖飯店，門面必須符合連鎖VI標準，所謂VI即為品牌形象設計傳達。

2.立面外體：按照工程裝修標準完成裝飾，顏色和造型符合要求。

3.大廳裝修：裝修全部完成。符合標準，設施設備齊全完好。

4.燈光照明：飯店各場所照明完好，照度合理。

5.飯店供電：電力供應需滿足飯店需求、配電間設備運行正常。

6.飯店供水：冷熱水供應需滿足飯店需要，壓力合適，泵房設備運轉正常。

7.有線電視：有線電視信號接通，正常使用且穩定、清晰。

8.電器功能：飯店各場所各類電器功能正常、操作無礙。

9.消防設備：報警設備、偵煙器、灑水頭、滅火器材、消防泵、消防通道、消防門、逃生指示等設備設施正常使用、位置和配備數量合理。

10.監控設備：設備正常使用、佈點合理、影像清晰。

　　其次，就營業使用部分的客房驗收而言，因客房是客人能直接接觸的地方，由客房部主管負責驗收。客房驗收項目如**表6-2**所示。

表6-2　客房驗收項目

客房驗收內容	描述	複查	備註
進門處和小走道			
門頂嵌燈			
門鈴			
房號（銅或電鍍）			
省電房卡插座			
「請勿打擾」與打掃顯示燈			
門鎖安裝			
門鎖反鎖裝置			
安全扣和門護片			
閉門器的安裝和潤滑			
閉門器速度			
閉門器90度時門停止			
窺鏡安裝			

（續）表6-2　客房驗收項目

客房驗收內容	描述	複查	備註
門下縫隙合適			
門鉸鏈			
門擋			
緊急疏散圖			
浴室燈及開關			
換氣扇開關			
走道燈及開關			
房燈及開關			
穿衣鏡安裝			
牆壁電源插座			
壁面油漆（或壁紙）			
地面（磁磚或大理石或地毯）			
天花板及牆面粉刷			
衣櫃			
衣櫥門油漆			
衣櫃拉門滑軌暢順			
衣桿			
衣櫃抽屜			
保險箱			
電冰箱功能			
電視櫃與化妝桌			
行李架			
電視機功能與電視櫃檯面			
電視信號插座			
電源插座			
桌腳牢固不晃動			
化妝椅			
化妝鏡			
檯燈與燈罩			
電話及功能			
化妝燈			
窗戶區域			
窗戶門把及鎖			
窗戶玻璃			
窗戶開啓15cm以內			
金屬窗框漆面			

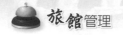

旅館管理

（續）表6-2　客房驗收項目

客房驗收內容	描述	複查	備註
窗簾及拉軌暢順			
遮光窗簾可完全遮光			
沙發椅			
茶几			
落地燈（立燈）及燈罩			
插座			
掛畫			
床邊區域			
左右床頭燈及燈罩			
左右床頭櫃及油漆			
床頭櫃內睡燈			
左右床頭櫃抽屜			
床頭電話			
各種燈飾及開關			
「請勿打擾」與打掃燈開關			
床（尺寸、高度、軟硬度）			
枕頭與抱枕			
床頭板及油漆			
空調功能與開關			
浴室			
門及門框			
門鎖			
浴巾架			
晾衣拉線盒及晾衣繩			
面盆與水龍頭			
水龍頭冷熱水流量正常			
冷熱出水標示正確			
浴室地面及排水暢順			
淋浴設備			
淋浴間密閉性			
浴缸及把手			
面盆水塞正常			
浴室牆面			
馬桶及水箱功能正常			
浴室電話			
緊急拉鈴			

（續）表6-2　客房驗收項目

客房驗收內容	描述	複查	備註
浴鏡安裝			
電器插座			
衛生紙卷座			
換氣扇功能			
消防設施			
感煙裝置			
灑水頭			
無線Wi-Fi覆蓋			
無線上網			

◆開業前通盤審視

在試營運之前，飯店整體內部有兩項重頭戲須予以正視，並做好工作，「好的開始是成功的一半」，可說是至理名言。

1.全店整體設施的清潔工作：飯店各部門動員部門內的員工做澈底的清潔工作，即各營業各部門（front of the house）包括客房部與餐飲部，含打蠟與拋光；後勤各部門（back of the house），也包括外面景觀、停車場，做全面性整潔工作。使飯店煥然一新，以準備開業，迎接賓客的光臨。

2.全店審視巡禮：飯店必須在營業前做逐樓通盤審視，以確保部門標準的持續符合性，所有大小問題都被識別並迅速糾正。

這種營業前質檢工作是飯店大家長總經理的責任，總經理在開業試賣之前的總清潔工作完成後，應帶領各部門經理、幹部，對營業部門與後勤部門，做最後飯店總巡禮，從建物最高樓層，逐樓檢視設備設施，至地下最後樓層，包括全館公共區域，凡是有任何大小缺失，或不妥之處，總經理及時一一指出，被指點單位應在場做記錄，於規定期限內修正完成。缺失修改完成之後，應回報總經理做複檢工作。

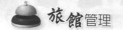

飯店公共區域

是指飯店公眾共有、共用的區域和場所，主要包括前檯、大廳、餐廳、電梯、走廊、洗手間、庭院、附屬的咖啡廳、夜總會；還包括大門口、側門口、停車場、會議室、內部商場、多功能廳及娛樂區域等。

第二節　飯店試營運的時程準備

　　飯店在各項準備工作基本到位後，即可進行模擬運轉（試營運）。這既是對準備工作的檢驗，又能為正式的運營打下堅實的基礎。基於籌備工作林林總總，以至於試營運，飯店領導階層應有系統性、策略性的安排工作時程，使得日後試營運與正式開業營運打下紮實基礎。因此，試營運的日程安排顯得相當重要。

一、客房部門

　　試營運前，客房部門主管必須每週階段性督導，並完成所訂定的工作：

(一)營運前第17週至第14週

1.熟悉所有區域的設計藍圖並實地察看。
2.瞭解客房的數量、型態與床的規格，確認各型態客房方位。
3.瞭解飯店餐飲、娛樂等其他配套設施的配置。
4.瞭解有關的訂單和現有財產清單（布巾、表格、客用品、清潔用品等）。
5.部門組織的架構，確定人員編制。
6.制定出各部門崗位的職責說明。

7.按照飯店的設計要求，確定客房的布置標準。

8.如沒有自設洗衣廠，應考察合乎需要的洗衣廠商，並簽定合約。

9.決定要採用外包的工作項目，如衛生消毒、外牆與窗戶清洗、園藝與盆栽、員工餐廳、安全警衛等，進行談判與簽約動作。

10.選擇客房家具的式樣，並檢查是否有必備家具、設備被遺漏。

(二)營運前第13週至第10週

1.選擇制服樣式與布料。

2.選擇飯店用品及設備。

3.與飯店供應商聯繫，核定交貨日期。

4.核定員工薪資報酬及福利待遇，並制定員工培訓計畫。

5.確保所有訂購物品都能在試營運前一個月前到位，並與總經理及相關部門商定開業前主要物品的儲存與控制方法，建立訂貨的驗收、入庫與查詢的工作流程。

6.與清潔用品供應商聯繫，使其至少能在開業前一個月將所有必需品供應到位。

7.制定飯店運轉制度。

8.落實後勤支援系統，落實員工招聘事宜。

(三)營運前第9週至第4週

1.準備一份客房檢查驗收單，以供客房驗收時使用。

2.實施開業前員工培訓計畫。

3.追蹤與檢查洗衣房設備到位及安裝狀況。如設備安裝完畢，則安排供應商對洗衣房員工進行操作設備培訓。

4.對大理石、金屬和其他特殊面層材料的清潔保養計畫和流程進行複審。

5.核定所有客房的交付、接收日期。

6.準備足夠的清潔用品，供業前清潔使用。

7.與總經理及相關部門一起重新審定有關家具、設備的數量和品質，做最後確認與修改。

8.與信用卡發卡銀行商定信用卡消費事宜。

(四)營運前第3週至第2週

1.按清單與工程負責人一起驗收客房，確保每一間房都符合標準。

2.設立管衣室各項工作職位，處理制服、客衣等。

3.著手準備客房的第一次清潔工作。

4.確定開業方案及日期、確定觀禮貴賓名單。

5.開始逐間打掃客房、配備客用品，以備使用。

6.對所有布巾進行使用前的洗滌。全面洗滌前必須進行抽樣洗滌試驗，以確定各種布巾在今後營業中的最佳洗滌方法。

7.按照工程交付計畫，會同工程負責人員逐項驗收和催交有關區域收尾工作。

8.開始清掃後檯區域和其他公共區域。

9.經常檢查物資的到位情況。

(五)營運前1週

1.所有飯店之各部門確保採購物品全部到位。

2.確保飯店設施、設備運行良好。

3.飯店所有培訓工作基本完成，員工能獨立作業。

4.確保所有客房能符合營業標準。

5.落實營業各項方案。

二、餐飲部門

　　由於餐飲部門不若客房部門的單純性（僅有作業互為連結的客務與房務單位），餐廳在大型飯店可能有中餐、西餐、日本料理、咖啡廳等，茲就其共通性上加以列舉。試營運前，餐飲部門主管必須每週階段性督導，並完成所訂定的工作：

(一)營運前第17週至第13週

1.開業前第17週餐飲部負責人到位後，與工程承包商聯繫，建立良好的溝通管道，以便日後的聯絡。

2.瞭解餐飲的營業項目、用餐座位數等。

3.瞭解飯店客房、康樂等其他配套設施的配置。

4.熟悉所有區域的設計藍圖並實地察看。

5.瞭解有關的訂單與現有財產的清單。

6.瞭解所有已經落實的訂單，補充尚未落實的訂單。檢查是否有必需的設備、服務設施被遺漏，在補全的同時，要確保開支不超出預算。

7.確保所有訂購物品都能在開業一個月前到位，並與總經理及相關部門商定開業前主要物品的儲存與控制方法，建立訂貨的驗收、入庫與查詢的工作流程。

8.確定組織結構、人員定編、運作模式。

9.確定餐飲經營的主菜系。

10.編印崗位職務說明書、工作流程、工作標準、管理制度、運轉表格等。

11.落實員工招聘事宜。

12.參與選擇制服的質料和款式。

(二)營運前第12週至第9週

1.按照飯店的設計要求,確定餐飲各區域的布置標準。
2.制定部門的物品庫存等一系列的標準和制度。
3.制定餐飲部的衛生、安全管理制度。
4.建立餐飲品質管制制度。
5.制定開業前員工培訓計畫。

(三)營運前第8週至第6週

1.審查廚房設備方案及完工時間。
2.與清潔用品供應商聯繫,使其至少能在開業前一個月將所有必需品供
　應到位。
3.準備一份餐飲檢查驗收單,以供餐飲驗收時使用。
4.核定本部門員工的工資報酬及福利待遇。
5.核定所有餐具、茶具、服務用品、布巾、清潔用品、服務設施等物品
　的配備標準。
6.實施開業前員工培訓計畫。
7.與總經理商定員工食堂的開出方案。

(四)營運前第5週

1.展開原材料市場調查分析:制定原料供應方案和流程。
2.與行政主廚一起著手制定菜單。菜單的制定是對餐飲整體經營思路的
　體現,也是餐飲產品檔次的呈現,要經過反覆討論,基本方案制定好
　後報總經理:
　(1)確定當地的飲食習慣(依據市場調查分析報告)。
　(2)飯店餐飲的整體經營方針與掌握目標客戶群。
　(3)原料供應方案。

(4)廚師團隊的資質與實力。

(5)制定綜合菜單。

(6)要求營業前一週前印刷品到位。

3.確定酒水、飲料的供應方案；與財務部一起合理定價，報總經理。

4.各種印刷品如筷套、牙籤套、酒水單等設計印刷。

5.與客房部聯繫，建立客房送餐流程。

6.與財務部聯繫，制定結帳程序並安排兩個課時以上的培訓。

7.邀請財務部予以財務管理、出納制定培訓。

8.與保安部制定安全管理制度。

9.與客房部聯繫，制定布巾送洗流程。

10.與客務部聯繫，制定自助早餐作業流程。

11.與行銷部聯繫，建立會議、宴會工作流程。

12.建立餐飲部的檔案管理流程。

13.繼續實施員工培訓計畫。對餐飲服務基本作業進行測試，不合格者要加強訓練。

14.與信用卡發卡銀行商定信用卡消費事宜。

(五)營運前第4週

1.與財務部合作，根據預計的需求量，建立一套布巾、餐具、酒水等客用品的總庫存標準。

2.核定所有餐飲設施的交付、接收日期。

3.準備足夠的用品，供開業前清潔使用。

4.確定各庫房物品存放標準。

5.確保所有餐飲物品按規範和標準上架存放。

6.與總經理及相關部門一起重新審定有關家具、設備的數量和品質，做出確認和修改。

7.與財務部經理協同準備一份詳細的貨物儲存與控制流程，以確保開業

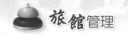

前各項開支的準確、可靠與合理。

8.繼續實施員工培訓計畫。

(六)營運前第3週

1.與工程部經理一起全面核實廚房設備安裝到位情況。

2.正式確定餐飲部的組織架構。

3.確定各餐廳區域的營業時間。

4.對會議室桌位、就餐餐位進行全面的統計。

5.根據工作和其他規格要求,制定出人員分配方案。

6.按清單與工程負責人協同驗收,驗收重點:裝修、設備用品的採購、人員的配置、衛生工作。

7.擬訂餐飲消費的相關規定。

8.著手準備餐飲的第一次清潔工作。

(七)營運前第2週至前1週

1.全面清理餐飲區域,布置餐廳,進入準營業狀態。

2.廚房設備運轉測試。

3.確定菜單的標準化工作。

4.擬定營業的準備工作,正式敲定營業的時間,召開部門會議,解決問題。

三、客房部門主管對所需重要作業項目的再確認事項

客房部分為客務與房務,對於營運上必須的作業準備項目分別述之。試營運前,客房部門主管對所需作業項目的準備與培訓完成:

(一)客務部

1. 制定客房房號系統。
2. 制定房價，包括原定房價（rack rate），假日與平日折扣、淡旺季折扣、簽約折扣、其他特殊折扣等。
3. 確定連通房的數量和位置。
4. 確定各房型數量和位置。
5. 確定前檯功能布局。
6. 確定前檯日常使用表格單據。
7. 完成飯店管理系統。
8. 撰寫管理制度手冊，包括制服管理制度。
9. 擬定審核客務部財產表格，包括家具、器具及設備。
10. 建立客房鑰匙卡、客房服務員鑰匙卡、總鑰匙卡（general master key or emergency key）。
11. 建立貴賓接待程序。
12. 建立團體客與散客接待程序。
13. 建立服務指南與旅遊指南。
14. 建立訂房管理制度。
15. 建立訂金和保證住宿辦法。
16. 建立客房管理程序，包括開房和退房制度、房價管理。
17. 設立抱怨和投訴處理程序。
18. 建立傳真、信件、掛號信、快遞、包裹等簽收程序。
19. 建立各種服務管理流程，如留言、叫車租車、外幣兌換、喚醒服務等。
20. 建立特殊客帳（南下帳、催收帳、未收帳等）管理程序。
21. 確認所屬員工均接受試營業前完整訓練，熟悉信用卡收款作業。
22. 制定員工應急工作的對策程序，如颱風、地震、水災、火災等。
23. 建立員工排班制度與值班經理排班表。

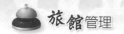

24.制定消防及緊急事件之演練程序。

(二)房務部

1.房務主管填寫採購申請表,申購各項營業用設備與客房用品。

2.設立房務中心與儲藏室。

3.考量加購顧客需求物品,如電熨斗、燙衣板、閱讀檯燈、加床等。

4.審核與工程部、客務部、警衛室等部門的工作聯繫程序。

5.建立整個部門的清潔流程,包括客房、公共區域、夜床整理等。

6.建立公共區域與客房的綠化。

7.客房的驗收及客房的清潔流程(含浴室)。

8.審核布巾類和用品儲藏室存放的數量,列出樓層儲藏室的標準儲物圖示。

9.建立樓層卡式鑰匙(floor master key)的控制與管理制度。

10.建立客房服務員培訓課程。

11.建立客房檢查制度。

12.建立各項服務的處理程序,如客衣送洗、換房、客人遺留物、保險箱使用、客房餐飲(room service)、醫療服務、迷你吧(mini bar)服務等。

13.建立各種緊急應變措施(防災、防盜)。

14.每間客房內部陳設拍照存檔,瞭解房間家具、器具及設施的擺設模式。

15.建立電話語言使用規範,包括電話內外接聽、電話叫醒服務。

第三節　開業前注意事項

開業前的試營運往往是飯店最忙、最易出現問題的階段。對此階段工作特點及問題的研究,有利於減少問題的出現,確保飯店從開業前的準備到正

常營業的順利過渡。管理人員在開業前試運行期間，應特別注意以下問題：

一、保持積極的態度

在飯店進入試營業階段，很多問題會顯露出來。對此，部分管理人員會表現出急躁情緒，過多地指責下屬。正確的方法是保持積極的態度，即少抱怨下屬，多對他們進行鼓勵，幫助其找出解決問題的方法。在與其他部門的溝通中，不應把注意力集中在追究誰的責任上，而應研究問題如何解決。

二、經常檢查物資的到位情況

前文已談到了管理人員應協助採購、檢查物資到位的問題。實踐中很多飯店的客房、餐飲部門往往會忽視這方面的工作，以至於在快開業的緊要關頭發現很多物品尚未到位，從而影響部門開業前的工作。

三、重視過程的控制

開業前各部門的清潔工作量大、時間緊，雖然管理人員強調了清潔中的注意事項，但服務員沒能理解或「走捷徑」的情況普遍存在，例如：用濃度很強的酸性清潔劑除漬、用刀片去除玻璃上的建築垃圾時不注意方法等。這些問題一旦發生，就很難採取補救措施。所以，管理人員在布置任務後的及時檢查和糾正往往能起到事半功倍的作用。

四、加強對成品的保護

對飯店地毯、牆紙、家具等成品的最嚴重破壞，往往發生在試營業或開業前這段時間，因為在這個階段，店內施工隊伍最多，大家都在趕工程進

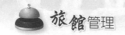

度，而這時客房、餐飲部的任務也是最重，容易忽視保護，而與工程單位的協調難度往往很大。儘管如此，管理人員在對成品保護的問題上，不可出現絲毫的懈怠，以免留下永久的遺憾。為加強對飯店成品的保護，管理人員可採取以下措施：

1. 積極建議飯店對空調、水管進行調試後再開始客房的裝潢，以免水管漏水破壞牆紙，以及調試空調時大量灰塵汙染客房。

2. 加強與裝潢施工單位的溝通和協調。敦促施工單位的管理人員加強對施工人員的管理。管理人員要加強對尚未接管樓層的檢查，尤其要注意裝潢工人用強酸清除頑漬的現象，因為強酸雖可除漬，但對使用處的損壞很快就會顯現出來，而且是無法彌補的。

3. 儘早接管客房樓層，加強對樓層的控制。接管樓層雖然要耗費相當的精力，但對樓層的保護卻至關重要。一旦接管過樓層鑰匙，客房部就要對客房內的設施、設備的保護負起全部責任，客房部需對如何保護設施、設備做出具體明確的規定。在樓層如有鋪設地毯，客房部需對進入樓層的人員進行更嚴格的控制，此時，要安排服務員在樓層值班，所有進出的人員都必須換上客房部為其準備的拖鞋。部門要在樓層出入口處放些廢棄的地毯頭，遇雨雪天氣時，還應放報廢的床單，以確保地毯不受到汙染。

4. 開始地毯的除汙跡工作。地毯一鋪上就強調保養，不僅可使地毯保持清潔，而且還有助於從一開始就培養員工保護飯店成品的觀念，對日後的客房與餐飲工作將會產生非常積極的影響。

五、加強對鑰匙的管理

開業前及開業期間部門工作特別繁雜，客房管理人員容易忽視對鑰匙的管理工作，通用鑰匙的領用混亂及鑰匙的丟失是經常發生的問題，這可能造成非常嚴重的後果。客房部首先要對所有的工作鑰匙進行編號，配備鑰匙

鏈；其次，對鑰匙的領用制定嚴格的制度。例如，領用和歸還必須簽字、使用者不得隨意將鑰匙借給他人、不得使鑰匙離開自己的身體（將通用鑰匙當取電鑰匙使用）等。

六、確定物品擺放規格

確定物品擺放規格工作，應早在樣品房確定後就開始進行，但很多客房管理人員卻忽視了該項工作，以至於直到要布置客房時，才想到物品擺放規格及規格的培訓問題，而此時恰恰是部門最忙的時候。其結果是難以進行有效的培訓，造成客房布置紊亂，服務員為此不斷地重複工作。正確的方法是將此項工作列入開業前的工作計畫，在樣品房確定之後，就開始設計客房內的物品布置，確定各類型號客房的布置規格，並將其拍成照片，進而對員工進行培訓。有經驗的客房部經理還將樓層工作間及工作車的布置加以規範，往往能取得較好的效果，把好客房品質驗收關。

七、客房品質的驗收

往往由工程部和客房部共同負責作為使用部門，客房部的驗收對保證客房品質至關重要。客房部在驗收前應根據飯店的實際情況設計客房驗收表，將需驗收的專案逐一列上，以確保驗收時不漏項。客房部應請被驗收單位在驗收表上簽字並留備份，以避免日後的扯皮現象。有經驗的客房部經理在對客房驗收後，會將所有的問題按房號和問題的類別分別列出，以方便安排施工單位的改進及本部門對各房間狀況的掌握。客房部還應根據情況的變化，每天對以上的紀錄進行修正，以保持最新的紀錄。餐飲部各廳之驗收亦同。

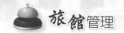

八、注意工作重點的轉移，使部門工作逐步過渡到正常運轉

　　試營運或開業期間部門工作繁雜，但部門經理應保持清醒的頭腦，將各項工作逐步引導到正常的軌道。在這期間，部門經理應特別注意以下的問題：

1. 按規範要求員工的禮貌禮節、儀表儀容。由於樓層尚未接待客人、做基建清潔時灰塵大、制服尚未到位等原因，此時各部門管理人員可能還未對員工的禮貌禮節、儀表儀容做較嚴格的要求，但隨著開業的來臨，應開始重視這些方面的問題，尤其要提醒員工做到說話輕、動作輕、走路輕。培養員工的良好習慣，而營運期間對員工習慣的培養，對今後工作影響極大。
2. 建立正規的溝通體系。部門應開始建立內部會議制度、交接班制度，開始使用表格；使部門間及部門內的溝通逐步走上正軌。
3. 注意後臺的清潔、設備和家具的保養。各種清潔保養計畫應逐步開始實施，而不應等問題變得嚴重時再去應付。

九、注意吸塵器的使用培訓

　　做基建清潔衛生時會有大量的垃圾，很多員工不瞭解吸塵器的使用注意事項，或為圖省事，會用吸塵器去吸大的垃圾和尖利的物品，有些甚至吸潮濕的垃圾，從而程度不同地損壞吸塵器。此外，開業期間每天的吸塵量要比平時大得多，需要及時清理塵袋中的垃圾，否則會影響吸塵效果，甚至可能損壞電機。因此，各部門管理人員應注意對員工進行使用吸塵器的培訓，並進行現場督導。

十、確保提供足夠的、合格的客房

國內大部分飯店開業總是匆匆忙忙,搶工完成的客房也大都存在一定的問題。常出現的問題是前檯部門排出了所需的房號,而客房部經理在檢查時卻發現,所要的客房存在著一時不能解決的問題,而要再換房,時間又不允許,以至於影響到客房的品質和客人的滿意度。有經驗的客房部經理會主動與前廳部經理保持密切的聯絡,根據前檯的要求及飯店客房現狀,主動準備好所需的客房。

十一、使用電腦的同時,準備手工應急表格

不少飯店開業前由於各種原因,不能對使用電腦的部門進行及時、有效的培訓,進而影響到飯店的正常運轉。為此,客房部有必要準備手工操作的應急表格。

十二、加強安全意識培訓,嚴防各種事故發生

各部門管理人員要特別注意火災隱患,發現施工單位在樓層或廚房使用電器時要及時彙報。此外,還須增強防盜意識,要避免服務人員過分熱情,隨便為他人開門的情況。

十三、加強對自己部門內設施、設備使用注意事項的培訓

很多飯店營業之初常見的問題之一就是服務員不完全瞭解設備的使用方法,不能給予客人正確的指導和幫助,從而給客人帶來了一定程度的不便,例如:客房內按摩浴缸、免治馬桶的使用等。

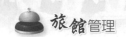

 結　語

　　隨著飯店競爭的日漸白熱化，每位創業者在進行經營決策時都變得格外拘謹，從前期籌備到試營業再到最終的步入正軌，夾雜著飯店人一路走來的心酸與不易。以經驗來說，飯店給顧客的第一印象尤為重要，「試營運」在旅館創業過程中就扮演著這樣一個角色，也從很大程度上決定了一家飯店的興衰。那麼試營業到底「該試什麼」，又「該怎麼試」呢？

一、試營業就是「試市場」、「試顧客」

　　試營業對於旅館經營而言，就是將理論轉換為實踐，並驗證其對錯的過程，在這個過程中需對自己前期制定的籌備經營計畫進行一一實踐，看能不能行得通，如若行不通則結合市場需求、客群數量、客群喜好等多方面因素，趕緊想辦法解決。

二、時程控制要恰當，建議三十天內

　　試營業時程最好控制在三十天，因為對於大部分旅館而言，週末、假日才是營業高峰期，要確保試營業包含二至四個週末，在人流量大的前提下，時間太短不易看出問題，時間太長對旅館而言也沒有多大的意義。

三、要有選擇性地聽取顧客意見

　　試營業很大的一個原因就是看市場與顧客對我們滿不滿意，通常選擇聽取一些顧客的意見來進行合理改善，但切記一定要懂得分辨意見是否具有參

考價值，畢竟眾口難調，汲取大多數人共同的意見即可，不必樣樣遵循，也不可自我感覺良好，樣樣不聽。

四、出現問題重解決

飯店試營業是由於各方面制度的不完善，員工的不熟練，常常會出現各種問題，這時千萬不要太過於追究事件的負責，這樣既浪費時間也容易影響工作氛圍，因此遇到差錯，第一步應該想的就是如何進行彌補與改善。

五、充分做好活動預熱

開業前的口碑宣傳與活動預熱也是十分重要的，試營業起到大力宣傳作用，即透過高性價比的開業活動為餐廳吸引客流，從而為餐飲以後的經營打下群眾基礎，當然在試營業前也應進行相應的推廣與宣傳，如發傳單、推廣活動等，這樣一來試營業的效果才會更佳。

最後，切記試營業一定不要觸碰行業底線，營業執照未辦理下來絕不要提前營業。此外，也不可優惠力度過大，因為這樣一來一旦營業價格恢復正常，便會丟失很多因便宜吸引過來的顧客。

Chapter
7

客房部管理

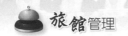

客房部（rooms division）是旅館內最繁忙、工作最繁重、最重要的部門之一，其下管理兩大部門：其一為客務部（front office），又稱為前廳部；其二為房務部（housekeeping），又稱為管家部。

客務部下設接待、出納、總機、訂房、禮賓（concierge，又稱服務中心，包括行李服務、顧客問詢服務）、商務中心；而房務部則下設樓層組、公共清潔組（包括公共區域、辦公室），較大型旅館還設有洗衣房（處理布巾類、制服、客衣）及館內外景觀綠化部。

第一節　客房部的重要性

客房管理的終極目標是不斷地完善客房產品，並使客人滿意。因此，首先要瞭解自身旅館目前所達到的管理水平，其次是清楚旅館的定位和目標，最後是如何實現這個目標。旅館客房部就是提供了這個舞台，讓此部門員工發揮最大的努力，提高旅館聲譽。

一、客房部的地位與作用

客房部是旅館的主體，是旅館的主要組成部門，是旅館存在的基礎，在旅館中占有重要地位。

(一)客房是旅館存在的基礎

旅館是向旅客提供生活需要的綜合服務設施，它必須能向旅客提供住宿服務，而要住宿必須有客房，從這個意義上來說，有客房便能成為旅館，所以說客房是旅館存在的基礎。

(二)客房是旅館組成的主體

按客房和餐飲的一般比例，在旅館建築面積中，客房占70～80%；旅館的固定資產，也絕大部分在客房，旅館經營活動所必需的各種物質設備和物料用品，亦大部分在客房，所以說客房是旅館的主要組成部分。

(三)旅館的等級水準主要是由客房水準決定的

因為人們衡量旅館的等級水準，主要依據旅館的設備和服務。設備無論從外觀、數量或是使用來說，都主要體現在客房，因為旅客留在客房的時間較長，較易於感受，因而客房服務水準常常是人們衡量旅館等級水準的標準。

(四)客房是旅館經濟收入和利潤的重要來源

旅館的經濟收入主要來源有三部分：客房收入、餐飲收入和綜合服務設施收入。其中，客房收入是旅館收入的主要來源，而且客房收入較其他部門收入穩定。客房收入一般占旅館總收入的50%左右。從利潤來分析，因客房經營成本比餐飲部小，所以其利潤是旅館利潤的主要來源。

(五)客房是旅館降低物資消耗、節約成本的重要部門

客房經營在整個旅館成本中占據較大比重，其能源（水、電）的消耗及低值易耗品、各類物料用品等日常消費較大。因此，客房部是否重視開源節流，是否加強成本管理、建立部門經濟責任制，對整個旅館能否降低成本消耗，獲得良好收益起到至關重要的作用。

(六)客房是帶動旅館一切經濟活動的樞紐

旅館作為一種現代化食宿購物場所，只有在客房入住率高的情況下，旅

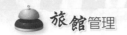

館的一切設施才能發揮作用，旅館的一切組織機構才能運轉，才能帶動整個旅館的經營管理。客人住進客房，要到前檯辦手續、交房費；要到飲食部用餐、宴請；要到商務中心進行商務活動，還要健身、購物、娛樂，因而客房服務帶動了旅館的各種綜合服務設施。

(七)客房服務品質影響著旅館聲譽

客房是客人在旅館中停留時間最長的地方，客人對客房更有「家」的感覺。因此，客房的衛生是否清潔，服務人員的服務態度是否熱情、服務是否周到等，對客人有著直接影響。

客房水準包括兩個方面：一是客房設備，包括房間、家具、牆壁和地面的裝飾、客房布置、客房電器設備和衛浴設備等；二是服務水準，即服務員的工作態度、服務技巧和方法等，是客人衡量「價」與「值」是否相符的主要依據，所以客房服務品質是衡量整個旅館服務品質，維護旅館聲譽的重要標誌。

二、客房部的任務

茲分別敘述客務部與房務部的任務：

(一)客務部的任務

1.接受預訂：接收客人預訂是前廳部的主要任務之一。
2.禮賓服務：禮賓服務包括在機場、車站接送客人，門口迎賓，為客人提供行李搬運、計程車服務、郵電服務和問詢服務等。
3.入住登記：櫃檯不僅要接待住店客人，為他們辦理住店手續、分配房間等，還要接待其他消費客人以及來訪客人等。
4.房態控制：旅館客房的使用狀況是由櫃檯控制的。準確、有效的房態控制是客房住房率及對客人的服務品質。

5.帳務管理：帳務管理包括建立客人帳戶、登帳和結帳等各項工作。

6.資訊管理：客務部要負責收集、加工、處理和傳遞有關經營消息，包括旅館經營的外部市場消息（旅遊業發展狀況、國內及世界經濟資訊、顧客的消費心理、人均消費水準、年齡構成等）和內部管理資訊（如住房率、營業收入，以及客人的投訴、讚揚，客人的住店、離店、預訂和在有關部門的消費情況等）。客務部不僅要收集這類資訊，而且要對其進行加工、整理，並將其傳遞到客房、餐飲等旅館經營部門和管理部門。

7.客房銷售：除了旅館行銷以外，客務部的預訂處和櫃檯接待也要負責推銷客房的工作。除了受理客人預訂外，還隨時向沒有預訂的零散客人推銷客房等旅館產品和服務。

8.提供資訊：提供客人館內設備設施狀況及活動狀況之時間、地點。

(二)房務部的任務

1.合理對客接待服務，滿足客人各項服務要求。

2.做好房間的清潔衛生，爲客人提供舒適的住宿場所。

3.協調與其他部門關係，保證客房服務需要。

4.提供客人住宿安全的需要。

5.降低物品消耗，減少費用開支和浪費。

6.加強設備維修保養，維持工作暢順並使旅館財產得以維護保值。

第二節　客房部組織及主管的工作職責

從客人入住前的客房預訂到離店時的退房手續，幾乎都經過客房部管理下的各服務流程。掌握入住比率、向管理層提供未來客源趨勢、保證客人通訊服務的暢順和快捷、讓客人住得舒適和滿意、維護好旅館環境衛生等，這

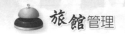

些都是客房部的工作。

一、客房部組織設置

客房部是旅館服務範圍最廣、營業收入最大的一個主要經營部門，它包括兩個主要運作部分：客務部（又稱前檯，分為接待、問詢、商務中心、行李寄存處）、客房、公共區域、洗衣部（制服間、洗衣房、布巾房）。其組織設置如圖7-1。

二、旅館客房部經理

旅館客房部經理（manager of rooms division），一般稱為客房部經理，是旅館客房部的行政及業務主管，是客房部整體工作的負責人，主要工作包括組織、監督部門進行前檯接待（front office）、房務服務（housekeeping）作業和各項服務配套工作。客房部經理的直屬上司是總經理。

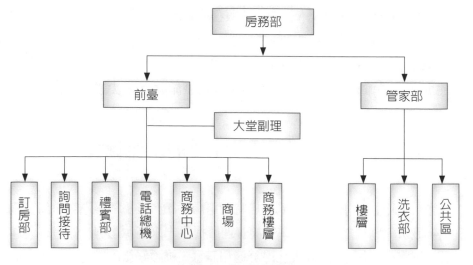

圖7-1 客房部組織圖

(一)客房部經理工作職責

旅館客房部經理是客房部的負責人,負責處理客房部的日常事務。其工作職責如下:

1. 參與並制定房務部經營管理計畫和房務部日常管理規範。
2. 負責組織和監督實施房務部經營管理計畫。
3. 主持部門會議,檢討工作情況,及時傳達重要訊息。
4. 負責安排客房部工作人員的日常工作,並對其工作進行指導和考核。
5. 監督客房部各部門的工作流程和服務品質,保證其嚴格按照旅館和部門的各項規章制度和崗位流程,以達到要求保障旅館的聲譽。
6. 督促、指導、檢查客務部(前廳部)及房務部的管理人員執行崗位責任制和落實各項方針、政策與計畫的情況,並定期向總經理提出幹部任免和員工獎懲方面的意見和建議。
7. 全面控制部門的管理費用、固定費用和變動費用,節約開支。
8. 定時審閱各部門的工作日誌和每週總結會報,督導各部門工作進度,及時發現問題,做出處理。
9. 每天檢查VIP進店、離店情況,親自接待重要客人。
10. 負責檢查貴賓房、參加迎送貴賓、探望生病的客人的工作。
11. 與客人保持良好關係,遇到顧客投訴,及時採取有效措施努力消除不良影響,維護旅館的良好形象。
12. 巡視抽查客務部和房務部所負責管理的區域,並做好紀錄,如發現問題及時進行改正。
13. 與其他部門做好溝通工作,與下屬幹部做好溝通和配合工作,保證工作能有效有序地進行。
14. 與行銷部協調安排團體客人及重要客人接待,預測市場分配情況。
15. 與其他同業保持良好聯絡,瞭解業界相關最新訊息。
16. 進行員工培訓,提高員工的工作品質和工作效率。

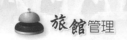

17.監督和檢查客務部及房務部的安全工作,消除各種存在的隱患。

18.完成上級交付的其他工作。

(二)客房部經理應具備的能力

1.具有很強的責任心,對工作認真負責。

2.有耐心,面對客戶的投訴或其他事件有耐心,使事件得到妥善處理。

3.具有很好的溝通協調能力,客房部經理面對的是與客戶和上司下屬的溝通,需要具有很強的溝通協調能力,才能使具體問題得到傳達和解決。

4.熟知旅館管理知識和具備領導管理能力。

5.具備應變能力,突發事件發生後的第一時間使事件得到妥善處理,使客戶感覺滿意。

6.善於組織的能力。

7.培養下屬,對下屬進行培訓的能力。

(三)客房部經理任職條件

1.良好的學習能力、表達能力、溝通能力。

2.經歷服務管理、旅館管理的培訓,懂得公關禮儀、心理學、管理學及旅館業務知識。

3.具有星級旅館客房管理經驗。

4.具有良好的寫作、閱讀能力、。

(四)客房部經理職業發展

旅館客房部經理經過經驗的累積和努力的學習,其職業發展方向是副總經理或總經理。

三、夜間經理工作職責

有一句話：「白天，人跟天使在一起；晚上，人跟魔鬼在一起。」旅館很多紛擾之事也多在夜間發生。夜間經理真是任重道遠。

夜間經理（night manager）為旅館夜間最高主管，工作時間從晚上十一時至翌晨七時，直接對總經理負責。一個優秀的夜間經理需要有純熟的工作技能。這裡包括一些思維能力、組織能力、績效管理和個人的工作魅力。夜間經理的工作是一項責任性強、要求高的工作，是一門旅館管理的藝術和學問，透過這項工作，可以加深對旅館各種業務知識的學習和瞭解，可以不斷地充實與提升自己，在工作經驗中不斷地增長知識和才幹。

(一)夜間經理工作範圍

1. 為旅館夜班中之最高級的負責人。
2. 記錄當天晚上所發生的重要事情。
3. 巡視旅館範圍。
4. 抽查當天空房及待修房情況。
5. 與安全警衛部當天晚上之最高負責人緊密聯繫，監察夜班員工之操作及旅館範圍內之可疑人物。
6. 簽核夜班接待員的客房營業統計表。
7. 處理客人登記及房間編排上遇到的困難。
8. 監察屬下員工之工作、操作及服裝儀容。
9. 改進及提高前廳、房務之水準及工作效果。
10. 處理屬下員工之紀律問題。
11. 監察前廳作業時耗用品的消耗量。
12. 瞭解當日營業狀況。
13. 聆聽住客之意見及解答住客之疑難問題。

14.監察直屬之各小組的操作情況及工作流程。

15.提高部門內之各小組的款待水準。

16.核准換房、更改房租、支出及退款等事宜。

17.處理及報告客人在旅館內遇到的意外事情。

18.處理及報告客人用餐或飲酒後不付帳之事宜。

19.處理及報告客人在旅館內之財物失竊和損毀事宜。

20.處理及報告旅館財物之損毀事宜。

21.負責開啓及關閉客房雙重鎖事宜。

22.根據旅館規章處理緊急情況下之事宜，如火災、住客死亡或嚴重染病等。

23.協助評核員工之工作表現及態度。

24.歡迎及護送貴賓到其客房。

25.培訓屬下員工。

26.嚴厲監督員工在晚間工作者須遵守不可睡覺守則。

27.確保客房資料正確無差錯。

28.察查各類客務相關分析報告。

29.在高住房率時，決定是否接受散客之住宿申請，並決定可否將已訂房而還未到達的空房出租與否。

30.保持旅館溫馨祥和的營業氣氛，查看大廳及大門燈光、電子看板、空調、背景音樂是否按時開關。

31.加強夜間巡視，如頂樓、庫房、財務部及各辦公室門是否已鎖；餐廳、廚房天然氣是否關好；旅館設備是否完好；必要時指揮安全警衛陪同巡查，發現問題做好記錄。

32.處理客人抱怨，儘快平息客人情緒，在維護旅館利益時，滿足客人合理要求，維護旅館聲譽。

　　一般而言，旅館夜間出現的問題是有規律可循的，通常以治安和工程問題爲多，可這些問題的表現形式又是千變萬化，也可以說是五花八門。這就

需要夜間經理有較強的應變能力，這種應變能力是由觀察分析能力、綜合判斷能力、設計方案能力、調配力量能力、組織實施能力組成的，這種應變能力的基礎是旅館業務知識、自然科學常識和工作經驗的累積，並非一種單純的能力。

(二)夜間經理任職資格

1.教育背景：不限大專以上學歷。
2.培訓經歷：受過專業知識培訓，中、英文說寫流利。
3.工作經驗：六至十年本職位相關工作經驗。

 # 第三節　客房部與各部門之關係

在全館作業中客房部必須與各個部門協調與合作才能構成一完美組合，讓客人能在舒適方便的住宿環境得到滿足。旅館作業是團隊合作而組合成有形（硬體）與無形（軟體）的產品來服務客人，而非單一的作戰單位。客房部能緊密的與各部門合作，贏得顧客滿意，旅館才能在市場競爭中立於不敗之地。茲敘述客房部內兩大單位「客務」與「房務」作業之溝通及相互關係，其次為客房部與館內其他部門之相互關係。

一、客務部與客房部的工作溝通與協調

旅館客務部與房務部的聯繫最為密切，旅館的客務部與房務部是合二為一的。正因如此，這兩個部門之間的資訊溝通最頻繁，內容也最多。詳述如下：

1.旅館客務部應將客人的入住資訊及時、準確地通知房務部，以便樓層客房服務員隨時掌握房態，並對入住的客人能夠做到「七知三瞭解」

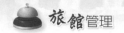

（知道客人到店時間、人數、國籍、身分、接待單位、客人要求和收費辦法；瞭解客人的宗教信仰和風俗習慣、生活特點和活動排程以及離店日期等），從而為客人提供針對性服務。

2.客務部應將客人的換房、離店等資訊及時通知房務部，而客房服務員則應在客人離店時，及時檢查房間，看看有無客人的遺留物品，客房內的設備、用品有無丟失和損壞現象、有無使用迷你吧，並將檢查結果立即通知客務部櫃檯。

3.房務部應將客房的實際使用狀況通知客務部櫃檯，以便核對和控制房態。樓層領班應每日按時填寫房態表，說明樓層每間客房的使用狀態，並交由房務部辦公室匯總，然後交客務部櫃檯。櫃檯接待員拿到這張表後，要用它核對旅館管理系統中所顯示的客房狀態（room status）。核對的內容主要有兩項：即客房狀態及各房間住客人數。如果電腦中的資料與房態表上的資訊不相符，則有可能是客務部櫃檯服務員工作疏忽所致，但也有可能在客房管理中存在著問題。

4.房務部應在最短的時間將退房的房間清潔完畢，並透過電話或旅館管理系統，儘快向櫃檯報告房態，以便提高旅館客房利用率。

5.根據客務部提供的客情預報，安排客房的維修和定期清潔計畫，並做好人員的安排。

二、客房部與其他部門之關係

(一)與行銷部之關係

1.行銷部與客戶議定的所有房價，客務部對外應嚴格保密。

2.客務部應將每天的客房營業報表、VIP報表和抵店、住店、離店團體客人情況送交行銷部，以使行銷部掌握瞭解住客狀況。

3.客務部訂房組應在當月末或下月初向行銷部遞交下月客房預訂情況和

當月住房狀況各一份，內容包括外國旅客人數、各旅行社團體和散客夜次及人數、各公司和簽約客戶所訂的團體和散客夜次及人數、上門散客（walk-ins）夜次及人數，以及長期客夜次。

4.當訂房出現飽和時，訂房組應及時將訊息傳遞給行銷部，以避免超額訂房的狀況發生。

5.旺季時，客務部應及時與行銷部溝通，決定團體和散客的比例。

6.提前住店或延時離店的帶隊人員如領隊、導遊等，經行銷部同意，客務部應按領隊導遊房價接待。

(二)與餐飲部之關係

1.房價包含早餐時，客務部在辦理客人入住登記時，應將餐飲部印製的早餐券發放給客人，並按餐券上指定的餐廳用餐。如係團體客人，在入住時還應向領隊或導遊說明早餐用餐時間，並及時通知餐飲部。

2.團體客人預訂午晚餐的用餐，客務部應在接受預訂後，立即將預訂表單知會餐飲部，並問清楚用餐地點。團體客人入住時，應及時將安排的用餐地點告知帶隊者。如用餐人數等情況有變化，應立即通知餐飲部。

3.房務部應配合餐飲部做好客房送餐服務（room service），需要由樓層服務員收取餐具時，應在送餐時開列餐具種類與數量的表單交給樓層服務員，以便在收取餐具時清點核對後代為保管，並電話通知餐飲部派員收回。

(三)與財務部之關係

1.客務部應按照旅館信用控制規定配合財務部做好客人預付金收取工作並在電腦中做好限額控制，如客人用信用卡支付，應確認信用卡能否使用及額度。

2.客務部將客人入住登記資料輸入電腦前應先查核客人客史資料，如係

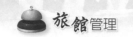

黑名單中的客人，應立即通報財務部的收款員處理。

3.房務部應做好各種布巾類和制服的洗滌統計，以及各類物料用品的領用報帳和清點盤存工作，並按財務部物資管理規定按時製表填報。

4.客務部櫃檯人員早午晚班各班應將向客人收取的現金、信用卡、旅行支票、外幣、簽帳單（I.O.U.）連同明細帳單交由財務部逐一核對，各班收入總數與明細單之金額記載總數應相等，如有問題，應找出錯誤所在，以便讓帳務清楚而正確。

(四)與工程部之關係

1.客房部各部門的設備管理和操作人員應受工程部進行的安全生產教育及專業技術和管理知識的培訓，並熟練操作技能。

2.客房部各部門要主動配合工程部做好設備管理與檢修工作，並與工程部人員密切配合，做好日常的維修保養，確保各種設備完善有效。

3.發生設備故障和事故，應及時通知工程部，協助工程部查明原因，做出適當處理。

4.支持和配合工程部對部門員工的技術培訓和特殊工種人員初訓、複試的考核。

(五)與人力資源部之關係

1.客房部各部門應及時將用人情況與人力資源部進行溝通，並配合人資部做好員工招聘、面試和新進員工職前技能培訓等工作，協同提高員工素質。

2.客房部各部門應積極支持和配合人力資源部主持各項培訓活動，在確保正常工作的同時，認真做好人員安排，教育員工主動接受參加培訓，不斷地提高員工團隊的素質。

3.客房部各部門應配合人資部做好員工出缺勤的考勤和考勤統計，按月填報員工出勤情況月報表，經客房部審核並匯總後，送報人力資源

部，建立和完善員工工作檔案制度。

4.根據本部門需要和人力資源部安排，做好部門之間員工職位調整和轉
　調職位培訓工作。

5.協同人力資源部做好部門員工的職稱和技術等級評定考核與審核申
　報。

6.客房部協調與配合人資部做好員工之薪資、獎金和福利性待遇發放、
　醫療費用報銷等審核工作。

(六)與採購部之關係

1.與採購部保持聯繫，定期溝通客房用品庫存量。

2.協助採購部採購客房所需物品的樣品設計及申購數量。

3.負責試用採購部提供的客房試用品和提供意見。

4.協助採購部做好制服的申購工作。

(七)與安全警衛部之關係

1.客房部與各部門應組織和教育員工參加安全警衛部所辦的旅館安全課
　程，即宣傳教育及保安業務的培訓和演練，提高全體員工的安全防範
　意識和保安業務知識。

2.客房部各部門應主動接受安全警衛部之安全警衛工作的指導和檢查，
　對安全警衛部提出的工作建議和改進意見，應及時進行檢討改善，並
　將改善情形復告安全警衛部。

3.客務部在收到安全警衛部發來的通緝、協查通知後，應及時在通緝協
　查登記簿上進行登錄，同時在電腦中作客史資料，並在辦理住宿登記
　時做好查核工作。

4.房務部在處理掛有「請勿打擾」牌的客房時，或客務部電話總機在叫
　醒服務中，發現房門反鎖時，應及時報告安全警衛部，並會同安全警
　衛人員進行處理。

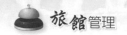

5.在客房部管轄範圍內如發現各種可疑的人和事，應在做好監視和控制工作的同時，立即向安全警衛部報告，由其負責查證和處理；如發生各類突發事件，應按照「旅館安全管理」規章中「處理各類突發事件、重大事故的流程」和「火災應急預案」妥善處理。

6.客房部如遇到治安單位需要對客人或員工執行公務，或對客房進行安全檢查時，應立即與保安部溝通聯繫，並配合做好工作。

 ## 第四節　客房的分類

客房的種類分為標準客房與套房，茲說明如下：

一、標準客房

標準客房的數量在全館的客房總數中占有較大的比例，一般而言有下列數種：

(一)單人房（single room）

指客房內僅有一張床鋪的房間而言。現時的旅館大多為一張大床，所以說單人房並不是指只可以住一個人，也可以住兩個人。

(二)雙人房（twin room）

twin作形容詞有「成對的、成雙的」的意思，twin beds就是兩張一樣的床，所以twin room指的就是有兩張單人床的雙床房。當然，不同的旅館有不同方式，有些旅館不會用到twin room而是用two/ double beds等。

二、套房（suite）

是由兩個或兩個以上自然房間組成，把起居、活動、閱讀和會客等功能與睡覺、化妝、更衣和淋浴功能分開布置，亦即有二至三個自然房間（商務型套房在起居室內要設置寫字桌）。

套房有迷你型、小型、商務型、複式、豪華型和超豪華型等類型。迷你型和小型套房是有起居室加一間小臥房組成，甚至可以由一間客房以家具隔斷分成兩個空間，或可將套房以隔斷式擺設（矮櫃、長形花架、裝飾櫃等）替代分隔牆，稱為半套房（semi-suite）。豪華套房（deluxe suite）的化妝間和浴室要占用一個自然房間，客房面積更大，空間放大帶來更舒適的功能環境。

每家旅館對客房的名稱或定義不盡相同，以豪華套房而言，有些旅館又分為兩種：即標準套房（junior suite）及高級套房（senior suite），雖然兩者在高星級旅館為高價房間，但後者因設施較好，空間更大，因此價格亦較高。

三、連通房（connecting room）

通常旅館設置不多於客房總數30%的連通房，以適應市場需要。將相鄰的兩間獨立客房透過相隔牆壁設置隔聲門（各自附鎖的雙門）形成連通房，如大家族或數名熟人住宿連通房，可將兩房的隔聲門之門鎖打開以方便兩間的人員進出。若兩間為陌生人，則將隔聲門鎖住，當作兩間客房出售。

四、立體套房（duplex）

由樓上、樓下兩層組成，樓上為臥室，面積較小，設有兩張單人床或一張雙人床（有些旅館也會設有衛浴間以方便使用）。樓下設有衛浴間和起居、會客空間，又稱為樓中樓套房。

五、總統套房（presidential suite）

　　是高星級旅館設置的最豪華的客房，具備接待國內外國家元首、政府要員的住宿條件，被稱之爲「總統房」，實際上多用於接待集團總裁、富商巨賈、明星藝人、運動明星等。總統房並非五星級旅館所專有，近期發展起來的精品旅館，根據自身需要也可以設「總統房」。

　　通常旅館總統套房位於旅館大樓頂層，占據旅館最佳位置，擁有最好的視野和景觀，而面積近整個樓層，同時也便於管理和使用，保證尊貴客人的私密和安全。

　　總統房有衣帽間、臥房和浴室、起居室、書房、傭人房和備餐廚房的餐廳，供一些自帶私廚的客人現場烹調。總統房還可以設置健身房、游泳池、酒吧台以及私家花園等。總統房還配有會客廳、小會議室，並嚴格和生活用房隔開。

　　總統房具有專用的車道、進出口和電梯，交通線路既要暢通，又便於安全疏散、隔離保衛。

　　總統套房一年當中出租率通常不高，但因爲它是旅館價格最高、設施最完善、裝潢設計最講究的房間，提升旅館格調具有象徵性意義。

六、專用客房

　　指爲特殊客人消費，或滿足客人特殊消費需求的不同於一般標準間的客房，主要包括高級行政房、無菸房、淑女房、無障礙房、宗教人士房等。必要時可設置專用樓層，如行政樓層、無菸樓層、仕女層等。

(一)行政樓層（executive floor）

　　行政樓層又稱作爲「旅館中的旅館」（a hotel in a hotel），在越來越多

高星級旅館中設立。

在評定頂級旅館的指標中，有兩個至關重要的籌碼：一是總統套房，另一個便是行政酒廊。所謂行政酒廊便是為行政樓層客人服務的專屬天地。無論何時何地，行政樓層的標準與服務總是檢視一家旅館對住客有多用心的不二法門。對於大多數人來說，行政樓層都是神秘奢華的代名詞。

行政樓層的房價比一般樓層房價高出約20～50%，這意味著入住這裡的賓客也可以享受到更尊崇的待遇和更細緻的服務。行政樓層的顧客可以享受快速入住登記，延遲離店時間，房價含免費洗衣、熨衣、免費享用飲料等一系列的特別服務。有的旅館還專門設立行政酒廊提供特殊餐飲服務，例如：下午提供免費用咖啡和茶點，讓客人充分享用閒暇時光；還有每天免費使用商務會客室幾小時等。

一家旅館不可能取悅所有人，但可以憑藉其高品質的陳設和服務，使名流明星也成為座上賓。經常入住行政樓層的商務客人都有一個習慣，若沒有特殊原因，一般不願意更換旅館，於是這些客人就成了旅館的忠實客源。

高星級旅館附有行政樓層有下列意義：

◆給旅館帶來高經濟效益

行政樓層客人大多為企業銷售人員、採購人員，也有高階管理人員，如企業董事長、總經理，還有政府及各種事業組織的工作人員等。這些人多數以公費為主（如出差費等），雖企業規模大小與身分高低有別而言，但總體來說，消費水平較高。這些客人對旅館留下好印象或有愉悅的經歷，便有可能成為這家旅館的常客；而且這類客人的信譽良好，多採取現金或信用卡支付，因此極少出現拖欠款或跑帳現象。對旅館來說，接待這類客人經營風險較小。另一方面，行政樓層在裝修裝潢、備品及服務等方面比其他樓層豪華，個別造價更高，因而多數旅館的行政樓層客房價格均比普通樓層的房價更高一檔。

高星級旅館行政套房

◆滿足客人對此類客房日益增長的需要

隨著全球經濟的成長與交通網絡的發達，公務旅行隨之熱絡，行政樓層的需求也有日益增長的趨勢。

行政樓層的功能齊全，不僅為住客提供方便和安全的通訊系統，而且通常還提供各種會議場所、餐飲、娛樂、商務中心等服務系統及其他特約服務，使住客的人身、資財、安全、住宿更為方便、舒適，環境更為舒適、優美，足不出戶即可辦好想要辦的各種事情。這一切正是公務客人所追求的，隨著公務旅遊人數不斷地增長，此類樓層的需求也在不斷地增長。

◆給旅館引入極至服務

行政樓層為客人提供個性化服務，要求旅館盡可能收集客人各方面的訊息，以提供客人滿意的服務，這要求行政樓層的員工能外向開朗、誠懇、熱情而自豪他們的服務是上乘的。沒有客人的要求在此是辦不到的，只有客人想不到的，旅館員工能總能給他們意外的驚喜。

◆提高旅館智能化服務

入住行政樓層的客人對高科技的要求越來越高，這迫使行政樓層的客房勢必裝置高速上網設備，將電話、電視與資訊存取融為一體，提供語音、數據和視訊服務，從而提高旅館總體智能水平。

旅館蜜月套房

(二)蜜月套房（honeymoon suite）

這是專為新婚夫婦所設計的豪華客房，價格與高級套房（deluxe suite）相當。大抵上房間裝潢格調高雅，整間色系為紅色或粉紅，設有一大床，充滿甜蜜、溫馨、浪漫的情調。

旅館之所以設置蜜月套房，是在激烈的市場競爭中打造獨有的特色，增加旅館亮點，也進一步滿足新婚夫婦的需求，提升旅館服務品質，增加營收。除了新婚渡蜜月的夫婦外，也有在結婚紀念日想重新回憶浪漫生活的夫婦或一般情侶等客層。當然，在旅館舉行結婚宴會，也會提供蜜月套房供新人住宿。

(三)仕女樓層／仕女客房（lady's floor/ lady's style room）

由於現代社會，女性自主化、女性主管的普遍，很多旅館也逐漸重視這一市場的發展。

◆女性客源的由來

1.旅館推出女性客房是為了滿足日益增多的女性商務客群。

2.在公務、商務活動中，女性的地位越來越重要，在現實中成功女士也

199

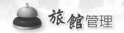

越來越多。

3.女性消費力強，女人錢最好賺，這是普遍商家的共識。「仕女樓層」當然是爲了旅館收益而考量的。這是一種商業手段，也是爲了服務顧客，滿足女性保有隱私的需求，同時是爲了女性安全，實踐旅館的職責所在。

◆仕女客房的特點

1.棉織品窗簾及窗紗要選擇柔和溫馨的色彩。

2.仕女樓層是不可吸菸的（不過時下旅館都是全面禁菸，所以不是問題）。

3.客房的燈光要柔和。

4.在功能上，衛浴間裡專門配備了女性專用的衛生洗浴精、沐浴精、浴鹽、免治馬桶。

5.客房裡特別爲女性準備的絲襪、T恤、遮陽帽、洋娃娃，甚至化妝品等。

6.房間內擺放女性的時尚雜誌及報紙。電視頻道表上或點播系統上顯示女性頻道，供女客人看。

◆客房的個性化服務

1.旅館服務人員也是清一色女性，而且此類樓層往往設有快速入住、退房服務，所有人需用房卡刷電梯控制系統，方能進入該樓層。

2.在設計上採用了粉紅、淺紫等色調，有些旅館還特意加入絨毛熊、抱枕等居家用品，連睡袍和拖鞋都設計爲花、蝴蝶或卡通系列。

3.布置得溫馨美觀，而且房間還專門爲女性賓客配備了一些生活用品。

◆安全措施做法

1.秘密登記入住（接待員直接陪往客房辦理入住手續），房間鑰匙上不標明房號，在排房時盡可能安排靠近電梯旁。

2.客房內設置緊急呼叫按鈕。

3.客房具備良好隔音效果。

4.除住客事先同意接聽電話外，總機為每位女性住客提供電話保密服務。

5.在仕女樓層內一律配備女性服務員和女性安全警衛。

6.規定員工不對外透漏入住單身女性的任何訊息，切實維護住客的個人隱私和安全。

7.針對有開車來住宿的女性客人，設置女性客人專用停車位。

(四)無障礙客房（disabled room/ handicapped room）

旅館，是旅客奔波旅途中臨時的家，是旅客和家人共度美好時光的度假聖地，是旅客每一個浪漫與難忘時刻的守護，是旅客從另一個角度欣賞世界的視窗，但是，它的便利和美好往往是給普通人的，那麼特殊人士呢？旅館在保證殘障人士的尊嚴和獨立的前提下，提供無障礙設施及服務。目前很難想像一間普通客房對殘障人士造成多大的不便，所以便有了這無障礙客房設計。無障礙房在星級旅館中，最佳客房總數每一百間中，要有一間無障礙房。有的旅館集團要求提供一間套房，如與相鄰客房連通，一般設在位於客梯旁邊就近原則。

無障礙客房是指客房的出入口、通道、通訊、家具和衛浴間等，均方便乘輪椅者通行和使用的房間。高星級旅館都會顯示具有殘疾人士設施，但不是所有的高星級旅館都能讓殘障人士入住。

無障礙客房除了滿足標準客房的防火、隔音、空調、照明等要求外，設計應滿足如下要求：

◆房間區域

1.無障礙客房應設在建築的低層部位。

2.無障礙客房應盡量靠近電梯及安全出口。

3.無障礙客房應與其相臨的房間有連通門，連通門淨寬不低於1公尺。

4.無障礙客房入口門淨寬不低於1公尺，房門不能設置閉門器。

5.入口門在離地1.45公尺和1.1公尺高度各安裝一個貓眼；門背面逃生圖之中心安裝高度為1.25～1.35公尺。

6.入口門廳及床前過道寬度不低於1.5公尺。

7.臥室內床頭處能明顯看見前面上設火警聲光報警裝置。

8.臥室應安裝求助按鍵，求助呼叫按鍵安裝高度為45公分。

9.房間插卡取電裝置和控制面板的安裝高度為90～110公分。

10.房間插座安裝高度為40公分。

11.房間門牌用「無障礙房」。

◆衛浴區域

1.衛浴間門朝外開，門淨寬不低於0.8公尺。

2.衛浴間淋浴區應安裝70公分水平扶手和垂直1.4公尺T型扶手。

3.衛浴間內能確保輪椅迴轉的直徑不小於1.5公尺的空間。

4.洗臉盆最大高度為0.85公尺，採用符合殘障人士使用標準的單槓桿水龍頭；洗臉台下方應留空間，高度不低於0.6公尺，以方便輪椅靠近使用。

5.洗臉台上方鏡面底邊距地面1.1公尺，頂邊距地1.7～1.8公尺，且前傾15公分。

6.馬桶高度45公分，馬桶旁70公分高度安裝水平扶手和1.4公尺T型扶手。

7.門後掛衣鉤安裝高度為1.2公尺。

8.淋浴間設置高度45公分的洗浴座位。

9.淋浴間最短的一邊寬度不能低於1.5公尺。

10.浴缸高度為45公分。

11.浴缸內側安裝60公分和90公分的水平扶手，或一層水平扶手和一個垂直安全扶手，水平扶手不低於80公分。

12.在臥室、起居室及衛浴間內側應設求助呼叫按鈕，安裝高度為45公分。

13.房間內的照明開關、空調溫控器等安裝高度為0.9～1.1公尺。

14.衛浴間防水插座高度應為70～80公分。

結　語

　　客房是旅館的主體，旅館銷售的最大商品就是客房出租。更重要的是客房出租還可以帶動或增加其他收入，如餐飲、娛樂、洗衣等。客房收入一方面是指所賣出的客房，即發生的所有客房租金；另一方面包括入住客人在館內的雜支消費。旅館之所以成為旅館就是因為有客房的商品銷售，它與餐飲部門不同，如企業光有餐飲部門，充其量只能稱為餐廳而非旅館。

　　客房部是旅館的主體和存在的基礎，在旅館中占有重要地位。客房是賓客在旅館中逗留時間最長的地方，賓客對客房更有「家」的感覺。因此，客房的清潔衛生是否到位，裝飾布置是否美觀宜人，設備與備品是否齊全完好，服務人員的服務態度是否熱情周到，服務專案是否周全豐富等，賓客都會有最敏銳的感受，客房服務品質的高低是賓客衡量「價」與「值」相符與否的主要依據。

客務管理

- 客務概述
- 訂房作業
- 住宿登記
- 退房離店
- 結　語

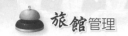

　　客務部是旅館的門面，往往決定了客人對旅館的第一印象，如何做好人員、環境、設施等各方面的管理，直接影響著賓客滿意度。客務部是旅館第一形象視窗，員工的形象面貌、業務能力、服務品質等，都會直接影響旅館的收益與口碑，因此客務管理的第一要務是「人」。

第一節　客務概述

　　客務部（又稱前廳、前檯、總檯），是客人與旅館接觸的主要場所。客務部還是每一位客人抵達、離開飯店的必經之地，是飯店對客服務開始和最終完成的場所，是客人對旅館形成第一印象和最後印象的地方。客務部是協調旅館所有對客服務，並為客人提供各種綜合服務的部門，所有的功能、活動及組成都是為了支持、促進對客銷售和對客服務這一目的。因此，它是旅館的門面與形象視窗，同時也是旅館的資訊樞紐中心，在旅館的各部門中的作用尤為突出，如何做好部門的管理工作，除了基本的政策制度的制定與落實，掌握良好的溝通技巧外，同時部門從業員也需不斷地提升自我的職業形象修養。

一、客務部的地位和作用

(一)客務部是旅館業務活動的中心

　　客房是旅館最主要的產品，客務部透過客房的銷售來帶動旅館其他部門的經營活動。為此，客務部積極開展客房預訂業務，為抵店的客人辦理登記入住手續及安排住房，積極宣傳和推銷旅館的各種產品。同時，客務部還要及時的將客源、客情、客人需求及投訴等各種資訊通報有關部門，共同協調全旅館的對客服務工作，以確保服務工作的效率和品質。同時，客務部自始

至終是為客人服務的中心，是客人與旅館聯絡的紐帶。客務部人員為客人服務從客人抵店前的預訂、入住，直至客人結帳，建立客史檔案，貫穿於客人與旅館交易往來的全過程。

(二)客務部是旅館管理機構的代表

客務部是旅館神經中樞，在客人心目中它是旅館管理機構的代表。客人入住登記在前廳，離店結算在前廳，客人遇到困難尋求幫助找前廳，客人感到不滿時投訴也找前廳。前廳工作人員的言語舉止將會給客人留下深刻的第一印象，最初的印象極為重要。如果前廳工作人員能以彬彬有禮的態度待客，以嫻熟的技巧為客人提供服務，或妥善處理客人投訴，認真有效地幫助客人解決疑難問題，那麼他對旅館的其他服務，也會感到放心和滿意。反之，客人對一切都會感到不滿。由此可見，客務部的工作直接反映了旅館的工作效率、服務品質和管理水準，直接影響旅館的總體形象。

(三)客務部是旅館管理機構的參謀和助手

作為旅館業務活動的中心，客務部能收集到有關整個旅館經營管理的各種資訊，並對這些資訊進行認真的整理和分析，每日或定期向旅館管理機構提供真實反映旅館經營管理情況的資料和報表。客務部還定期向旅館管理機構提供諮詢意見，作為制定和調整旅館計畫和經營策略的參考依據。

綜上所述，客務部是旅館的重要組成部分，是加強旅館經營的第一個重要環節，它具有接觸面廣、政策性強、業務複雜、影響全域的特點。因此，旅館以客務部為中心加強經營管理是十分必要的，很多工作在旅館管理第一線的經理都認為，如果將旅館化作一條龍，那麼客務部就是「龍頭」，可見客務部的重要地位。

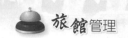

二、客務部的主要任務

1. 客務部的首要任務是銷售客房:目前,我國有相當數量旅館的盈利,客務部占整個旅館利潤總額的50%以上。客務部推銷客房數量的多與少,達成價格的高與低,不僅直接影響著旅館的客房收入,而且住店人數的多少和消費水準的高低,也間接地影響著旅館餐飲等收入。

2. 正確顯示房間狀況:客務部必須在任何時刻都正確地顯示每個房間的狀況,如住客房、走客房、待打掃房、待售房、故障房等,為客房的銷售和分配提供可靠的依據。

3. 提供相關服務:客務部必須向客人提供優質的訂房、登記、郵件、問訊、電話、留言、行李、委託代辦、換房、鑰匙、退房等各項服務。

4. 整理和保存業務資料:客務部應隨時保持最完整最準確的資料,並對各項資料進行記錄、統計、分析、預測、整理和存檔。

5. 協調對客服務:客務部要向有關部門下達各項業務指令,然後協調各部門解決執行指令過程中遇到的新問題,聯絡各部門為客人提供優質服務。

6. 建立客帳:建立客帳是為了記錄和瞭解客人與旅館間的財務關係,以保證旅館及時準確地得到營業收入。客人的帳單可以在預訂客房時建立,記入訂金或預付款,或是在辦理入住登記手續時建立。

7. 建立客史檔案:大部分旅館為住店客人建立客史檔案。按客人姓名字母順序排列的客史檔案,記錄相關內容。

三、客務部的接待與服務功能

(一)客務部的服務功能

◆按照客人入住時間

1.客人入住前：預訂服務、機場代表或駐外代表服務等。
2.客人入住時：門衛服務、行李服務、接待服務、客帳管理、問詢服務等。
3.客人入住期間：客帳的累計與審核、前廳各種服務、問詢、換房、總機轉接留言、商務中心、貴重物品寄存、委託代辦、受理投訴等。
4.客人離店時：結帳服務、行李服務、門衛服務等。
5.客人離店後：機場代表或駐外代表服務、客房狀況調整、客人遺留物品、信件處理、客史檔案建立與補充。

◆按照旅館業務管理

1.銷售客房：提供綜合前廳服務（如預訂、接待、行李、問詢、接待等）。
2.聯絡和協調對客服務：控制房態、管理客帳、建立客史檔案、委託代辦服務、諮詢服務等。

(二)客務部的形象功能

做好旅館形象大使的工作，需要為客人提供接待、預訂、問詢、結帳等服務。在任何時間提供主動、熱情、耐心、細緻、準確、高效的服務，竭誠服務，殷勤待客，嚴格執行旅館各項服務標準，努力樹立旅館良好的品牌和公眾形象。

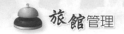

(三)客務部的資訊功能

1.旅館內部：客房價格、類型、特點、旅館主要產品功能、營業時間、位置等。

2.旅館外部：天氣、交通出行、商場購物、旅遊景點、城市休閒等。

四、客務部的組織

(一)客務部的組織機構原則

1.組織合理。

2.機構精簡。

3.分工明確。

4.方便協作。

(二)客務部的組織機構

客務部的組織機構如**圖8-1**所示。

(三)客務部經理工作職責

客務部經理的直接上級是客房部經理（rooms division manager），直接下級是客務部副理、所屬各部門主管、大廳副理及所屬工作人員。

◆工作職責

1.全面主持部門工作，提高部門工作效率和服務品質，力爭最大限度地提高房間住房率和客房收入。

2.貫徹執行客房部經理下達的營業及管理指示。

3.根據旅館計畫，制定客務部各項業務指標。

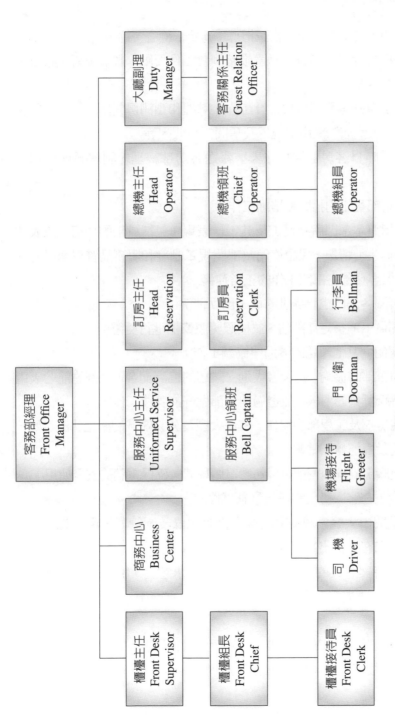

圖8-1 客務部組織圖

4.對各部門主管下達工作任務並指導、落實、檢查、協調。

5.主持每日主管工作例會，傳達旅館例會工作要點，聽取彙報，布置工作，解決難題。

6.確保員工做好客務部各項統計工作，掌握和預測房間出租情況、訂房情況、客人到店和離店情況以及房間帳目收入等。

7.負責將「昨日客房營業日報表」報送客房部經理、副總經理和總經理。

8.負責客務部員工的招聘和培訓工作。

9.檢查、指導本部門所有員工及其工作表現（包括員工的住宿、儀表和制服的衛生）情況，保證旅館及部門規章制度和服務品質標準得到執行，確保客務部各部門工作的正常運轉。

10.每月審閱各部門主管提供的員工出勤情況。

11.對本部員工進行定期評估，並按照獎懲條例進行獎懲。

12.做好與館內其他部門的溝通與協調工作：

(1)與銷售部的協調：每天客人進、離店的協調配合，在到達前七天內及時瞭解具體要求，並透過銷售部做好的善後工作。

(2)與客房部及工程部的協作：確保大廳及公共區域的衛生狀況良好，設施設備運轉正常。

(3)與電腦部經理緊密配合：熟悉電腦程式，確保電腦的安全使用。

13.處理發生在客人身上的任何緊急事件。

14.每日批閱由大廳副理提交的客人投訴記錄及匯總表，親自處理貴賓的投訴和客人提出的疑難問題。

15.密切保持與客人的聯繫，經常向客人徵求意見，瞭解情況，及時回饋，並定期提出有關接待服務工作的改進意見，供總經理決策參考。

16.如總經理或其他管理部門要求，應改進其他服務。

17.檢查VIP接待工作，包括親自查房、迎送。

◆**任職條件**

1. 基本素質：工作認眞、顧全大局、關注客人、善於溝通、勇於創新、講求效率、有較強的事業心和主人翁精神。
2. 本身條件：身心健康、個性開朗、儀表端莊、有較高的職業道德素養及吃苦耐勞的精神。
3. 學歷程度：具有大專以上學歷。
4. 語言能力：有較強的口頭和文字表達能力，能用一門外語熟練地與客人交談，並能閱讀和翻譯外文資料。
5. 工作經驗：有三年以上客務管理經驗，有較紮實的客務相關職位工作經歷，有熟練的待客技巧及熟練掌握旅館電腦管理操作與應用。
6. 特殊要求：熟悉旅館管理的基本知識，瞭解主要客源概況，掌握合約法規、消費者權益保護法規、治安相關法規、旅館管理法規及消防安全管理法規，有較強的溝通協調能力。

(四)大廳經理工作職責

大廳經理（有些旅館職位名稱是大廳副理，但其工作與職權內容是相同的）是旅館總經理的代表，對外負責處理日常賓客的投訴和意見，平衡協調旅館各部門與客人的關係；對內負責維護旅館正常的秩序及安全，對各部門的工作起監督和配合作用。在市場激烈競爭的環境中，爲了使大廳經理能眞正發揮總經理得力助手的作用，結合旅館的經營方針，企業的特點及管理要求，特從大廳經理的工作原則、職責、許可權、工作內容等方面制定大廳經理的工作規程及職位責任制，並依此接受各部門的監督。

◆**工作範圍**

全旅館及旅館大廳附近地區。

◆**工作時間**

1. 每日三班，二十四小時輪值。

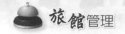

2.早班：07:00 AM～15:30 PM（含用餐時間）。

3.中班：15:00 PM～23:30 PM（含用餐時間）。

4.夜班：23:00 PM～07:00 AM。

◆工作職責

1.代表總經理接受及處理旅館客人對館內所有部門和地區（包括個人）的一切投訴，聽取賓客的各類意見和建議。

2.會同有關部門處理賓客在館內發生的意外事故（傷亡、刑案、火警、失竊、自然災害）。

3.解答客人的諮詢，向客人提供必要的說明和服務（報失、報警、尋人、尋物）。

4.維護賓客安全（制止吸毒、色情、賭博、玩危險遊戲、酗酒、房客之間的糾紛等）。

5.維護旅館利益（索賠、催收）。

6.收集客人意見並及時向總經理及有關部門反映。

7.維護大廳及附近公共區域的秩序和環境的寧靜、整潔。

8.督導、檢查在大廳工作人員的工作情況及遵守紀律情況。

9.協助總經理或代表總經理接待好VIP和商務樓層客人。

10.夜班承擔旅館夜間經理的部分工作；如遇特殊、緊急情況需及時向上級彙報。

11.向客人介紹並推銷旅館的各項服務。

12.發現旅館管理內部出現的問題，應向旅館最高層提出解決意見。

13.協助各部維繫旅館與VIP客人、熟客、商務客人的良好關係。

14.負責督導高額帳務的催收工作。

15.定期探訪各類重要客人；聽取意見，並整理好呈總經理室。

16.完成總經理及客務部經理臨時指派的各項工作。

17.參與客務部的內部管理。

18.完成上級臨時交辦事項。

第二節 訂房作業

一、訂房的方式

旅館客人一般可透過下列方式預訂客房：

1.直接向旅館預訂（電話、面對面、信函、傳眞、旅館官網）。
2.透過與旅館簽訂合約的公司預訂。
3.透過旅館所加入的網路預訂代理商預訂。
4.向旅行代理商預訂。
5.向航空公司或其他交通運輸公司相關部門預訂。
6.向專業的會議組織機構預訂。

二、訂房的種類

(一)臨時性訂房（advance/ simple reservation）

指客人的訂房日期與抵店的日期接近，甚至是抵店當天的預訂，由於時間較緊湊，通常館方不再確認。惟接受此類預訂時，預訂員通常的做法是複誦客人訂房要求，問清客人抵店航班、車次及時間，所以服務員要提醒客人旅館將房間保留至當日下午六時，因為六時以後旅館有權將房間出租給別的客人。

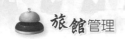

(二)確認性訂房（confirmed reservation）

指客人提前較長時間向旅館提出訂房要求，旅館會給予確認，並答應訂房客人保留房間至某一先聲明的時間。如果訂房客人未依講好的時間抵店，也未與旅館聯繫，旅館有權將預留的房間售出給未經預訂而直接抵店的客人（walk-ins）。

(三)保證性訂房（guaranteed reservation）

這是旅館在任何情況下必須保證客人預訂實現的承諾，同時客人也要保證按時入住，否則要承擔經濟責任的一種預訂方式。對於旅館而言，客人預付訂金是最理想的保證性預訂方式。

旅館為加強預付訂金的管理，要提前向客人發出支付預訂金的確認書，陳述旅館收取預訂金及取消預訂、核收取消費的相關政策。收到預付訂金後旅館應出具收據。

保證性訂房最常用的是信用卡擔保訂房，指客人將所持信用卡種類、號碼、有效期限及持卡人姓名等以書面形式通知旅館，達到保證性預訂目的。即使因各種原因客人不能按時抵店，旅館仍可透過銀行或信用卡公司獲取房費收入。另一種則為合約擔保訂房，該方法是指旅館與有關公司、旅行社等就客房預訂事宜簽署合約，以此確定雙方的利益和責任。合約的主要內容是明確向未按預訂日期抵店入住客人收取房費，同時，還要明確旅館應保證向與之簽訂合約的公司或旅行社提供所承諾的客房。

三、預訂前的準備工作

(一)準備訂房單

一般都會包括以下內容：

1. 全名：姓名與名字必須詳細的填寫，如果是外國人還要有正確的英文字母的寫法。填寫中文名字和英文名字都容易上網操作，可是日本人和韓國人的名字則不容易上網操作了，所以我們通常要同時記下客人的姓名中的漢字以及客人的英文名字。

2. 抵店日期：旅館業內規定用統一的寫法，以免出現不必要的誤會，大部分的飯店都是用日－月－年的記錄方法，個別國家如美國就例外，他們用月－日－年，我國經常用的是年－月－日，所以國際上統一規定有助於標識的統一。

3. 離店的日期：離店的日期不一定是客入住宿最後一夜的日期，而是第二天，比如一位客人住宿的最後一夜為3月4日，那麼他的離店日期就是3月5日。

4. 預訂到達旅館的時間：能夠提供給旅館的相關部門做好準備工作。重要貴賓還要有到達的班次或者車次，以便安排館方去迎接。

5. 住宿的夜數：客入住宿應該用「夜」來計算而不用「天」、「日」，以免產生誤解。因為住宿的夜數有利於抵店和離店的計算。

6. 訂房的房間種類。

7. 訂房的數量。

8. 住宿人數。

9. 房間的價格：不同的公司、旅行社或者個人都有不同的折扣或計價，作為訂房員應該瞭解對客人報房價的價格，並且應向客人說明房價附加的服務費用以及稅金。

訂房單上還包括預訂人住址、姓名、付款方式、訂房形式、信用卡的號碼和有效期及確認欄，最後是承辦人簽名及日期和備註欄。

(二)準備訂房記錄表

訂房記錄表是按照旅客到達日期順序排列的一種流水帳。訂房記錄表除了方便查閱以外，還有助於櫃檯接待旅客到店名單的正確性。電腦化作業則

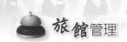

可以省略此表。不過這種訂房記錄表是對訂房進行有效的控制。一般一式兩份，一份和訂房單、客人的訂房信件或傳真放在一起，另一份就與訂房控制表放在一起。

(三)訂房情況顯示表

電腦化訂房系統不僅能控制房間狀況，而且可以處理各式相關訂房作業。當訂房被接受後，所有的訂房客人資料即輸入電腦儲存，如此房間狀況就被電腦嚴密的控制，一旦有客滿的狀況時，如果再接受訂房，就會被電腦自動拒絕，並且把訂房資料轉列為候補名單。電腦可以把房間狀況，特別是訂房查詢時，列印出「可售房間狀況報告」，訂房員可以根據此報表予以接受或者拒絕。

四、預訂受理

預訂員首先要準確掌握飯店客房產品特點、價格及當前預訂狀況和相關促銷政策，在聽取客人預訂要求時，迅速查看預訂控制簿或電腦，明確客源類型（即散客還是團隊）後，聽取客人預訂要求，向客人作簡要的產品介紹，並複述客人要求，最後填寫「客房預訂單」，將客人姓名、抵／離店時間、房間類型、價格、結算方式等各項內容填寫清楚。如果確實無法滿足客人的需求，應對預訂加以婉拒，實事求是地說明情況。婉拒預訂時，不能因為交易未成而停止服務。而是應該主動提出若干可供客人參考或選擇的建議，或徵得客人同意，將其個資列入客房銷售資料，同時可以在顧客中樹立旅館良好形象。

(一)範例1

電話預訂的受理流程：介紹推銷房間的種類和房價，複述預訂的時候，服務員應該複述哪些內容？

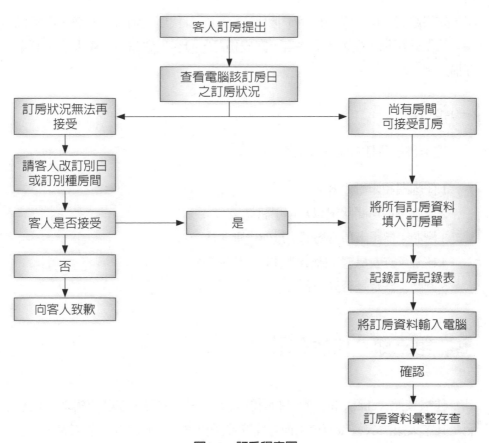

圖8-2 訂房程序圖

1.抵店時間。

2.房間種類、數量、房價。

3.預住天數。

4.付款方式。

5.代理訂房人情況。

6.客人的特殊要求。

確認預訂後,根據實情準確填寫預訂單,並問客人有什麼特殊要求、詢問抵店時間、抵達航班、向客人說明飯店只能將房間保留到入住當天下午六

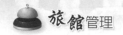

時，如果超過六時，需用信用卡擔保。詢問預訂代理人情況（姓名、電話號碼）並做好記錄，複述預訂內容，完成預訂，向客人致謝，將客人的預訂單存檔。

(二)範例2

電子書信預訂的受理流程：

1.仔細閱讀函電內容。
2.準確掌握房間狀況以及市場訊息。
3.標記：標記出預訂房間，以便識別。
4.核查：查看房態，確定當日訂房狀況。
5.判斷：確定是否受理預訂。

第三節　住宿登記

　　住宿登記（check in）的目的對於大多數客人來說，在櫃檯辦理入住登記是其本人第一次與旅館員工面對面的接觸機會。對旅館客務部來說，入住登記是對客服務整體過程的一個關鍵階段，這一階段的工作效果將直接影響到客務的銷售客房、提供資訊、協調對客服務、建立客帳與客史檔案等各項功能的發揮。

一、住宿登記的目地

　　辦理入住記手續也是旅館與客人之間建立正式的合法關係的最根本一步，它的主要目的是：

1.遵守法律中有關流動戶口管理的規定。

2.獲得住店客人的個人資料，這些資料對做好旅館的經營與服務是至關重要的。

3.滿足客人對客房與房價的要求。

4.為客人入住後，各種表格、檔案的形成和製作提供了可靠的依據。

5.向客人推銷旅館的服務。

二、客人抵店前的登記準備

1.客人抵店前，櫃檯應熟悉訂房資料，檢查各項準備工作。

2.根據客情合理安排人手，客流量高峰到來時，增加有足夠的櫃檯接待。

3.繁忙時刻保持鎮靜，不要打算在同一時間內完成好幾件事。

4.保持正確、整潔的記錄。

三、客人抵店時的登記

(一)迎接客人

1.當客人進入大廳，距櫃檯三公尺遠時，應目視客人，向客人微笑示意，並問候：「先生／小姐，您好！（早上好／下午好／晚上好）」。

2.視線始終注意客人，不能顯得心不在焉以示對客人尊重。

3.語氣柔和，語調適中。

4.如正在接聽電話，只需目視客人，點頭微笑，示意客人稍候。

5.如正在處理手頭工作，應隨時留意客人的到達。

(二)瞭解客人是否有預訂

1.向客人詢問是否有預訂。

2.如客人預訂了房間，請客人稍等，並根據客人預訂時使用的姓名或單位找出訂房單，與客人進行核對。

3.如客人未預訂，有空房時，應向客人介紹可出租的房間的種類、價格、位置。等候客人選擇，並回答客人詢問，沒有空房時，應向客人致歉，並向客人介紹附近旅館情況，詢問是否需要幫助，可幫其聯繫。

(三)推銷客房

1.確認客人沒有預訂後，應立即向客人瞭解詢問客人對住房的要求。

2.熟悉並掌握飯店的各種優惠政策，合理推銷。

3.根據客人的實際情況合理推銷房間。

4.注意在向客人推銷房間時，銷售的是客房，而不是客房的價格，應強調的是客房的價值。

5.提供客房的等級要符合客人的實際情況。

6.根據客人的實際情況及接待員的判斷，盡可能推銷高價房。

(四)證件登記，收取房價

1.客人決定入住後，向客人收取證件進行實名登記。

2.詢問客人早餐費是否一起結算，如房價附早餐應告知客人，並告知用餐時間與地點。

3.一般客人的證件與信用卡或現金是一起放在錢包裡的，所以，在收取的時候服務員要掌握好時機，儘量不讓客人掏兩次錢包。

4.在客人拿證件或付費時，接待員迅速找出房卡，並準備好入住登記表給客人填寫，應提醒客人填寫的內容。

5.雙手接過客人的證件、現金或信用卡並致謝，如客人是刷卡的做好預授權。

6.核對證件後歸還客人，務必請客人在住宿登記表上簽名。

7.詢問客人是否有貴重物品需要寄存，如有需要寄存的，按照寄存流程為客人辦理好寄存。

8.將房卡、早餐券、信用卡、收據、客人證件整理到歡迎袋裡面，雙手交給客人（按照前面順序有序擺放，對客人來說最重要的放在最上面。如客人是付現金的，收據在最下面），語言稱呼客人時帶上客人姓氏。

9.提醒客人，「○○先生／小姐，這是您的房卡、早餐券，您的證件和收據請您收好，您的房間XXX，明天早餐是7:00～9.00在一樓用餐，祝您住宿愉快」。

10.如客人有行李，應請行李員協助並帶領上樓層客房。

11.登記完畢後迅速做好系統C/I。

(五)其他流程

1.電話通知房務中心C/I。

2.製作客人帳卡（folio），將住宿登記表等放入相應房間帳袋。

3.如客人需要用餐，通知相關部門做好接待準備工作並告知結算方式。

4.有過生日的客人或VIP入住，要及時通知房務中心。

四、團體入住程序

團體客人接待入住的安排，必須井然有序，因此客人的接待與眾多行李的處理是非常重要的，也關係到旅館的聲譽。茲分團體人員接待與行李處理說明：

(一)團體接待入住

1.當訂房單位接到訂房時，要先請旅行社將有關資料傳送至旅館，然後將資料交給客務部經理，由客務部經理決定是否接待此團。

2.櫃檯接到經理下達的團隊通知單後，要根據接待單上的要求逐一處理（房號、房間類型、付款方式、抵店離店時間等）。

3.櫃檯接待員按照團體接待單上的要求進行排房，團體到達的前一天，將資料再檢查一次，落實各職位之間的準備工作。

4.在團體到達前預先備好鑰匙（房卡），並與房務部聯繫，確保房間為乾淨房（available）。

5.要按照團體要求提前安排好房間。

6.團體到達的當天，旅館櫃檯接待員應預先將有關資料整理好，以便領隊分配房間。

7.接待組長與接待員（或行銷部人員）一起有禮貌地把團體客人引領至團體登記處。

8.接待人員與領隊確認房間數，之後介紹旅館各種設施。

9.接待員告知領隊當晚抵達旅館後用餐事宜，也問清楚翌日早餐時間（並告知用餐地點）、晨間喚醒時間、下行李時間。

10.經確認無誤後，請領隊在團體帳單上簽名，櫃檯接待人員亦須在上面簽字認可。

11.和團體領隊接洽完畢後，櫃檯接待人員需協助領隊發放鑰匙（或門卡），並告知客人電梯位置。

12.手續完畢後，櫃檯接待人員將正確的含房號之團體住宿名單轉交禮賓部，以便行李發送。

13.如有更改事項，修正完成後，及時將所有訊息輸入電腦中。

(二)團體行李服務程序

◆接收行李

1.當團體行李送到旅館時，行李員問清楚行李件數、團體人數，在團體登記表上寫上姓名和行李牌號。

2.由領班指派行李員卸下全部行李，並清點件數，檢查行李有無破損情

行李車

況，如遇損壞，須請行李員簽字證實，並通知領隊。

3.整齊集中存放行李，全數繫上行李牌，並用網罩住，防止丟失、拿錯。

◆分檢行李

1.根據櫃檯分配的房間號碼，分檢行李，並將分好的房間號碼清楚地寫在行李牌上。

2.與櫃檯聯繫，問明分配的房間是否有變動，如有變動須及時更改。

3.及時將已知房間號碼的行李用行李車分送至房間。

4.如遇行李名牌丟失的行李應由領隊幫助確認。

◆送行李到房間

1.將行李平穩擺放在行李車上，在推車入店時，注意不要損壞客人和旅館財物。

2.在進入樓層後，應將行李放在門左側，輕敲門三下，報出Bell Service。

3.客人開門後，主動向客人問好，固定門後，把行李送入房間內，待客人確認後才可離開，如果沒有客人行李，應婉轉地讓客人稍候並及時報告領班。

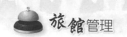

4.對於破損和無人認領的行李，要與領隊及時取得聯繫以便及時解決。

◆行李登記

1.送完行李後應將送入每間房間的行李件數準確登記在團隊入店登記單上。

2.按照團隊入店單上的時間存檔。

 第四節　退房離店

　　辦理退房手續（check out）是客人與旅館員工面對面互動的最後階段。把客人的帳款結清是辦理退房的首務。當然，辦理退房的服務品質深深影響客人對旅館印象的好壞，客人產生好的觀感就要做到友善、親切和效率。

一、退房的遷出程序

　　退房的遷出程序分為個人（散客），各有不同的作業方式，茲分述如下：

(一)個人退房的遷出程序

　　客人退房的尖峰時間大約集中於上午七時半至十時左右，櫃檯人員應本著忙而不亂的原則，發揮服務效率，做好客人離店前的服務，讓客人產生樂意下次再度光臨的意願，做法如下：

1.客人一至櫃檯辦理退房，應首先問候客人，對客人微笑道聲「早安」，記得稱呼客人姓氏。

2.確認客人姓名、房號與客人帳卡相符無誤。

3.檢查客人是否較原訂房日期提前退房，如果是的話，相關單位應被告知。

4.注意退房時間，如超過館定十二時退房，通常客人住到下午三時前退房，應加收房租三分之一，到了下午六時則爲二分之一，下午六時以後就得收取一晚的房租了。

5.檢查是否尚未登入帳卡中的消費項目。

6.將帳單呈給客人，以便客人可查核各種消費紀錄，如客人有疑問，應親切地說明清楚，以釋客人心中之疑。

7.結清所有帳目，包括房租與其他費用，並給客人收執聯。

8.向客人索取房間鑰匙（房卡），並查看客人是否還留有郵件訪客留言、送洗衣物，以及是否註銷租用的保險箱。

9.聯絡行李員協助客人搬運行李。

10.瞭解客人是否需要爲下次光臨預訂房間，或是瞭解客人的去處，以便預訂連鎖店的客房。

11.客人離去時，將該客房在電腦上更改爲「空房待整」（on change）的狀態，以便房務員整理，並將客人歸爲「離店旅客名單」，讓相關部門能掌握房態與客人動態。

(二)團體退房的遷出程序

團體客人由旅行團隊帶隊人或旅行社領隊負責住宿費用的結算，其程序如下：

1.團體結算工作應在團體結帳前半小時做好結帳準備，提前將團體的帳單查核一遍，看是否正確無誤。

2.有合約之旅行社的導遊或領隊結帳時，將帳單交給他們檢查並簽名認可。

3.查核團體的其他雜支如電話費、迷你吧零食飲料等是否付清，通常這些雜支是由團體客人自付的，同時需檢查全部房間鑰匙或房卡是否全數收回。

4.同散客一樣把房態全數改變爲「空房待整」的狀態。

5.將團體帳單的其中一聯轉交至財務部，以便向旅行社進行收款工作。

結　語

　　客務部通常由客房預訂處、禮賓服務處、接待處、問詢處、前廳收銀處、電話總機、商務中心、大廳值班經理（或稱大廳副理）等單位組成，主要單位均設在賓客來往最頻繁的旅館大廳區域。客務部的作業貫穿整個旅館，其目的就是服務客人而帶動整體旅館企業的營運，重要性不言可喻。

　　客務部是旅館業務活動的中心，客房是旅館最主要的產品。客務部透過客房的銷售來帶動旅館其他部門的經營活動。為此，客務部積極開展客房預訂業務，為抵店的客人辦理登記入住手續及安排住房，積極宣傳和推銷旅館的各種產品。同時，客務部還要及時地將客源、客情、客人需求及投訴等各種資訊通報有關部門，共同協調全旅館的對客服務工作，以確保服務工作的效率和品質。同時，客務部自始至終是為客人服務的中心，是客人與旅館聯絡的紐帶。客務部人員為客人服務從客人抵店前的預訂、入住，直至客人結帳，建立客史檔案，貫穿於客人與旅館交易往來的全過程。

　　客務部是旅館管理機構的代表也是旅館的神經中樞，在客人心目中它是旅館管理機構的代表。客人入住登記在前廳、離店結算在前廳，客人遇到困難尋求幫助找前廳，客人感到不滿時投訴也找前廳。前廳工作人員的言語舉止將會給客人留下深刻的第一印象，最初的印象極為重要。如果前廳工作人員能以彬彬有禮的態度待客，以嫻熟的技巧為客人提供服務，或妥善處理客人投訴，認真有效地幫助客人解決疑難問題，那麼他對旅館的其他服務，也會感到放心和滿意。反之，客人對一切都會感到不滿。

Chapter
9

房務管理

- 房務部的概念
- 房務部的組織
- 客房功能區分
- 客房整理流程
- 客房送餐服務
- 房務員服務規範
- 結　語

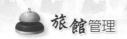

旅館房務部（housekeeping），是旅館的重要部門之一。房務部主要處理客人及房間的要求，包括客房清潔、客房整理、為客人提供便捷的服務。房務部的構成主要有房務部經理、主管、領班以及服務員。房務部是旅館直接與賓客接觸的部門之一，提供住宿及相關設施，備有各種生活用品及多種服務項目以滿足賓客各方面的需要，為賓客創造一個清潔、美觀、舒適、安全的理想住宿環境。

 # 第一節　房務部的概念

房務部門的客房是旅館的重要組成部分，是客人住宿的場所，是旅館經濟收入的主要來源部門之一，其經營管理直接關係到旅館和員工的收益。

客房的主要任務是按照旅館下達的年度計畫，組織實施住宿環境和熱情、周到、及時、準確的各項服務，同時負責旅館內公共場所的清潔衛生。

房務部的工作直接影響到客人的第一印象，其服務水準成為客人評價旅館服務品質的主要依據之一，關係到旅館的整體聲譽及服務形象，因此此部門要求每位員工要本著「賓客至上，服務第一」的宗旨，不斷地增強工作意識，團結禮讓，努力為賓客提供一流的服務，確保賓客有個優質的居住環境。

一、房務部的地位和作用

旅館是以夜（night）為時間單位向旅客提供配有餐飲及其他相關服務的住宿設施，客房是旅館的核心產品，房務部在旅館的運作中具有以下重要的地位和作用：

1.生產客房產品的部門。

2.客房服務與管理水準決定旅館的等級水準。

3.客房產品的創利率高。

二、房務部的任務

房務部的主要任務是確保為客人提供合格的客房產品，具體來說，有以下七個方面：

1. 做好旅館的清潔保養工作，為賓客提供舒適的環境。
2. 向賓客提供優質的對客服務，包括擦鞋服務、會客服務、托嬰服務、洗衣服務、夜床服務、叫醒服務、送餐服務（room service）等。
3. 保障賓客生命和財產的安全。
4. 加強成本費用控制，降低經營成本。
5. 確保客房設施設備的正常運轉。
6. 負責客衣服務以及旅館員工制服、布巾類的洗滌保管工作。
7. 做好與其他部門的協調配合工作，保證客房服務需要。

三、房務員的功能

(一)帶給客人優質服務和完美的消費體驗

現代旅館的部門分工非常明確，服務的協作性也在日益加強，而「管家式服務」正是協調各部門資訊溝通，更好組織客人在旅館內各項服務提供的資源整合協調服務。經專業管家服務培訓，管家能夠從客人處或其他部門獲得資訊，傳遞資訊或執行任務，協同旅館任何一個部門的工作，向客人提供優質的服務，讓客人獲得完美的消費體驗。

(二)帶給旅館良好口碑和經濟效益

服務品質是旅館的生命線，服務品質的優劣直接關係到旅館的聲譽、客源和經濟效益。在旅館經營中作為優質服務，不但一定程度上將代表旅館

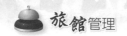

的服務水準，也定會在一定程度引導著旅館服務的方向。其結果自然是得到客人認同、取得良好口碑、獲得良好經濟效益。旅館設施只有在賦予富於生命活力的服務群體和精神，才具有存在的價值和意義，顧客才會感到物有所值，樂於光顧，成為忠誠的客人；他們不僅會成為常客，且不斷地帶來新的客人，幫助旅館業務興旺。

(三)帶給旅館面對市場競爭的競爭力

旅館業市場存在激烈的競爭，而競爭歸根結柢又還是服務的競爭與硬體的競爭。房務員服務正是能充分優化這些競爭要素的一種服務形式，而設施設備的維護保養是其一項重要的職責，房務員所提供的設施維護的水準將直接影響著旅館的硬體；因此房務員優質服務是能提升旅館競爭力的一種途徑。

第二節　房務部的組織

大、中型旅館房務部一般分為樓層、公共區域和洗衣房三個部分，有的旅館將客房服務中心和棉織品房單列，因而分為五個部分。許多小型旅館不設洗衣房和客房服務中心，旅館的棉織品和制服洗滌由市面上的專業洗滌公司承接。客房服務中心對客服務電話的接聽由大廳櫃檯員承擔，中心的其他工作職責由客房部主管根據部門的情況安排給其他崗位的員工。

一、房務部組織內的各職能分工

(一)房務部的下屬機構

房務部組織機構反應部門及部門內部各崗位的基本職責，在設計組織機

構時要著重考慮以下幾個問題：

◆**經理辦公室**（**manager's office**）

通常設正、副經理各一名，配備秘書一名（規模大的旅館會配有若干文書員），主要負責房務部日常事務性工作以及與其他部門的聯絡協調等事宜。

◆**樓層服務組**（**floor housekeeper**）

客房樓層由各種類型的客房組成，是客人住宿、休息的場所。每一層樓都設有供服務員使用的工作間。樓面人員負責全部客房及樓層走廊的清潔衛生，以及客房內用品的替換、設備的簡易維修和保養等，並為住客和來訪客人提供必要的服務。

客房是旅館最主要產品，樓層服務組也自然成為房務部組織機構的主體。通常設早、中、夜領班和房務員若干名。

◆**房務服務中心**（**housekeeping office**）

旅館通常都設有作業服務中心，亦即房務辦公室，它既是房務部的資訊中心，又是對客服務中心，負責統一調度對客服務工作，掌握和控制客房狀況，同時還負責失物招領、發放客房用品、管理樓層鑰匙以及與其他部門聯絡與協調等。

房務服務中心通常位於房務部辦公室區域，設有主管一名，早、中、夜三班次。

◆**公共區域組**（**public area**）

負責範圍為旅館各部門辦公室、餐廳、公共洗手間、衣帽間、大廳、電梯間、各通道、樓梯、景觀和門窗等公共區域的清潔衛生工作。設主管一名，早、中、夜班領班各一名，服務員若干名，負責除了廚房和樓層以外所有公共區域的清潔衛生。

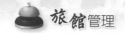

◆棉織品房（linen room）

　　有些旅館稱為管衣房，設主管、領班各一名，下設布巾、制服服務員和縫補工若干名，主要負責旅館所有工作人員的制服以及餐廳和客房所有布巾類收發、分類和保管。對有損壞的制服和布巾及時修補，並儲備足夠的制服和布巾以供週轉使用。

◆洗衣房（laundry room）

　　洗衣房的歸屬，在不同的旅館有不同的管理模式。大部分旅館都歸客房部管理，但有的大型旅館，洗衣房則獨立成為一個部門，而且對外營業以增加旅館營收。通常設主管一名，早、中領班若干名，下設客衣組、乾洗組、濕洗組、熨衣組。主要負責洗滌客衣、旅館所有布巾類及員工制服。

(二)旅館房務部組織機構圖

　　房務部的組織機構如**圖9-1**所示。

二、房務部經理工作內容與職責

　　房務部經理的直接上級是客房部經理，直接下級是部門各級職員工。

　　房務部經理對客房部經理負責，統管並指揮本部門客房樓層、公共區域等各項工作，進行計畫、組織、協調、控制、指導和管理，並定期考核、培訓下屬，使部門內各單位保持高水準的運作。

(一)工作內容

1. 參加館內有關會議：每週之週會、每天晨會、每月服務品質檢討會、行銷工作會、成本分析會等。
2. 主持每天的部門例會。
3. 檢查前一天晚班工作記錄。查看有關報表：部門值班記錄、客房狀態

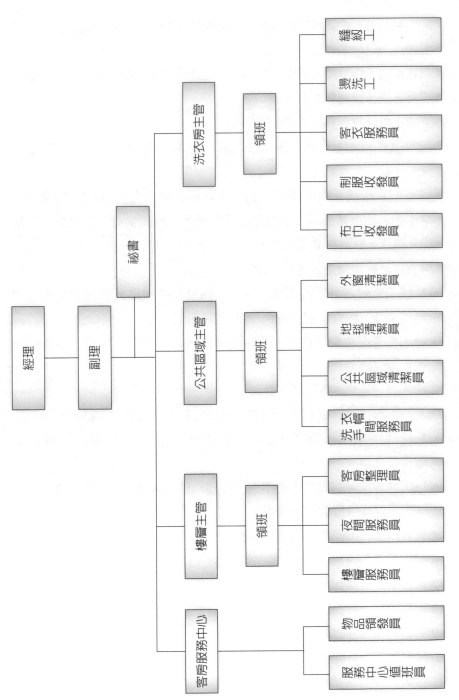

圖9-1 房務部組織圖

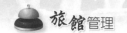

的電腦報表、貴賓用房和各類重點團體的接待計畫、部門營業日／月報表。

4. 制定部門工作目標，製作年度預算及工作計畫，傳達上級指示和任務。

5. 瞭解客情，瞭解VIP情況。

6. 安排主管班次，布置任務並進行分工。

7. 巡視樓層，向員工道早安，並檢查員工服裝儀容及工作流程的完成情況。

8. 巡視公共區域，客用洗手間的衛生狀況。檢查監督各個工作區域的清潔衛生和服務品質，發現問題及時處理。每天檢查公共區域，出風口、燈罩、銅器的清潔情況。

9. 檢查每日計畫衛生的完成情況。

10. 督導主管對各分部的管理，確保工作流程的標準及各種規章制度的落實實施。檢查主管一週例行事項的完成情況。

11. 每天抽查客房整理情況，並檢查重點賓客房間衛生狀況、設備狀況和布置規格。

12. 徵求賓客意見，處理賓客投訴。

13. 及時瞭解物品供應和消耗情況，降低消耗，控制成本。每月對客用消耗進行分析，制定客房用品消耗控制範圍，達到最佳消耗量，使旅館取得好效益。

14. 每天巡視設備的維修保養情況，巡視地毯（地板）、壁面、壁紙保養情況。瞭解待修房的維修情況。

15. 負責本部門所使用機器設備的維護保養與更新。

16. 每天檢查各種布巾、洗衣服務的收發工作情況。

17. 每月定期組織衛生檢查，及對客服務品質檢查。

18. 每月組織一次固定資產保管情況的盤點。

19. 與其他相關部門協調溝通，密切合作。

20. 檢查勞動力分配情況，杜絕忙閒不均，有效的控制人力成本。

21. 每天根據查房情況對下屬員工進行考核，按獎懲制度實施獎懲，並

督導實施部門員工的培訓，提高員工素質。

22.完成上級臨時交辦事項。

(二)工作職責

1.根據旅館全年的工作計畫及經營方針，確保房務部工作正常運轉。

2.負責客房的清潔衛生、維修保養、設備折舊、成本核算、成本控制等工作。

3.監督、指導、協調全部客房活動，為住客提供優質服務。

4.配合並監督客房銷售控制工作，保證客房最大住房率。

5.負責客房的清潔、維修、保養。

6.保證客房和公共區域達到衛生標準，確保服務優質，設備完好正常。

7.管理好客房消耗品，制定客房預算，控制客房支出，並做好客房成本核算與成本控制等工作。

8.制定人員編制、員工培訓計畫，合理分配及調度人力。

9.檢查員工的禮節禮貌、服裝儀容、勞動態度和工作效率。

10.與客務部做好協調，控制好房態，提高客房住房率和對客的服務品質。

11.與工程部做好協調，做好客房設施設備的維修、保養和管理工作。

12.任免、培訓、考核、獎懲客房部主管、領班及基層員工。

13.按時參加旅館例會，傳達落實會議決議，及時向客房部經理彙報，主持部門例會。

14.負責各部門的協調、處理客人的投訴，建立與住店客人的友好關係。

15.檢查VIP客房，使之達到旅館要求的標準。

三、房務部領班工作職責

(一)職務概述

　　現代旅館的領班，從管理層次來說，處於旅館管理的重要職位，直接面向員工和顧客，對員工進行督導管理，起著承上啓下的作用，是房務部最基層幹部。因此，一些管理學者賦予旅館督導者領班多元角色作用：是領袖，是訊息傳達者，是導師，是裁判，是模範，是諮詢者。領班是房務部最基層的管理工作者，其主要職責是檢查指導房務員的工作，確保出租給客人的每一個房間都是乾淨衛生、舒適優質的合格「產品」。

(二)職責範圍

　　1.檢查服務員的服裝儀容、行爲規範及出勤情況。

　　2.合理安排工作任務，分配每人負責整理和清掃的客房。

　　3.分發員工每日工作表格，並通知VIP及有特殊要求的房間。

　　4.檢查督導服務員按流程標準操作。

　　5.保管樓層總鑰匙（floor master key）。

　　6.按照清潔標準檢查客房衛生。

　　7.檢查樓層公共區域、角落、防火通道的衛生，並負責安全檢查。

　　8.隨時檢查，督導員工清除地毯、地板的汙跡。

　　9.檢查計畫衛生執行情況。

　　10.確保每日對VIP房的檢查。

　　11.與櫃檯接待保持聯繫，按流程規定每日通報客房情況，掌握客房出租情況，準確報告房間狀態。

　　12.檢查報修、維修情況。

　　13.控制客用品和清潔品的發放、領取，嚴格控制酸性清潔劑。

14.記錄物品丟失、損壞,及時向上級報告。

15.督導員工對工作車、清潔工具設備的清潔與保養。

16.貫徹、落實執行房務部各項規章制度。

17.調查客人的抱怨、投訴,並提出改進措施。

18.處理客人的委託代辦事項。

19.定期向上級提出合理化建議。

20.負責客房倉庫每月盤點。

21.每日檢查客房迷你吧飲料的消耗、補充和報帳情況。

22.每天檢查服務員的交班記錄情況。

23.完成上級臨時交辦事項。

四、客房樓層房務員工作職責

(一)職務概述

　　樓層房務員需要相貌端正,笑容親切,具備良好的協調能力,服務意識強,服從性高,性格活潑開朗。房務員要準時上下班,不遲到不早退,服從上級幹部安排;按標準要求清掃整理客房和樓層公共區域,為客人提供乾淨安全的客房環境,滿足客人的服務需求,負責本區域的安全工作。

(二)工作職責

1.掌握樓層的住客狀況,為客人提供迅速、禮貌、周到、規範的服務。

2.保證客房和樓層公共區域的安全、清潔、整齊、美觀,為賓客創造一個幽雅舒適的居住環境。

3.按照操作流程打掃房間,發現房內設備有損壞應立即彙報,房間布置做好規格化、標準化,熟悉房間的各種設備、使用和保養,每天檢查房間設備運轉情況,發現損壞及時通知房務中心,報有關部門進行維

修，並做好記錄。

4.管理好樓層定額物資、棉織品，控制客用消耗品，防止流失。

5.保持工作間、消毒間及衛生間等工作區域和工作用具的整潔。

6.完成直接上級交辦的其他工作事項。

7.向直接上級彙報工作中遇到的問題。

8.參加班組培訓，提高工作技能，滿足賓客需求。

9.熟悉旅館服務專案、服務時間及電話號碼；熟悉客情。

10.按要求標準負責所分配房間的清潔衛生和物品布置及補充工作，負責客房所在的走廊、地面、壁面清潔。

11.掌握所負責房間的住客情況，對住客房內的貴重品、自攜電器等，要細心觀察做好安全工作，對客人的一切遺留物品要及時如數上繳，不得私自處理，並做好記錄。

12.住客如丟失鑰匙要立即報告，不得擅自為他人開房間。

13.完成上級臨時交辦事項。

五、房務中心秘書工作職責

(一)崗位職責

房務中心即是房務部的辦公室，負責處理辦公室事務的人員稱為秘書或稱為辦事員，協助房務經理處理房務相關的統計、記錄檔案等行政工作。

(二)工作內容

1.每天早上核對櫃檯傳送之資料：(1)今天退房客人名單；(2)今天預定到店之客人名單；(3)昨晚所有住宿客人名單；(4)要求櫃檯給予今天之VIP名單。

2.核對及檢查各樓層之鑰匙，並記錄分發情形。

3.接受客人電話之服務要求，記錄及適時聯繫各樓層房務員。

4.接受各樓對房間之情況變化報告，做正確記錄，並輸入電腦，使配合櫃檯之運作更精準靈活。

5.不斷地檢視電腦的房間狀況，以儘快獲知剛退房之資料，不斷地轉知各樓房務員，使工作推展順利。

6.對櫃檯安排之團體房號，及時查核有無重複，並儘快分送各樓。

7.一般日常客房用品和辦公用品之申請、分發與保管。

8.記錄及填寫緊急、一般修理之申請表。

第三節　客房功能區分

　　客房的基本功能有：休息、辦公、通訊、休閒、娛樂、洗浴、化妝、行李存放、衣物存放、會客、早餐等。當然，由於旅館性質的不同，客房的基本功能會有所增減。客房是旅館重要的私密性休息空間，是「賓至如歸」的直接顯現，旅客經過一天的參觀旅遊，非常勞頓，回到旅館最主要的任務就是休息睡覺，要有一個舒適放鬆靜謐的休息環境，所以客房的設計定位應是最能體現休息功能為主要設計目的空間。

一、客房功能設計的基本要求

　　客房功能的基本設計只有一個要求：必須方便客人使用，又要方便旅館管理。一個旅館客房功能的設計如果給客人使用帶來不便，給管理上增加成本，不能產生良好的經濟效益，那麼設計即使再前衛先進，也算不上優秀的設計。客房的呈現要滿足三個方面：

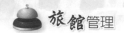
(一)舒適感

舒適是客人對客房商品的基本要求,也是追求生活品質的一種體現。舒適是客人的一種感受,是由客人主觀評價構成。在客房商品的功能設計中,要提高舒適感,主要應處理好以下幾個方面問題:

1. 客房空間大小:通常情況下,客房面積越大,舒適度就越高。旅館客房的淨高度應在270公分左右,但客房面積沒有統一標準,客房面積大小與旅館客房的等級密切相關。
2. 客房設備與用品配置:客房設備包括床、家具、電器、衛浴清潔用品等,是構成客房商品實用性的條件之一,其配置是影響客房舒適程度的重要因素。
3. 室內照明:室內照明除了為客人提供燈光,還有改善空間感和渲染氣氛等作用,以獲得最佳的視覺效果,增強客房環境的美感和舒適感。
4. 窗戶設計:客房窗戶主要出於採光、調節空氣、日照及安全方面的考慮,但也與景觀有很大關係。

(二)健康性

1. 噪音控制:客房噪音主要來源於客房內部和外部兩個方面。
2. 空氣品質控制:空氣品質直接影響客人健康,主要涉及溫度、濕度、通風等因素。

(三)安全感

安全是客人選擇旅館的首要條件,也是客房管理的重要內容。

1. 消防設施:安全性首先體現在對火災的預防方面。
2. 防盜設施:防盜設施首先是房門。房門上裝有貓眼(窺視眼)、門鏈,門鎖系統現在多採用技術先進、安全係數較高的磁卡鑰匙等高科

技產品。

另外，客房功能設計在保證其舒適感、健康性和安全感的同時，還必須注意功能使用的方便性。因為方便滿足客人的需求、提高工作效率和服務品質是基本要求。

二、客房商品的主要功能區分

(一)睡眠空間：客房最基本的空間，最主要的家具是床

床的品質要求是床墊與彈性底座有合適的彈性、牢度好，可以方便移動及優美的造型。床頭櫃是與床相配套的家具用品，它不僅能方便客人放置小件物品，更能滿足客人在就寢期間的各種基本需求，如利用安裝在床頭櫃上的電器開關，開啟電視、床頭燈、小夜燈（腳燈）、房間燈、音響，並放置時鐘、電話等。

(二)盥洗空間：客房的衛浴室是客人盥洗空間

主要衛浴設備有浴缸、馬桶、洗臉盆等。浴缸帶有淋浴噴頭、浴簾，防滑扶手、防滑墊，上方的壁面有置物架和晾衣繩。洗臉盆設在大理石的檯面裡，上方壁面有大片鏡面。檯面上可放置各種供客人使用的梳洗、化妝及衛生用品。檯面兩側的壁面上分別裝有不鏽鋼的毛巾架、吹風機和電話，檯面下側配有面巾紙盒，馬桶旁裝有捲紙架。此外，衛浴間應有通風換氣裝置，地面有排水孔。

(三)起居空間：窗前區

標準房的起居空間在窗前區，該區配置的起居家具為沙發、茶几，供客人休息、會客、觀看電視和透過窗戶眺望館外景觀。此外，還有供客人飲食

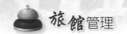

的功能，客人在此飲食、進茶、吃水果及其他簡便食物。

(四)書寫空間：床的對面

　　標準房間的書寫空間在床的對面，該區放置寫字桌（梳妝桌）、化妝凳。桌的檯面上有檯燈、文件夾。如果該客房不設獨立電視櫃，則電視放在寫字桌一側的檯面上。在桌檯的牆壁上裝有一面梳妝鏡，因此寫字桌也可兼為梳妝桌，客人在此既可書寫辦公，也可梳妝打扮。

(五)儲物空間：在衛浴間對面

　　儲物區一般安排在浴室的對面，進出房間的走道旁，這裡的家具設施有衣櫃、行李架和放置各種飲料的小冰箱，稱之為「迷你吧」（mini bar），迷你吧擺放各種小瓶名酒、各種飲料和食品（通常為餅乾、巧克力、豆干、魷魚絲等），另外，也擺放免費兩瓶礦泉水與茶包、咖啡包，以滿足客人對酒類、飲料和食物的需要。

第四節　客房整理流程

一、客房清掃的一般原則

1. 從上到下：例如，抹拭衣櫃時應從衣櫃上部抹起。
2. 從裡到外：尤其是地毯吸塵，必須從裡面吸起，再到外面。
3. 先鋪後抹：如果先抹塵，後鋪床，鋪床揚起的灰塵就會重新落在家具物品上。
4. 環形清理：在清潔房間時，亦應按順時針或逆時針方向進行以避免遺漏。家具物品的擺設是沿房間四壁環形布置的，因此，行環形清掃，

以求時效。

5. 乾溼分離：在抹拭家具物品時，乾布和溼布要交替使用，針對不同性質的家具，使用不同的抹布。例如，房間的鏡子、燈罩，衛生間的金屬電鍍器具等只能用乾布擦拭。

二、房間清潔衛生標準

1. 眼看到的地方無汙跡。
2. 手摸到的地方無灰塵。
3. 設備用品無病毒。
4. 空氣清新無異味。

三、房間清潔衛生「十無」

1. 牆角無蜘蛛網。
2. 地毯（地面）乾淨無雜物。
3. 樓面整潔無害蟲（老鼠、蚊子、蒼蠅、蟑螂、臭蟲、螞蟻）。
4. 玻璃、燈具明亮無積塵。
5. 布巾類潔白無破爛。
6. 茶具、杯具消毒無痕跡。
7. 銅器、銀器光亮無銹汙。
8. 家具設備整潔無殘缺。
9. 牆紙乾淨無汙跡。
10. 衛浴間清潔無異味。

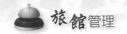

四、客房清掃流程

1. 上班換好工作服到房務中心報到，接受領班對服裝儀容的檢查，領取樓層用清潔磁卡，參加領班召開的勤前會。
2. 接受領班分房，瞭解房態。
3. 房間清潔次序：(1)VIP房，接到通知或客人離開房間後，第一時間清掃；(2)住客房，客人要求打掃；(3)離店房；(4)空房。

　　旅館對當天離店客人房間的清掃，就是離店房（on change）的清掃。離店房清掃和流程可以用九個字來概括：進、撤、鋪、洗、抹、補、吸、檢、燈（登），具體內容如下：

(一)進

1. 輕輕敲門三次，每次三下，報稱「Housekeeping」。
2. 緩緩地把門推開，把「正在清潔牌」掛於門鎖把手上，房門打開著，將服務車擋住房門的三分之二至工作結束為止。
3. 檢查電器設備有無損壞（注意檢查燈泡），家具用品有無損壞，配備物品有無短缺，是否有客人遺留物品，有損壞或有遺留物品及時報房務中心。
4. 把窗簾、窗紗拉開，使室內光線充足，便於清掃。
5. 打開窗戶，讓房間空氣流通。

(二)撤

1. 放水沖掉馬桶內的汙物，接著用清潔劑噴灑「兩缸」，即面盆、馬桶。然後，撤走客人用過的「三巾」，即面巾、方巾、浴巾。
2. 按次序檢查衣櫃、組合櫃的抽屜，遺留物品應在第一時間交給房務中心。想方設法儘快交還給客人，並在工作日報表上做好記錄。

3.用房間垃圾桶收垃圾，如果菸灰缸的菸頭還沒有熄滅，必須熄滅後方可倒進垃圾桶，以免引起火災（現在大部分旅館已全面禁菸，因此客房不擺放菸灰缸，若在客房吸菸則收取清潔費）。

4.撤掉用過的杯具、加床或餐具。

5.清理床鋪，將用過的床單撤走，放入清潔車一端的布巾袋裡。

(三)鋪

1.調整床墊：注意床墊的翻轉（每季上下翻轉一次）使床墊受力均勻，床墊與床座保持一致。

2.鋪床單：

(1)將折疊的床單正面向上，兩手將床單打開，利用空氣浮力定位，使床單的中線不偏不離床墊的中心線，兩頭垂下部分相等。

(2)包邊包角時注意方向一致，角度相同，緊密，不露巾角。

3.套被套：

(1)將被蕊（羽毛被）平鋪在床上。

(2)將被套外翻，把裡層翻出。

(3)使被套裡層的床頭部分的兩角，向內翻轉，用力抖動，使被蕊完全展開，被套四角飽滿。

(4)將被套開口處封好。

(5)將棉被床頭部分翻折25公分，注意使整個床面平整、挺括、美觀。

4.套枕套：

(1)將枕蕊裝入枕套，使枕套四角飽滿，外形平整。

(2)一隻枕頭在下，一隻枕頭在上並斜靠在床頭板的中間，成45°斜角。

5.檢查鋪床的整體效果：床鋪好以後，應該先打掃衛浴間，以便留一定的時間，等因鋪床而揚起的灰塵落下後，再用抹布拭塵。

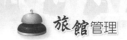

(四)洗

衛浴間是客人最容易挑剔的地方，必須嚴格按操作規程進行，使之達到規定的衛生標準。清洗前要打開抽風機，戴上手套。

1. 用清潔劑再次噴灑「兩缸」。
2. 處理紙屑筒垃圾。將舊剃刀片、碎肥皂、用過的浴液瓶、洗髮瓶、牙膏等扔進垃圾桶一起倒掉。
3. 洗菸灰缸、香皂碟。
4. 洗刷洗臉盆，注意洗臉盆水龍頭上的汙跡。
5. 淋浴噴頭放水沖洗牆壁。
6. 刷洗馬桶、坐板和蓋板。並要特別注意刷乾淨馬桶內的出水口、入水口、內壁和底座等。
7. 用乾抹布抹乾菸灰缸、香皂碟、抹面巾紙盒、衛浴間燈開關、插座、鏡子、洗臉檯、臉盆及水龍頭、面巾架、卷紙架、電話、牆壁、衛浴間門板等。
8. 用另一抹布抹坐廁及其水箱。
9. 將抹乾淨的垃圾桶裝入塑膠垃圾袋放回原位。
10. 用專用的抹地布將地面抹淨。清潔後的衛浴間一定要做到整潔乾淨、乾燥、無異味、無髒跡、皀跡和水跡。

(五)抹

1. 從門外開始抹起至門外，並注意門把手和門後的安全圖的抹拭。
2. 按順（或逆）時針方向，從上到下，把房間的家具、物品抹一遍，並要注意家具的底部及邊角位均要抹到。
3. 注意區別乾、濕抹布的使用，如對鏡子、燈具、電視機等設備物品應用乾布擦拭；家具表面上的灰塵要用專門的除塵器具；牆紙上的灰塵切忌用濕抹布擦拭。

4.檢查房內電器設備，在抹塵的過程中應注意檢查電視機、音響、電話、燈泡等電器設備是否有毛病，一經發現立即報修，並做好記錄。

5.除了乾擦以外，房內設施、設備如有汙跡或不光滑，還要借助於洗滌劑等物品對家具進行洗滌等項工作。

(六)補

1.補充衛浴間內的用品，按統一要求整齊擺放。

2.面巾紙、卷紙要折角，既美觀又方便賓客使用。

3.「三巾」按規定位置擺放整齊。

4.補充房內物品，均需按旅館要求規格擺放整齊。

5.補充杯具。

房間物品的補充要根據規定的品種數量及擺放要求補充、補足、放好，注意商標面向客人。

(七)吸

先把吸塵器電線理順，插上電源，把吸塵器拿進房間才開機。

1.先從窗口吸起（有陽臺的房間從陽臺吸起）。

2.吸地毯時要先逆紋，後順紋方向推把。

3.吸邊角位時，有家具阻擋的地方，先移動家具，吸塵後復位。

4.吸衛浴間地板。要注意轉換拖把的功能，使其適宜硬地板，地板有水的地方不能吸，防止漏電和發生意外。吸塵時要注意把藏在地板縫隙裡的頭髮吸走。

(八)檢

檢就是自我檢查。房間清掃完畢，客房服務員應回顧一下房間，看打掃得是否乾淨，物品是否齊全，擺放是否符合要求，清潔用品或工具是否遺

留。最後，還須檢查窗簾、窗紗是否拉上，空調開關有否撥到適當位置。

(九)燈

1.將房內的燈全部熄滅。

2.將房門輕輕關上。取回「正在清潔牌」。

3.登記進、離房的時間和做房的內容或特殊狀況。

住客房間（即續住房）客房清掃次序相同，但應注意：

1.注意清點客房的物品，包括布巾類（旅館的財產）。

2.客人的書冊、文件、雜誌等稍加整理。

3.床頭櫃或床上的小片紙張不隨意扔放。

4.睡衣、褲、袍疊好放於枕邊，西服用衣架掛好。

5.貴重物品不要動。

6.禁止翻動客人物品、雜誌或其他用品。

7.檢查電器。

8.不得接聽打到房內的電話。

第五節　客房送餐服務

　　客房送餐服務（room service）很多旅館只限營業至半夜零時，規模大的旅館也許至凌晨二時。而旅館客房餐飲傾向二十四小時服務乃是愈來愈普遍化的趨勢，因為現代人有更富變化的生活方式，用餐不再是遵循三餐定時的原則，夜生活的人迅速增加，進食時間的變化，使旅館全天候的客房餐飲有存在理由，且前景看好。

　　客房送餐的服務大多附屬在旅館餐廳（中餐或西餐），但大型旅館業務量多，因而獨立成一專責的「客房餐飲部」。

一、客房送餐的服務流程

(一)接聽送餐服務的訂餐電話

1. 接受訂餐時應禮貌回答:「你好,客房餐飲部,請問您有什麼需要服務的?」
2. 記錄客人所點菜品。
3. 主動推薦食品飲料。
4. 詢問客人房間號、姓氏,並重複客人所點菜內容。
5. 工作要求:
   (1) 鈴響三聲內接聽電話。
   (2) 重複客人點菜內容。
   (3) 與客人確認用餐人數、房號、有無忌口菜品。
   (4) 告訴客人送餐到達的準確時間,向客人表示感謝。
   (5) 等客人先掛電話方可輕輕掛斷電話。

(二)送餐服務前的備餐

1. 根據客人所點菜品準備餐具、布巾。
2. 準備鹽、胡椒、辣椒、醋等調味品、花瓶等。
3. 將客人所點菜餚按要求整齊擺放餐車上。
4. 確認帳單與客人所點菜品是否一致,將帳單放在收銀夾內。
5. 送餐時檢查個人服裝儀容是否符合要求。
6. 登記餐具。
7. 工作要求:
   (1) 餐具、布巾潔淨無破損。
   (2) 按客人點菜要求在餐車或托盤上鋪好檯布,擺放餐具。

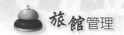

(3)將餐車上保溫燈點燃,確保菜品溫度。

(4)菜餚按規定用保鮮膜封蓋。

(三)擺檯

1.餐車上鋪好乾淨的檯布。

2.根據客人所點菜品準備餐具。

3.餐車邊上擺放鮮花。

4.準備餐巾紙。

5.工作要求:

(1)檢查餐具是否破損。

(2)檢查檯布是否乾淨無破損。

(3)調料盒是否潔淨。

(四)送餐

1.送餐前核對房號、時間及客人所點的食品飲料。

2.進入房間,按門鈴徵得客人同意後進房;如房門掛有「請勿打擾」,應到工作間打電話,問客人現在送餐是否方便。

3.向客人問好,並擺放餐食。

4.按規定要求擺好餐具及其他物品,為客人拉椅,請客人用餐。

5.詢問客人還有什麼需要。如不需要,即禮貌向客人致謝。

6.帳單事先寫好房號,請客人簽帳單確認。

7.離開客房。

8.工作要求:

(1)按門鈴時說:「Room Service送餐服務」,在徵得客人同意後方可進入房間。

(2)用客人姓氏向客人問好,並報菜名,徵求客人對擺放餐食位置的意見。

(3)離開客人房間時，應面朝客人退出客房，出房時隨手輕輕關上房門。

(五)結帳

1.進客人房間前，應根據客人點菜金額事先準備找零（避免二次打擾客人）。

2.結帳前服務員應核對帳單，確定無誤後用帳夾送上帳單，請客人付帳。

3.先徵求客人如何付帳（入房帳或付現金），根據客人情況結帳。

4.工作要求：

(1)送帳單時要雙手奉上。

(2)如客人簽房帳應看客人的房卡，核對房號及姓名；如客人付現金應當面點清付款金額，並詢問客人發票是否附在房帳以便退房一併收取。

(六)收餐

1.敲門徵得客人同意後方可進入房間，如客人不在房間應找樓層服務員一起進入客房收餐；如門上掛有「請勿打擾」，應告訴樓層服務員此房間有未收餐具，由樓層服務員收餐具。

2.收餐完畢離開客房應走員工通道。

3.做好所收餐具的記錄工作。

4.清潔工作車，更換髒布巾。

5.領取物品，做好再次送餐準備工作。

6.工作要求：

(1)告知客人收餐具時間，徵得同意後再前來收取餐具。

(2)將帶回的餐具放洗碗房清洗（晚上9:00以後不能收餐打擾客人，次日由專門收餐人員負責收回）。

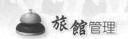

二、客房送餐狀況處理

送餐服務是指餐飲服務員將客人所點的食物送到客房的一種服務。在具體操作中，要注意以下一些事項：

(一)有關作業安全事項

1.推餐車時要小心翼翼（手頂托盤亦同）。
2.在進入房間前先看看地面狀況。
3.進入房間前先把客房內的擋路東西移開，或是禮貌地要求客人移走，以便容易進入服務。
4.進入房間後發現房內有槍械、禁藥、違禁物、寵物或是損壞房間時，勿與客人爭辯或衝突，在送完餐後立刻回來報告主管處理。如果情況讓服務員心生悸怕，要鎮靜地儘速離開，將遇到的情況報告給主管。
5.務必把餐車推進客房裡。要是客人不讓服務員進入房間，要等客人把所有東西拿進房間才可離去。畢竟把餐車放在樓層走道是相當危險的事。
6.把房間的門開至與門擋牢貼，以確保送餐安全，進入房間後房門要保持打開狀態。

(二)住客本身狀況

1.客人睡眠中：有些客人很易酣睡，敲門、按電鈴都無回應，這時試著打電話進客人房間很有效果。
2.酒醉的客人：遇到醉客時，如果還有旁人，較不成問題。如果單獨與醉客獨處時，送餐後應隨即離開，必要時報告客房部經理或值班經理知道，以做必要之協助，也須讓客房餐飲的主管知道所服務的房客是醉客。

3.衣衫不整行動輕佻的客人：這種情況要保持小心謹慎。要告訴衣衫不整的客人，自己暫時出去門口等候，俟客人穿好衣服後再進門服務。很禮貌婉轉地回拒客人輕浮行為，如果令人不能忍受，則要迅速離開並報告主管或安全警衛。

4.生病的客人：要詢問客人是否需要醫務上的協助，如果是的話，要馬上通知總機採取必要之幫忙。記得保護自己以免被客人感染，特別是嘔吐物或血液、唾液等，都有病原，要請受過衛生訓練的服務員速來處理乾淨。

5.槍械、違禁物或大量現鈔：事後要立即報告主管，以便保護自己。

6.損壞客房設備：損壞客房設備的原因很多，例如夫妻吵架，或心理變態者，以搗毀設備為樂。這些行為當然造成旅館的損失，要報告主管或值班經理關於損壞程度，以決定客人賠償金額。

7.攜帶寵物：立即報告客房部主管前來協助，要求客人帶開寵物，以免在服務當中冒著被動物咬傷、抓傷的危險。通常寵物是不被允許帶入旅館的。

8.客房維修問題：送餐時客人也許會向服務人員提及設備不良或故障，這時需告訴客人會立刻請人來修復，並立即以電話通知工程維修部門，請速派人來修復設備。

三、客房送餐的服務禮儀

客房送餐服務是指服務員將客人所點的餐食送到客房的一種服務，在具體操作中，要注意以下一些事項：

1.注意效率：從電話接受點餐，到及時將餐點送至客房，要求服務員快速辦理，如需要等候，也要和客人事先約定送餐時間，以免讓客人久候。

2.語言得體：語言得體具體表現在向客人介紹菜餚口味、特點等方面，

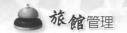

要力求專業，同時注意交談的距離、高度，不能因距離和高度的掌握
不好，而將口水飛濺到菜餚上造成客人不快。對客服務時，退後一
步，身體前傾，便能表現出自己的專業及對客的恭敬。

3.動作優雅：從送餐進入客房，到餐桌前為客服務，服務員都應注意動
作的優雅。所有餐具的拿法都要注意不能用手觸及客人使用的區域，
操作要考慮客人的感受，動作優雅大方，操作嫻熟。

4.及時整理：客人用完餐後，應及時整理及收拾餐具，以保證客房環
境，方便他人。收取餐具前，須和客人預約收取時間，給客人有足夠
的用餐時間，以免給客人感覺匆促而有時間壓力。

 ## 第六節　房務員服務規範

　　旅館能否提供高水準服務，其關鍵取決於服務員的素質、服務能力和是
否落實規章要求。客房服務人員與客人接觸較多，服務工作好壞，直接關係
到客房部服務的品質。

一、服裝儀容

1.保持良好的個人衛生，制服上無汙漬，乾淨整齊，上衣的鈕扣要隨時
扣好，不得以任何理由鬆開鈕扣。

2.工作時間一定要配戴姓名牌。

3.手指甲要保持清潔，頭髮梳理整齊，男士的頭髮不可長過衣領，不許
留小鬍鬚和大鬢角。

4.女性員工的髮型要符合旅館要求。

5.上班時皮鞋要保持烏黑發亮，不可穿拖鞋，按規定穿黑鞋黑襪。

6.禁止在公眾場合剪指甲、剔牙、挖鼻孔、梳頭髮、玩手機以及辦私
事，不可隨地吐痰。

二、一般規定

1.不得使用客用電梯、客用洗手間。

2.在樓層通道、電梯內、辦公室、公共場所或任何地方，拾到他人遺失物品，均不得私自保留，應立即交到房務中心（房務辦公室）。

3.提前上班，以便有足夠的時間更換制服。

4.不能無故曠職，如有特殊情事應立即通知房務辦公室。

5.下班後須立即離開旅館，禁止使用旅館為客人提供的設施，如需在館內消費，事先要提出申請獲得許可。

6.在指定的樓層工作。

7.在客房內發現任何物品損壞、丟失或其他異常現象，應立即報告領班。

8.如發現客人在房間裡吵鬧、喧譁、發病或酒醉，立即報告領班或通知房務辦公室。

9.在任何情況下，都不能把小塊肥皂或任何東西扔到馬桶裡面去。

10.員工只能使用員工用之電梯，在緊急狀況下得到房務部經理、副理的批准後才可以使用客用電梯。

11.工具需存放在庫房內，在存放前須將工具澈底清理乾淨。

12.清掃客房時，房門需打開，不可關閉。工作車應擺在門口。

13.需要看病時，應事先報告領班，如未經批准擅自離開，應得到處分。

14.工作前下班後將工作車清理乾淨並布置整齊。

15.不得將浴室布巾和房間布巾當作抹布使用。

16.不得使用客房內的任何設備，如床、沙發、電話、馬桶等。

17.不得接聽有住客房內的電話。

18.不要向客人提供有關旅館管理人、同事和其他客人的私事或秘密。

19.若旅館發生任何重大事情，不得對外透漏，由公司公關部統一對外發言。

20.如發現異常問題,迅速報告領班,以利於正確處理問題。

21.在房內或公共區域發現貓、老鼠、昆蟲、蟑螂等,迅速報告主管。

22.嚴禁媒介色情,若被查知則予以解僱並且負法律責任。

23.若客人要求代購藥品,應婉言謝絕。

24.服務客人後,不得期待或向客人索取小費,向客人主動要小費將被處分。

結 語

　　房務部是旅館的重要盈利部門之一,主要為客人提供舒適、清潔的房間以及優良的服務和安全保障。客房是旅館的主體部分,是旅館向客人提供住宿和休息的主要設施,也是旅遊者旅途中的「家外之家」。而其工作的重點是管理好旅館所有的客房,透過組織接待服務,加快客房週轉。

一、客房在旅館中的重要性

1.客房是旅館的重要組成部分,是旅館經濟收入的主要來源。

2.客房是旅館出售的最大商品,同時也是利潤的主要來源。

3.客房服務品質是旅館服務品質的重要標誌。

4.客房作為旅館的商品出售,必須具備以下五個方面的基本要求:

　(1)客房空間的要求:依現時潮流走向,標準間客房淨面積(含衛浴間)最少概在10～12坪左右,標準間高度不能低於2.7公尺。

　(2)客房的設備要求:房間內的物質設備,如床、地毯(或木質地板)、電視、電話、空調及家具等一系列應有的基本設備,是構成客房商品有用性的重要條件之一,必須做到品質良好的保證。

　(3)供應物品的要求:包括服務指南,電視節目表、茶葉、信紙等都應符合要求,否則會給客人的生活帶來不便。

(4)客房運轉的要求：客房的設備設施只有在正常運轉的狀態下才能為客人提供合格的服務。

(5)客房衛生的要求：客房是否清潔衛生已成為顧客選擇住宿的首要條件。

二、現代旅館客房作業的特點

1.生產與服務同步。

2.複雜性。

3.隨機性。

三、客房服務員的基本素質

1.品質好，為人誠實，具有較高的自覺性。

2.責任心強，工作踏實，善於與同事良好合作。

3.動手能力要強，身體素質要好，工作效率要高。

四、客房部的任務

1.做好旅館的清潔衛生，為客人提供舒適的場所。

2.做好客房接待服務，保障客人的安寧環境。

3.降低物品消耗，維持客房設備設施的正常運轉。

4.協調與其他部門的關係，保證客房服務需要。

行銷管理

- 行銷管理的作用與特點
- 行銷管理的內容
- 旅館行銷實務法則
- 資料分析（SWOT分析）與旅館行銷
- 行銷部門各崗位職責
- 結　語

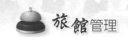

　　旅館行銷是指推銷者為了使顧客青睞於旅館的產品或服務所做的一切決定和採取行動，它包括發現顧客欲望，提供產品滿足顧客的需求，確定最好的銷售管道，向潛在顧客傳遞訊息。

　　旅館行銷是市場行銷的一種，也是飯店經營活動的重要組成部分。它始於旅館提供產品和服務之前，主要研究顧客的需要和促進旅館客源的增長的方法，致力於開發旅館市場的潛力，增進旅館的收益。市場行銷涉及到滿足顧客的需求產品，貫穿於從旅館流通到顧客的一切業務活動，最終使旅館實現其預設的經營目標。

　　從行銷定義來看，我們重新定義旅館行銷應該從如下幾個方面入手：(1)客戶是誰？(2)他們在哪裡？(3)如何找到他們？(4)如何吸引到旅館消費？(5)消費之後如何產生複購？

第一節　行銷管理的作用與特點

　　行銷（sales & marketing）不是銷售，它具有這樣一種功能：負責瞭解、調查研究顧客的合理需求和消費欲望，確定旅館的消費市場，並且設計、組合、創造適當的旅館產品，以滿足市場的需要。其作用如下所述：

一、行銷管理在旅館經營中的作用

　　隨著國內旅館業日益發展，國外知名連鎖旅館接踵加入分享這塊市場大餅，因此，成功的行銷是旅館在激烈的市場競爭中處於不敗之地的有效保證。

　　作為現代旅館的經營，市場行銷其核心作用已是行勢所趨，當然其行銷手段必須與旅館其他部門密切配合，如住宿客務與房務，用餐與餐廳會議與工程、音響，行銷部門常常代表顧客的要求和利益，而顧客的要求形形色色，有可能影響其他業務部門的工作常軌，行銷部應做好顧客與營業部門的

協調工作。市場行銷的作用在於溝通館內和客源間市場供求的關係，以求旅館的最佳效益。旅館行銷的最大作用有三點：

1.直接提高企業的品牌知名度與品牌價值。
2.促進全面優質管理的推行與應用，提高工作品質與管理水準。
3.大大提高顧客的滿意度，同時降低了各部門的管理費用，將會提高企業的盈利水準。

二、行銷管理的特點

旅館的產品是有形設施和無形服務的結合，它不是以單純物質型態表現出來的無形產品，作為銷售這些特殊的旅館產品的市場行銷，有綜合性、無形性、時效性和易波動性等特點。

(一)綜合性

1.顧客對旅館的需求除了住宿、餐飲等基本外，還有美食、購物、娛樂、訊息交流、商務活動、社交活動、文化活動等綜合需求。
2.現代旅館行銷與旅館各部門的員工密切相關，只要有一個環節或一位員工的服務使賓客不滿意，就會使客人壞印象而前功盡棄。

(二)無形性

1.服務是旅館主要產品，旅館所有的產品都伴隨服務出售，對旅館產品的品質評價，取決於顧客對服務產品的主觀感受。
2.旅館產品被顧客購買後，只是在一定時間和空間擁有使用權，而無法占有產品。

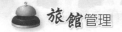

(三)時效性

即旅館產品有不可儲存性。

(四)易波動性

1.旅遊構成,食住、遊覽、購物缺一不可。
2.季節性波動,即通稱的淡季、旺季。
3.受政治、經濟、社會、自然因素的影響。

由以上可知,旅館的行銷根據其特點,有效組織相應市場的行銷,以追求最高效益。

第二節　行銷管理的內容

旅館企業的銷售管理方式與工業企業相比有著根本的差異性,不僅內容不同,其方式也不同。旅館企業的市場行銷管理基於一種現實,即任何旅館企業都不可能同時滿足所有類型的賓客需求。旅館行銷管理的主要內容如下:

一、開展市場分析

市場分析是市場行銷管理的重要內容之一。要在激烈的市場競爭中得到應得的占有率,首先要充分認識自己產品的長處和短處,包括設施、住房率、市場覆蓋面等,還要熟知不同客源的不同需求,以及競爭對手的長處和短處,主要做到四個認識:

1.認識旅館所在地的社會團體、工商團體、風景名勝、交通運輸、節日

假日、氣候等有關背景資料。

2.認識競爭者的設施設備、經營類別、格調、價位等詳細情況。

3.認識顧客情況建立顧客檔案。

4.認識旅館的客房住房率、營業收入、平均房價等營業情況。

二、制定市場行銷組合策略

旅館市場行銷的另一個重要內容就是制定市場行銷組合策略，透過市場分析，更加清楚地瞭解本旅館內部情況和現有的市場環境，準確地預測未來市場作出正確決策，這是關係到旅館經營成敗的關鍵。一般來講，旅館市場行銷組合策略制定的步驟是：

1.確定旅館目標，進行目標審定。

2.分析市場因素，進行市場選擇並制定市場發展策略。

3.制定市場行銷策略，進行財務可行性分析。

4.實施行動。

5.進行計畫與實際結果的比較分析。

三、制定銷售行動計畫

制定銷售行動計畫有下列步驟：

(一)制定旅館銷售行動計畫總策略

即旅館和各營業部門的總策略和總對策，其中包括：

1.市場行銷對策。

2.淡季和旺季對策。

3.利潤預測。

4.市場經營成本。

5.明確市場經營策略的近期任務和長遠目標。

6.確定增加銷售和提高利潤的指示。

7.制定所需時程的時間表。

(二)制定市場經營計畫的要點

1.需要解決的問題。

2.目標、背景、地點、交通、本地區的推銷特點。

3.優勢和劣勢分析。

4.按業務類別和不同客源分別列出優勢劣勢表。

5.現有市場容量，分析其存在的問題。

6.按客房、公共區域、前檯和後檯分別列出對產品需求的變化。

(三)制定銷售行動計畫的要點

1.行動計畫和行動時間表。

2.致潛在客人、過去客人的信函、電話和面對面推銷計畫。

3.週末促銷計畫，廣告及宣傳品的發放。

4.其他行銷方式。

5.員工培訓計畫。

6.館內行銷。

7.其他特殊的行銷方式。

四、實施銷售行動計畫

在進行市場分析、確定銷售策略、制定市場經營計畫和銷售行動計畫的基礎上，經旅館總經理批准後，全面實施銷售行動計畫。

1.擬定推銷對象，確定客源範圍。
2.開闢銷售管道，增加銷售網點。
3.簽署各種用戶合約。
4.拜訪客戶。
5.完成日常訂房業務。
6.建立客戶檔案。

五、開展公關活動

1.協調內外關係，樹立旅館形象。
2.協調與駐店客人、來訪者、新聞媒體、社區團體、工商企業、政府機關等人員的關係，透過新聞媒體宣傳旅館，策劃各種宣傳活動，透過各種管道掌握市場訊息，把旅館商品訊息傳播給社會大眾和駐店客人。

另外，實施旅館行銷管理，還包括製作銷售統計表、客源分析表、團體會議預定控制表等。

 ## 第三節　旅館行銷實務法則

旅館行銷是市場行銷的一種，也是旅館經營活動的重要組成部分。它始於旅館提供產品和服務之前，主要研究賓客的需要和促進旅館客源的增長的方法，致力於開發旅館市場的潛力，增進旅館的收益。市場行銷涉及到滿足賓客的需求產品，貫穿於從旅館流通到賓客的一切業務活動，最終使旅館實現其預設的經營目標。我們提出了旅館優秀行銷人員必須知道的一些實務法則，幫助大家提升行銷業績。

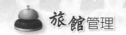

一、旅館行銷實務七要工作

(一)要做好客源預測工作

旅館透過預測才能考慮接下來的行銷步驟，預測需從多方面著手：

◆往年同期客源情況的分析

行銷人員應該細分和研究去年同期節假日每天客房出租情況，例如：每日出租房間數、散客房間數，以及來自合約的散客比例、來自訂房中心的散客比例等，從而將以往的資料與今年節假日預訂情況進行比較。

由於旅行社團體往往會作提前預訂，而且通常越接近節假日時，團體的房間數才會越確定，所以行銷人員應每隔一段時間與旅行社核對團體的訂房情況，確保數目的準確性。

◆關注節假日期間的天氣預報

由於假日客源主要是旅遊客人，旅遊客的消費屬休閒性自費旅遊，隨意性較大，所以，若天氣樂觀，可以留出部分房間以出售給臨時性的上門散客，若天氣情況不好，要多吸收一些團體，以保證客房的基礎售賣情況。

◆瞭解本市同類旅館的預訂情況

透過瞭解競爭對手和不同地段的旅館預訂情況，可以估計出自己旅館客房出租的前景。

◆關注各媒體報導

通常在節假日前幾天，各大媒體包括網上都會爭相從相關行業、旅館處瞭解到最新的情況，進行滾動式報導。

◆透過其他管道瞭解資訊

　　行銷人員可以從旅館主要客源來源地的旅館銷售界同行、旅行社、客戶那裡瞭解資訊。總之，旅館應該儘量透過準確的預測，以便做好節日長假到來的各項準備工作。

(二)要做好價格調整準備

　　根據監測情況，針對各種客源，制定不同的價格策略。新的價格要儘量提前制定，以便留出足夠時間與客戶溝通。

　　期間行銷人員有大量的工作需要落實，不僅透過電話、傳真、e-mail通知客戶，更要從關心客戶的角度出發，提醒客戶儘量提前預訂，以免臨時預訂而沒有房間。

　　在價格調整中，對於訂房中心的調整可以從網上進行瞭解，特別是要調查同類旅館的調價情況，結合客戶可以承受的能力和旅館自身情況綜合考慮，旅館銷售要從長遠的眼光來看待與客戶之間的關係，不能只做一次性買賣，因為建立良好的信譽是發展未來客源的基礎，絕不可因節假日遊人增多而「水漲船高」，肆意漲價。

(三)要合理計畫客源比例

　　根據調查與預測情況，合理做好客源的分配比例，如果預測天氣狀況不好，可以增加團體的預訂量，如果預測天氣較好，可以減少團體預訂量。旅館可以透過價格的上漲來合理控制或篩選不同細分市場。對於長期合作的團體，應儘量提供一定比例的房間。

(四)要合理做好超額預訂

　　很多旅館處於業績考慮，尤其是在節假日，通常會出現超額預訂的情況。為了降低超額預訂的風險，旅館可以透過以往節假日no-show和取消的資料進行統計比較，得出一個合理的百分比。從而實現既能夠最大限度地降

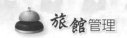

低由於空房而產生的損失，又能最大限度地降低由於未能做好足夠預訂而帶來的損失。

因此不僅僅是行銷人員要做好預測和超額預訂的策略制定，而且需要與櫃檯一線員工進行溝通、培訓，避免出現客人到店無預訂的情況，

(五)要提前做好服務準備工作

一到節日長假的旺季，所有的旅館人力和設施設備都有可能超負荷運轉，因此旅館必須提前進行設施設備的檢查，根據預測情況合理安排人手。這在平時可以交叉訓練員工，培養多面操作技能，也可以從學校預約一些學生打工兼職，準備好充足的人手。

由於在節假日時候，旅遊客人抵達時間一般會在白天，而前一天的客人退房時間會在中午十二時左右，因此必須準備好充足的服務人手以便能快速打掃、收拾房間。透過預測，其他各個營業場所（如餐飲等服務）也要提前做好準備。

(六)要進一步鎖定客源

旅遊客雖然是流動的客人，有一些往往是第一次來旅館入住，作為行銷人員要想方設法將這些客人鎖定，一方面透過旅館充分準備、提供優質服務，給客人留下一個好的印象；另一方面可以透過大廳副理拜訪客人、客房內擺放問候信、贈送小禮物、放置貴賓卡資訊表等來實現客人今後回頭的可能性。

(七)要做好相關方協調工作

1. 與同行旅館及時互通資訊，相互核對旅館房態，做到互送客源。
2. 定期檢查OTA（Online Travel Agent）平臺上的房態預訂情況。
3. 與每天預訂的客人進行核對，確認客人是否到來、抵達人數、抵達時間等。

OTA（Online Travel Agent）

所謂OTA即是將開團、旅客支付、出團操作等傳統旅行社業務線上化的旅行社，直接以OTA式創立的台灣代表如易遊網、燦星旅遊等。

　　透過以上幾個方面的行銷管理，不僅能為旅館帶來可觀的收益，更極大地提高了顧客的滿意度和忠誠度。

二、旅館行銷五忌

(一)忌主觀判定消費單位的信譽程度

　　目前，在旅館所有消費群體中，有些旅館掛帳消費占相當比重。旅館在衡量掛帳單位的消費多寡時，自然會根據該單位的實力、信譽程度來確定能否掛帳，以免發生呆帳、壞帳、死帳的現象。但是如果憑主觀判斷下結論，很容易出現誤判現象。

　　因此在交往的客戶中，積極穩妥的做法是一方面笑臉相迎，一方面用堅強有力的監管措施來不讓旅館利益受損。如可採取訂立詳細合約、縮短結帳時間、安排專人監察等措施來開方便之門達到新增客源之目的，一旦發現問題徵候再取消掛帳資格不遲。

(二)忌總經理很少登門拜訪

　　旅館總經理適時登門拜訪客戶是增進瞭解、加強友誼、鞏固客源的有效手段，這已被廣大同行所認識，但在具體實施中就相去甚遠了。

　　這裡面可能有幾個方面的原因：與自己同級別的還好說，去拜訪比自己低的客戶臉面上過不去；或一天到晚陷在旅館的雜務裡，事必躬親，結果累得無從顧及等。但是本著以客人為中心的想法，旅館總經理需要抽空進行走

訪，以及時瞭解客人需求，改進旅館產品與服務。

(三)忌走馬燈式拜訪

銷售經理在制定銷售員的量化指標時，切不可用拜訪次數的多少來衡量銷售員的業績，這種看似科學實則有悖常情的做法會產生消極影響。

銷售員與客戶的關係只是工作關係，經常因為工作去約見、打擾顯然不受客戶歡迎。次數多了，銷售員也意識到客戶的反感情緒，希望經常有優惠、打折、贈送、免費等好消息帶給客戶，活躍氣氛，增添談話內容，也加重自身的籌碼，但這是很有限的。行銷部除了因客而異制定拜訪計畫外，多管道、多方法達到目的才是第一位要考慮的。

(四)忌策劃只是行銷部的事

行銷部的人再專業，也是數量有限；點子再多，也是勢單力薄；三個臭皮匠勝過一個諸葛亮，多人的參與會對活動圓滿成功提供幫助。各個部門的人員在行銷部中設立兼職行銷員，在對客戶資訊收集、關係溝通上以填補銷售人員的不足，基本上形成了對外行銷的立體網路，很具實用性。

(五)忌各自為政的促銷

不少旅館對各經營部門收入進行量化管理，有效提高了他們的積極性，管理者和員工各自努力來增加營收。出發點無可厚非，但往往滋生一些負面影響。

旅館有旅館的行事文化，不可有本位主義。這就要求旅館管理層採取有效措施避免這種各自為政的促銷現象，以維護旅館對外行銷的整體性。

三、現場汗銷服務操作程序與標準

與客戶約定在旅館接洽業務，客戶要蒞臨參觀旅館各種設施時，按照下

列操作標準：

(一)現場介紹旅館服務設施操作程序

◆約定時間

1.檢查參觀場地和預訂情況，盡量避免旅館經營高峰。

2.與客人約定雙方都感覺方便的日期、時間。

◆準備工作

1.準備好宣傳資料、名片等銷售工具。

2.對客人所要經過的地方進行檢查。

3.將情況通知大廳副理級有關單位。

◆參觀

1.預計客人的到達時間，帶好上述工具至前檯迎候。

2.向客人介紹行走路線，徵求客人意見，並根據客人的需求進行調整。

3.按參觀路線進行參觀，向客人介紹各種服務設施、營業時間、產品優點、銷售政策等。

4.分發銷售資料。

5.如果客人有時間，請客人至大廳咖啡廳喝飲料休息（客人離店後簽轉帳單）。

6.對客人提出的需求、意見和建議應做好記錄。

7.如客人有意願簽訂協議，則按要求與之簽訂。

◆送客

1.向客人致謝，並詢問是否還有其他要求。

2.陪客人走出旅館大門。

3.填寫「銷售工作報告表」。

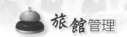

(二)現場介紹旅館服務設施操作標準

1. 穿著裝扮得體，儀容端莊，舉止大方，不卑不亢。
2. 盡量用姓氏稱呼客人（如知道客人頭銜最好姓氏加頭銜稱呼）。
3. 各類資料及宣傳品提前準備充分。
4. 當天整理訪談資料並填寫銷售工作報告。
5. 攜帶筆與筆記本，隨時記錄客人要求。
6. 簽訂的協議必須嚴謹、明確、清楚，雙方經辦人簽字，雙方單位蓋章、旅館官章事先蓋好。
7. 自動上門的客人由行銷部門職員進行接待，如需簽訂協議，請行銷部經理與之洽談。

第四節　資料分析（SWOT分析）與旅館行銷

　　SWOT分析也稱行銷環境分析，是指旅館經營者透過對行銷環境進行系統的、有目的的診斷分析，以便清楚地明確本館的優勢（strengths）、劣勢（weaknesses）、機會（opportunities）和威脅（threats），從而確定旅館的行銷策略。

　　旅館的經營管理及其行銷活動受到旅館內部和外部眾多因素的影響。我們把影響旅館行銷活動的內部因素和外部因素所構成的系統稱之為旅館行銷環境。

　　那些有利於旅館行銷活動順利而有成效地開展的內部因素，稱之為旅館行銷的優勢，如旅館優良的組織機構及現代化經營思想、優秀的旅館文化及雄厚的旅館資源等。

　　反之，不利於旅館行銷活動開發的旅館內部因素，如低劣的員工素質、紊亂的管理制度、不稱職的管理人員、低品位的旅館文化等，我們稱之為旅館行銷劣勢。

Helpful對達成目標有幫助的
to achieving the objective

Harmful對達成目標有害的
to achieving the objective

	Strengths：優勢	Weaknesses：劣勢
Internal 內部（組織） attributes of the organization		
	Opportunities：機會	Threats：威脅
External 外部（環境） attributes of the environment		

表10-1　SWOT分析表

　　旅館行銷機會是指有利於旅館開拓市場、有效地開展行銷活動的旅館外部環境因素，如良好的國家經濟政策、快速增長的市場、優良立地環境等。

　　反之，不利於旅館開展行銷活動的外部環境因素，我們稱之為旅館行銷威脅，如競爭越來越多、競爭對手實力增強、經營的目標市場萎縮等。如**表10-1**所示：旅館的優勢與劣勢是指內部組織而言，而機會與威脅則是指外部環境。

一、旅館優劣勢的診斷

　　旅館組織機構、旅館文化和旅館資源是判斷旅館行銷優勢的三個重要因素。因此，旅館經營管理者透過對這些要素的認真診斷，大致能從總體上看出旅館行銷的優勢和劣勢，從而充分發揮旅館的優勢，不斷地補強旅館的不足之處，制定出切合實際的行銷戰略。

(一)組織機構

　　組織機構是判斷旅館行銷優劣勢的第一個要素。旅館決策層人員的經營

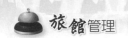

觀念素質、部門的設置和分工協作、中層管理人員的素質以及基層員工的職業形象等諸多因素是衡量旅館組織機構的具體內容。因此，透過對這些內容的分析、診斷，就可以確定組織機構是否有利於旅館行銷活動順利而有效地開展。

(二)旅館文化

旅館文化是判斷旅館行銷優劣勢的第二個要素。旅館文化是指全體員工所擁有的職業偏向、信念、期望、價值觀及職業化工作習慣的表達形式。它包括旅館的精神面貌、優良傳統、良好的聲譽、建築的外貌形象、內部的規章制度、獎懲制度、分配制度、員工職業道德、產品藝術設計和造型等具體內容。通常，優秀的旅館在這方面表現出良好的品味和品質，從而造成文化上的行銷優勢。

(三)旅館資源

旅館資源是判斷旅館行銷優劣勢的第三個要素。它包括人力、物力、財力、工作時間及管理的經驗和技術等內容。一般來說，具有強大行銷優勢的旅館在這幾個方面都具有較雄厚的實力。

二、旅館行銷機會、行銷威脅的識別

旅館外部行銷環境總是為旅館經營管理者提供行銷機會或產生行銷威脅。這是每家旅館都會面臨的情況，經營管理者只有善於分析外部環境，捕捉各個重要機會，並同時善於發現各種潛在和現實的挑戰，才能使旅館適應外部環境，這可謂適者生存。

三、旅館外部行銷環境

　　旅館外部行銷環境包括外部微觀環境與外部宏觀環境。外部微觀環境是指直接影響旅館經營活動的市場環境，它包括消費者、供應商、中間商、旅館競爭者等。外部宏觀環境是指間接影響旅館經營活動的綜合性的大環境，如自然、歷史、文化、政治、法律和經濟環境等。

　　透過SWOT分析，有助於旅館經營人員選擇合適的行銷戰略。

四、旅館如何進行資料分析（SWOT分析）

　　資料分析方法（SWOT分析）是一種對企業的優勢、劣勢、機會和威脅的分析，在分析時，應把所有的內部因素（包括公司的優勢和劣勢）都集中在一起，然後用外部的力量來對這些因素進行評估。

(一)優勢（S）

　　要想一想自己公司在哪方面做得好。而競爭對手在哪些方面做更好，然後實事求是地填寫進去（參閱前述**表10-1**）。然後分析一下自己公司的哪方面優勢相對於其他公司突出一些。例如：客戶會選擇該旅館的原因，服務、地理位置、性價比等。

性價比

性價比（price-performance ratio，或譯價格效能、效價比、價效比）在日本稱作成本效益比（cost-performance ratio），為性能和價格的比例，俗稱CP值。性價比指的是一個產品根據它的價格所能提供的性能的能力。在不考慮其他因素下，一般來說有著更高性價比的產品是更值得擁有的。

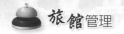

(二)劣勢（W）

分析一下自己公司哪些方面做得不如人家的地方。尤其分析一下自己的顧客經常投訴的地方，和自己公司目前不能像競爭者一樣提供的服務或產品，以及自己公司不能提供的銷售服務，還有公司銷售團隊哪些方面沒有得到充分的滿足等，例如：該旅館遜色於該區域競爭對手的地方。

(三)機會（O）

找出自己公司一些沒有發覺的優勢，這些就是公司的機會的一部分。再評估一下未來是否有潛在的機會出現。關鍵是找一找有沒有自己公司現在能做而其他競爭對手有還沒有做的領域。例如：線上競爭集中在 OTA（線上旅行社）中的競爭，如果做好旅館的衛生、服務，贏得好的口碑，會產生很好的訂單及營收。

(四)威脅（T）

看看公司內外有沒有潛在的可能破壞公司業務的因素。從內部講，自己公司是否具有存在或潛在的財務、發展或人員方面的問題存在。從外部講，你的競爭對手是否越來越強大，以及你的公司的一些優勢有變成劣勢的傾向和可能性。例如：旅館數量和種類逐漸增多，競爭旅館的服務和管理能力都在逐步提升，對自家旅館會產生一定的威脅。

第五節　行銷部門各崗位職責

一、行銷總監

　　旅館市場行銷總監需要參與公司制度體系建設，制定階段性的行銷工作計畫、管理規程，合理安排行銷人員，全面負責公司的行銷組織、行銷策劃和行銷管理，確保公司行銷工作的正常運行。其直接上級為總經理並對其負責，直屬下級為行銷部經理。

(一)行銷總監的基本要求

1. 大專以上學歷，英語專業或旅館行銷專業為佳，具有市場行銷學、公共關係學、管理學等專業知識，有一定社會學、法律、財務等基本知識。
2. 精通電腦軟體和旅館訂房系統、訂餐訂宴、會議預定系統等，熟練使用旅館銷售管理系統。
3. 能夠獨立進行銷售相關課程的培訓和工作的指導。
4. 較強的溝通協調能力、思維敏捷及出色的談判能力。
5. 好的敬業精神和職業道德操守，責任心、事業心強，具備較強的執行力，富有熱情，能卓越完成公司下達的各項指令。
6. 有至少六年四星級以上旅館工作經驗，其中三年行銷部工作經驗，熟悉旅館業務及市場特點。
7. 具有市場調查和預測能力，能及時掌握市場動態，並能綜合分析，及時提出相應的措施和合理的建議。

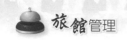

(二)工作職責與任務

◆策劃執行

全面負責旅館各方面銷售管理的方針政策，協助旅館管理團隊制定各旅館年度銷售目標和市場行銷計畫，制定公關廣告宣傳和促銷計畫與經費預算；協助各旅館確保銷售目標的實現和完成，以創造更大的效益。

◆監督管理

對旅館市場銷售活動的各個方面進行監管和指導，包括對促銷策略和市場計畫開發與策劃實施監管，對市場銷售計畫的發展和實施進行監管和協助。

◆對客戶和競爭對手研究

參與制定公司銷售策略、價格競爭策略；重點客戶拜訪，如訂房公司、大客戶、企業、社團等，及時瞭解和處理問題，指導各級負責人分析競爭對手銷售情況，進行市場調查開發潛在市場，負責公司銷售管道和行銷團隊的建設。

◆市場開拓規劃

帶領旅館的市場開拓，親自洽談主要客戶業務，與主要客戶保持良好的業務關係，做好客房、餐飲市場的拓展、形象樹立工作，注重與旅館內部其他部門的溝通協調，確保旅館各項目標的完成。

◆人才管理

制定年度部門費用計畫並控制部門費用的使用情況，行銷部各級負責人績效評估和培訓，帶領並激勵下屬人員，採取各種行之有效的方法，以確保各項工作計畫的實現，管理市場銷售團隊，並彙報計畫的有效性。

◆公共關係

對外建立良好的公共關係，協調好旅館與重要客戶、旅行社、合作單位、新聞媒體、政府機關等方面的關係，不斷地改進工作。

二、行銷部經理

1. 全面協助總監工作，並負責部門的具體工作，負責市場客戶的開發、銷售及管理工作。
2. 督導部門員工的工作，督導下屬銷售人員進行市場開發，做出市場行銷導向，針對行銷情況形成工作報告。
3. 定期服務監督、檢查工作，負責旅館客房、餐飲及其他營業場所的銷售工作，並做好相應記錄。
4. 定期組織銷售會議，與銷售人員共同研究市場情況，統一銷售策略。
5. 定期訪問客戶，與客戶保持良好的關係。
6. 積極主動與其他旅遊行業、企業、社團聯繫，及時發現潛在需求，開發潛在客戶，努力拓寬旅館業務。
7. 收集客戶對旅館的回饋意見及建議，並及時上報市場行銷部總監，以便改進工作。
8. 建立市場客戶檔案資料，維持良好的客戶關係。
9. 協調好與旅館其他部門的關係，做好對重要客人的優質服務工作。
10. 協助總監與社會各團體、組織、新聞媒體、政府單位保持良好的關係。
11. 負責提供旅館的最新優惠促銷方案。
12. 完成上級委派的其他工作。

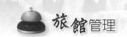

三、行銷部主任

1. 全面協助經理、總監工作，落實市場客戶的開發、銷售及管理工作。
2. 負責每月做好客戶的訂房、訂餐電話、傳真業務，做好資料、合約、客戶資料的歸檔工作，並及時報告主要客人和常客的資訊回饋。
3. 與各預訂單位保持聯繫，掌握當天訂房、訂席等情況，掌握每天的客流量，以及客房、餐飲的完好率和使用率。
4. 協助財務做好團隊等帳務處理工作。
5. 定期訪問客戶，與客戶保持良好的關係。
6. 積極主動與其他旅行業、企業、社團單位聯繫，及時發現潛在需求，開發潛在客戶，努力拓寬旅館業務。
7. 收集客戶對旅館的回饋意見及建議，並及時上報市場行銷部經理、總監，以便改進工作。
8. 與旅館其他部門做好協調工作，確保旅館各項行銷工作落實。
9. 瞭解市內其他長駐外商情況，與其建立客源關係。
10. 瞭解同業競爭對手的經營策略及促銷手段，並及時向上級回饋資訊以便旅館及時調整市場策略。
11. 完成市場行銷部經理、總監交辦的其他工作。
12. 負責落實旅館的最新優惠促銷方案，做好宣傳推廣。
13. 做好部門銷售員的督導與檢查工作，確保部門各項工作正常開展並落實。

四、行銷人員

1. 負責與客戶保持聯絡，發掘潛在客戶，擴大企業市場範圍，為客戶提供服務。

2. 每天訪問客戶，按時統計、分析收集客戶資料，並做成每天行銷工作報告；根據市場需求，確認潛在賓客及其需求，做好行銷工作。

3. 負責團體、散客及宴會、會議等服務專案的銷售工作，按要求及時填寫「預訂單」與「宴會、會議預訂單」，做好接待準備及服務工作。

4. 根據旅館價格政策，拜訪客戶，進行推薦，以達成協議，簽署合約，並形成相應的工作記錄。

5. 與旅館其他部門做好協調工作，確保對客人的優質服務。

6. 根據上級主管的安排，負責收集、整理市場情報及銷售資訊，並對市場客戶的檔案資料進行收集整理。

7. 及時處理客人的投訴，無法處理的要及時向部門主管回饋以便及時解決。

8. 負責團隊、散客及宴會、會議等服務專案的銷售工作，並做好跟進服務工作。

9. 與旅館其他部門做好協調工作，以確保對重要客人的服務。

10. 按時按質完成工作任務及報告。

11. 與客戶保持密切關係，根據不同季節、不同市場情況提出合理化建議並落實推廣銷售方案。

12. 完成行銷部上級主管交辦的其他工作。

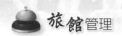

專欄 10-1　旅館全員行銷

　　旅館行銷不僅是行銷部門的責任，也是旅館全體員工應盡之責。

　　旅館行銷應該是全員性的行銷，每一位旅館的員工在提供服務的過程中，都直接或間接地參與了行銷活動，所謂全員行銷不單單只是針對銷售，而是圍繞著行銷的所有支援與服務。

◎將行銷作為旅館的經營哲學和觀念

　　行銷不僅僅是旅館銷售部門的工作，它貫穿於旅館經營和為顧客服務的始終。

　　每一項經營決策，每一條制度規定，每一個服務規程，每一次服務過程都必須考慮顧客的需求，以顧客為中心。

◎樹立「服務即行銷，行銷即服務」的觀念

　　旅館員工不僅僅為顧客提供流程化的服務，還必須積極、主動並具有創造性地銷售旅館產品和服務。

　　要對員工進行相應的知識和技巧培訓，並賦予其在服務過程中處理問題的權力。

　　另外，還必須讓員工認識到推銷旅館產品的過程也是為顧客服務的過程。

◎全員行銷強調推銷是持續和日常性的工作

　　所謂全員行銷並非要求所有的員工放下本職工作去從事銷售訪問和招徠客源，而是指每個員工在日常和本職服務過程中為顧客提供最好的服務。

◎全員行銷注重旅館行銷工作的統一性

　　全員行銷要求旅館所有部門和人員能夠樹立全域觀念，顧全大局，相互協作和支持，透過各自不同的工作創造共同的旅館形象，並為共同的推銷目標而努力。

　　旅館全員行銷觀念是服務行銷觀念在旅館實踐中的具體體現，更多的是日常工作中持久不懈的、積極的服務推銷。

　　全員行銷在旅館中的意義，它可以促使旅館所有員工在自身工作中提升服務品質，透過口碑效應得到快速傳播、獲得美譽度。最重要的是，透過全員行銷，可以贏得經濟效益、社會效益及企業品牌效應，提升員工的戰鬥力和對旅館的認同感。

結　語

　　旅館行銷是旅館產品出售和造就滿意的賓客而開展的綜合行動。旅館市場行銷不僅僅是經營銷售，它具有一種功能：負責瞭解、調研賓客的合理需求和消費欲望，確定旅館的目標市場。並且設計、組合、創造適當的旅館產品，以滿足這個市場的需要。易言之，旅館市場行銷就是為了滿足客戶的合理要求，為使整個旅館盈利而進行的一系列經營、銷售活動。行銷的核心是滿足客人的合理要求，最終目的是為旅館營利。

Chapter 11

旅館採購管理制度

- 採購的重要性與特點
- 採購部門管理制度
- 旅館採購部組織與工作職責
- 採購流程
- 成本控制
- 結　語

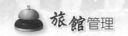

　　採購管理是一項圍繞降低成本和風險而進行的管理工作，是企業內部控制的關鍵環節之一，具有長期性、持續性、系統性的過程，只有持之以恆，毫不鬆懈地進行，才能取得應有績效。採購是旅館的業務核心，相關人員在採購、收貨的過程中須遵從商業道德，努力提升業務水平，以旅館利益為重，完善監督機制，相互配合，共同把關進貨，維護旅館社會形象。

 ## 第一節　採購的重要性與特點

一、採購的重要性

　　在企業裡，採購是非常重要的，也是旅館經營的核心，主要因為：

1. 採購物料成本占生產總成本的比例很大。若物料或設備無法以合理的價格獲得，則直接影響到企業的經營。若採購價格過高，則產品成本也高，影響到產品的銷售和利潤，若採購價格過低，則很可能採購的物料品質很差，影響到產品的品質，從而使產品不具備市場競爭力。
2. 採購週轉率高，可提高資金的使用效率。合理的採購數量與適當的採購時機，既能避免生產期間停工待料，又能降低物料庫存，減少資金積壓。
3. 採購部門可在收集市場情報時，提供新的物料以替代舊物料，以達到提高品質，降低成本之目的。
4. 採購部門經常與市場打交道，可以瞭解市場變化趨勢，從而將市場訊息回饋給公司決策層，促進公司經營業績成長。

二、採購的特點

採購工作雖不直接向客人提供服務，但其工作的好壞將直接影響到旅館向客人提供服務的品質，因此，做好旅館的採購工作是十分重要的，有利於提高旅館的服務品質和經濟效益。其特點如下：

1.涉及面廣，涉及財務、生產部門、服務部門、供應商、中間商。
2.季節性與隨機性強。
3.品類項目繁多，情況複雜。
4.專業程度越來越高。

第二節　採購部門管理制度

為使旅館的採購工作走上制度化、規範化，合理控制成本，加強內部工作協調和提高工作效率，旅館採購管理制度說明如下：

一、採購管理部門

旅館設立專職採購部，隸屬旅館財務部管理，接受財務總監、成本控制、集團稽查部及其他部門的監督，全面負責旅館的採購工作。

二、採購部工作基本要求

1.所有採購項目均需總經理簽批授權及旅館財務部批准同意。
2.所有採購物品均需比較至少三家的價格和品質，月結類物品每月每一類至少有三家供應商提供報價單。

3.所有採購物品的品質須保持一慣穩定。

4.採購部工作人員須對自己採購物品的價格和品質負責。

5.採購部須每半個月一次透過電話、傳眞或電子信函（e-mail）、外出調查、接待廠商等方式獲取旅館使用的各類物品主要品項的價格資訊，並整理成價格資訊庫，以書面形式彙報給旅館財務部及總經理。

6.所有供應商名片、報價單、合約等資料及樣品採購須登記歸檔並妥善保管，有人員變動時須全部列入移交。上述資料及採購人員自購物品價格資訊每天須登錄至採購部價格資訊庫。

7.採購時間要求一般物品採購時間爲三天；急用物品當天必須採購回來；印刷品、客房一次性用品、布巾類等，使用部門須提前兩個月下單採購。

三、採購應注意事項

1.採購部禁止採購任何未下申購單的物品，否則財務部將不予以報銷。

2.禁止使用部門自行採購物品或私自與供應商洽談採購事宜。

3.採購部負責跟進各協作廠商的貨款，及時簽批支付事宜，對到期的應付帳款，旅館應及時支付，以建立旅館良好形象，維護旅館財務信譽，同時也爲日後的採購工作提供便利。

四、旅館採購工作

旅館採購工作離不開以下幾點：

1.根據營業部門申購單的品名和數量採購。

2.對周圍的一些市場的供應情況最好要熟悉。

3.多跑幾家，貨比三家，價廉物美最好。

4.確保採購來的商品符合營業部門的要求。

5.做好入庫出庫、盤點盤存、先進先出等日常管理工作。

6.做好倉庫管理出入帳。

7.保管好鑰匙。

第三節　旅館採購部組織與工作職責

採購部的工作方針是「保證物資供應，配合經營管理」，工作原則爲「周全計畫，主動採購，配合管理」，即要求採購部要做好工作，保證營業部門物資供應，掌握市場，爲旅館開源節流，並深入瞭解市場訊息，協助營業部門提高服務品質。採購部主要負責旅館日常物資的採購供應、進貨驗收及倉庫管理。工作必須分配合理，工作理念必須清晰，工作制度必須嚴謹。

一、採購部的組織結構

採購部的組織結構如**圖11-1**所示。

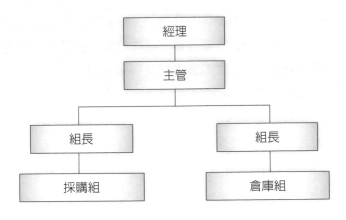

圖11-1　採購部組織結構圖

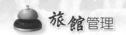

二、採購部的工作職責

(一)採購部經理工作職責

採購部經理的直屬上級為財務總監,對其負責,受其監督。

1. 主持採購部全面工作,提出物資採購計畫,呈報至總經理批准後實施,確保各項採購任務完成。

2. 調查研究各部門物資需求及消耗情況,熟悉各種物資的供應管道和市常變化情況,指導並監督屬下開展業務,不斷地提升業務技能,確保旅館物資的正常採購量。

3. 審核年度各部呈報的採購計畫,統籌策劃和確定採購內容,撙節不必要的開支,以有效的資金,保證最大物資供應。

4. 熟悉和掌握公司所需各類物資的名稱、型號、規格、單價、用途和產地,檢查進貨是否符合品質要求,對旅館的物資採購和品質負有責任。

5. 監督並參與大批商品訂貨的業務洽談,檢查合約的執行和落實情況。

6. 按計畫完成各類物資的採購任務,並在預算內盡量減少開支。

7. 認真監督檢查各採購員的採購過程及價格控制。

8. 在部門經理例會上,定期彙報採購落實結果。

9. 每月初將上月的全部採購任務完成及未完成情況逐項列出報表,呈總經理及財務總監,以便掌握全公司的採購項目。

10. 督促採購組、倉庫組負責人對屬下的工作紀律、業務培訓,使員工適應市場經濟變化。

(二)採購部主管工作職責

1. 協助經理做好各項採購工作，經理不在時，負責完成經理的任務。
2. 協助經理主持大宗商品訂貨的業務洽談，並親自和採購員跟進合約的執行和落實。
3. 協助經理制定工作計畫，做好工作總結。
4. 熟悉管轄內商品名稱、規格、品質、數量的要求。
5. 負責監督管轄範圍內商品採購管道和價格。
6. 負責辦理採購部自用車輛的各項稅務、保險等手續與車輛的保養。
7. 負責計量設備與帳務的管理。

(三)採購部組長工作職責

1. 負責執行監督所轄採購組的日常採購工作，並將有關情況呈報。
2. 分配好各項採購工作，掌握工作的完成情況。
3. 熟悉物資的倉儲量，及時組織採購員作適量採購。
4. 負責帶領採購員完成各項採購工作，並將有關市場訊息回報。
5. 負責教育採購員熟悉各項物資名稱、規格、用量及營業部門對物資的使用要求。

(四)採購部員工作職責

1. 熟悉和掌握採購物品的品質要求（名稱、數量、型號、規格、價格行情、生產日期）。
2. 為保證合理的貨物倉儲量，防止積壓變質造成浪費，採購前必須根據各用料部門的用料週期和數量，做好採購計畫。
3. 對於申購貨物，必須根據物品倉儲量要求（盤存狀況），確定倉庫無存貨或數量不足才認購。
4. 到物料使用部門瞭解物料使用情況，及時調整採購計畫。

5.多探訪市場瞭解價格訊息，及時調整採購價。

6.嚴格遵守財務制度，購進的一切貨物單據清楚齊全，經倉庫驗收確認，由電腦記帳員開出入庫單，經本人簽名確認，交採購部經理、財務部總監、主管副總簽名確認。

7.凡使用車輛工作，出車前需做好各項例行安全檢查工作，確保行車安全。

(五)倉庫管理員工作職責

1.遵守倉庫管理規定和倉庫消防管理制度，嚴格按照物品驗收品質標準進行貨品驗收工作。

2.熟悉掌握旅館使用的貨物名稱、品質要求、規格型號、使用數量。

3.瞭解貨物的倉庫儲存量，避免因倉儲量大而積壓貨品。

4.及時做好倉儲物品申購計畫，確保領用需求。

5.接受採購員有關貨物、品目、規格、數量的詢問，主動與採購組做好溝通工作。

6.對於各種原因導致積壓的貨品，應及時報告採購部經理。

(五)電腦記帳工作職責

1.負責辦理倉庫物品的進、出登記。

2.負責對倉管員驗收確認後的貨品（送貨清單）進行辦理入庫手續。

3.遵守倉庫管理規定，配合財務部完成相關報表。

第四節　採購流程

為使旅館的採購作業走上制度化、規範化，合理控制成本，加強內部工作協調和提高工作效率，因此旅館採購有一定的流程。

一、採購審批流程

1. 申購的採購申請單採三聯式，在經審批後，第一聯採購部存檔並組織採購，第二聯作倉庫收貨用，第三聯部門存檔。

2. 單位價值○元（視每家旅館規定）以下或批量價值在○元以下的由採購部現金自購的物品，採購部須事先貨比三家，並在申購單上注明詢價結果和選定的供應商，經採購小組最後批准後方可採購，旅館財務部將對價格及品質進行不定期抽查。

3. 單位價值○元以上或批量價值在○元以上的物品採購審批流程：採購部尋找至少三家廠商比較價格品質，採購小組確定供應商，採購部與供應商共同草擬合約或採購協議（評定小組由採購部、使用部門、財務部、主管副總、總經理組成）。

4. 賒購（月結）物品採購審批流程：蔬菜、肉類、凍品、海鮮、水果等由主廚直接下單，餐飲部經理簽字確認後至採購部，由採購部與供應商對接；其他物品按上述第 1、2、3 款流程執行。

5. 各月結供應商選定辦法：採購部每類物品均應邀請至少三家供應商報價，採購部、使用部門、主管副總、總經理、財務部和旅館稽查部組成供應商評定小組，通力合作進行價格及品質的比較和討論，選定供應商。採購部及上述相關部門可分別或聯合組織市場調查，根據市場調查的價格與供應商確定固定的時間段（至少一個月）的供應價，在此確認期間內，供應商應按此固定價格提供旅館所需的物料。

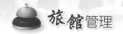

二、採購部工作流程

(一)倉庫補倉物品的採購工作流程

　　倉庫的每種存倉物品均應設定合理的採購線，在存量接近或低於採購線時即需要補充貨倉裡的存貨。一般來說，倉庫管理員每月月底根據流動資金狀況、固定資產的配備情況、本期預計的客流量、物料的採購週期、物料的保存期擬定下月的補倉物品，並據此填寫一份倉庫補倉「採購申請單」，採購申請單內必須注明以下資料：

　　1.貨品名稱、規格。
　　2.平均每月消耗量。
　　3.庫存數量。
　　4.最近一次訂貨單價。
　　5.最近一次訂貨數量。
　　6.提供本次訂貨數量建議。

　　經採購小組簽批同意後送採購部初審（審核後必須由總經理及副總經理簽名確認），採購部在採購申請單上簽字確認並注明到貨時間。採購部初審同意後，按倉庫「申購單」內容要求在至少三家供應商中比較，選定相應供應商，提出採購意見，按採購審批程序報批，經採購小組批准後，採購部立即組織實施。一般物品要求三天內完成，如有特殊情況要向主管領導彙報。

(二)各部門使用物品的日常採購工作流程

　　1.部門新增物品的採購工作流程。若部門欲添置新物品，部門經理應填寫申購單，經採購小組審批後，連同「申購單」一併送交採購部，採購部初審同意後按「申購單」內容要求，在至少三家供應商中比較，

選定相應供應商，提出採購意見，按旅館採購審批流程報批，經採購小組批准後，採購部立即組織實施。

2.部門更新替換舊有設備和物品的採購工作流程。如部門欲更新替換舊有設備或舊有物品，應先填寫一份「物品報損報告」給財務部及採購小組審批。經審批後，將一份「物品報損報告」和採購申請單一併送交採購部，申購部須在採購申請單內注明以下資料：

(1)貨品名稱、規格。

(2)最近一次訂貨單價。

(3)最近一次訂貨數量。

(4)提供本次訂貨數量建議。

採購部在至少三家供應商中比較價格品質，並按旅館採購審批流程辦理有關審批手續，經採購小組批准後組織採購。

3.部門所需物料的日常申購，旅館各部門在日常的經營管理中，需要大量的物料，為了不占倉位，通常進貨是直接存放在使用部門中，所以這批物料的短缺，均由使用部門直接提出物料的申購單，這批物料申購單的數量較大，涉及面較廣，幾乎所有旅館部門都有，因此在申購與審批過程中均需嚴格控制，考慮因素有下面兩個方面：

(1)部門在提出物料申購單的時候，應詳細瞭解該物料的現存數、每日用量、採購和審批期、目前物料的價格和涉及的成本因素、物料的品質情況、有無需請採購部門尋找新的替代品種的建議等等。

(2)採購部門若發現申購單上的物料屬於新近增加而以往是未曾採購過的物料，採購部門應將新採購「物料樣品確認書」一起送財務總監，物料申購部門主管及有關人員驗證簽署後方可履行下一步的採購流程。

(三)鮮活食品、冷凍品的採購工作流程

蔬菜、肉類、冷凍品、海鮮、水果等物料的採購申請，由餐飲部根據當

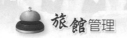

日經營情況預測明天用量填寫每日申購單交採購部，採購部當日下午以電話下單或第二日直接到市場選購。

(四)維修零配件和工程物料的採購工作流程

1. 工程部日常補倉由工程部填寫申購單且申購單，內必須注明以下資料（為減少採購的工作量，工程部應儘量能按月度作出補庫計畫，除了根據突發的維修事件需要進行的及時、零星採購之外）：

   (1)貨品名稱、規格。

   (2)平均每月消耗量。

   (3)庫存數量。

   (4)最近一次訂貨單價。

   (5)最近一次訂貨數量。

   (6)提供本次訂貨數量建議。

2. 大型改造工程或大型維修活動，工程部須做工程預算，並根據預算表專案填寫工程「項目建議書」（工程預算表附後），且申購單內必須注明以下資料：

   (1)貨品名稱、規格。

   (2)庫存數量。

   (3)最近一次訂貨單價。

   (4)最近一次訂貨數量。

   (5)提供本次訂貨數量建議。

   以上申購單經採購小組簽批同意後送採購部初審，初審同意後按申購單內容要求在至少三家供應商中比較，選定相應供應商，提出採購意見，按旅館採購審批流程報批，經採購小組批准後，採購部立即組織實施。

3. 經營中不常備的經營物料或常備物料，但某一時使用量超出常規的庫存範圍時，可以隨時出單而不受常規的限定，此類情況的採購可由採

購部進行優先採購，或在政策規定的範圍中經主管副總同意後，由使用部門在指定地點進行緊急採購，但價格不能超過財務規定的指導價，事後工程部補簽申購單。

(五)採購活動的後續須跟進工作

◆採購訂單的跟催

當訂單發出後，採購部需要跟進整個過程直到收貨入庫。同時，採購部還應繼續跟進物料的使用情況，做好物料使用情況的回報記錄。

◆採購貨物的驗收

1.驗收的品質標準：根據旅館選定的樣品驗收。

2.驗收的數量標準：根據採購人員收取的當日採購申請單上寫明的數量進行驗收，數量差異應控制在申購數量的上下10%左右。

3.驗收人員：貨物到店後，由採購部、庫房人員、領用部門負責人三方共同驗收，由三方共同在入庫單簽字才有效。

4.驗收流程：

(1)由庫管人員填寫「入庫單」，注明所收物品的品名、規格、數量、單價、金額。

(2)入庫單填寫完後，由採購人員、貨物領用部門負責人、庫管員簽字生效。簽字完畢後的入庫單一式三聯，第一聯庫管自己留存；第二聯交財務作為記帳憑證；第三聯交供應商（或採購人員）作為結帳憑證。

◆採購訂單取消

1.旅館取消訂單：如因某種原因，旅館需要取消已發出的訂單，供應商可能提出賠償要求，故採購部必須預先提出有可能出現的問題及可行解決方法，以便報採購小組作出決定。

2.供應商取消訂單：如因某種原因，供應商取消了旅館已發出的訂單，

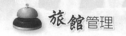

採購部必須能找到另一供應商並立即通知申購部門，爲保障旅館利益，供應商必須賠償旅館人力、時間及其他經濟損失。

◆**違反合約應載明詳細細則**

如有違反情事，應依合約上所載處理。

◆**檔案儲存**

所有供應商名片、報價單、合約等資料需分類歸檔備查，並連同採購人員自購物品價格資訊每天載入採購部價格資訊庫。

◆**採購交貨延遲檢討**

凡未能按時、按量採購所需物品，並影響申購部門正經營活動的，需填寫「採購交貨延遲檢討表」，說明原因和跟進情況，並呈財務部及採購小組批示。

◆**採購物品的維護保養**

如所購買的物品是需要日後維修保養的，選擇供應商便需要注意這一項，對設備等專案的購買，採購員要向工程部諮詢有關自行維護的可能性及日後保養維修方法。同時，事先一定要向工程部瞭解所購物品能否與旅館的現有配套系統相容，以免造成不能配套或無法安裝的情況。

旅館採購成本一般包括原料成本、運輸成本、儲存成本和人力成本。採購作爲旅館經營的第一環，成本管理首先要從源頭上即採購環節進行控制。採購成本控制要做到貨比三家，使得供應商形成有效的競爭機制，這樣也可有效降低採購成本和儲存成本。降低採購成本環節涉及到採購原料、供貨商、採購時間以及採購數量的問題。大批量採購時價格較便宜，但庫存量加大，導致庫存成本增大。微量採購雖然可以節約庫存成本，但又會增大原料購買次數和購買過程中的成本，使得採購成本與庫存成本負相關，此消彼長。因此必須權衡利弊，使庫存成本與採購成本達到最低。

第五節　成本控制

　　旅館成本控制是旅館是否盈利，盈利多少的重要條件之一。成本是企業競爭的主要手段，在市場經濟條件下，企業的競爭主要是價格與品質的競爭，而價格的競爭歸根結柢是成本的競爭，在毛利率穩定的條件下，只有低成本才能創造更多的利潤。成本可以為企業經營決策提供重要資料。在現代企業中，成本越來越成為企業管理者投資決策、經營決策的重要依據。成本增加不僅體現在企業的現金流入的減少，而且還會使旅館的利潤率降低，競爭力下降。因此，降低成本就是旅館管理的關鍵所在。細節決定成敗，只有從細微處入手，控制好餐飲和客房的成本，才能達到利潤最大化。加強餐飲和客房管理應從以下幾方面入手：

一、餐飲成本控制

　　眾所周知，餐飲企業的日常經營消耗主要集中在菜餚食品等的原材料上，此項費用占變動成本中最大部分，那麼如何才能有效的降低原材料的成本和損耗？那就是在採購、出入庫以及成本核算方面具有非常嚴格的流程和制度。餐飲成本是旅館成本管理的重點，對管理者制定餐飲價格，吸引顧客，擴大銷售，增加效益有著重要作用。因此餐飲成本控制應從以下幾方面入手：

(一)建立原材料採購計畫和審批流程，加強進貨成本控制

　　進貨成本控制在於對進貨數量和進貨單價的控制，著重於進貨單價的控制。各部門根據實際情況將部門所需物品以採購申請單的形式，列出名稱、申購數量、規格等，交由採購部詢價，採購部詢價後，填寫好市場調查價格

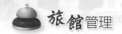

上呈旅館總經理（或有關負責人）審批，經總經理審批後方可購買。要建立採購比價制度，透過物品進行貨比三家，同等規格品質多家報價，公開競爭並採取詢價，與市場比價、與同行比價，在保證質優的同時，爭取最優惠的價格；拓寬物品進貨管道，直接到產地、廠家採購，減少中間環節；少買、勤買，要做到心中有數，每天需要多少原料就採購多少原料，遇到生意特別好的時候，就應多去採購幾次；庫存的貨儘量用完再進，以免久放變質。採購部門應隨時瞭解市場訊息及菜價的變化。對有些因季節或別的原因影響而容易漲價的原料，可以選擇那些較耐儲存的提前在低價時多採購一些，但一定要保存好。設計整套桌菜時，應先想到冰櫃裡有哪些貨。要先把存貨用上，不能讓冰櫃裡的原料放置時間太長。

(二)建立嚴格的採購驗貨制度

無論是供應商還是採購購回的物品必須首先與庫房聯繫，由庫房根據申購表驗收貨物。對於不符合採購申請表的採購，庫房人員有權拒收。供應商或採購人員辦理入庫驗收手續後，庫管員應開立入庫單，並將入庫單客戶聯交採購員或供應商辦理結算。在驗收過程中庫房或使用部門有權對不符合要求的物品提出退貨要求，經確認實屬不符的由採購人員或供應商辦理退貨。購買、收貨和使用三個環節上的相關人員要相互監督，相互合作，共同做好工作。對於有爭議的問題，應各自向上級報告協調解決。

(三)加強出庫商品管理

保管員發料應按主管部門批准的領料單進行發料。

(四)加強廢舊物資管理

「旅館所有的東西都是寶」，每個月回收空酒瓶、廢紙盒，就是一個普通員工的工資。加強報廢物資、倉儲容器、廢料的變價收入管理。任何部門、任何人不能擅自處理，應由物資管理部門負責人指定專人處理，收入均

歸公司財務部門入帳。

(五)以單據核算成本

每天的進、出、存材料物品，財務部門應根據各部門的進料單、出庫單、結存單進行登記，核算成本。

(六)加強廚房成本控制

廚房是餐飲業核心，是生產的重地，它直接決定旅館餐飲的興衰，生死存亡。必須有細緻的管理章程，嚴格的管理隊伍。管理部門可以制定不同工種的定額標準：

1. 加工標準：制定時對原料用料的數量、品質標準等制定定額，不得超出定額。
2. 配製標準：制定對菜餚製作過程中的用料品項、數量等標準定額，進行原料配製。
3. 烹調標準：對加工、配製好的半成品、加熱成菜。在標準定額制定後，要達到各項標準定額，不能超出，也必須達到量，否則難達到應有的成品品質。要有訓練有素、掌握標準的生產人員和管理人員，來保證製作過程中菜餚優質達標。

    (1) 加工過程的控制，首先對加工數量進行控制。憑廚房的進料計畫單組織採購，達到控制數量的目的。加工品質的控制，加工的品質直接關係到菜餚的色、香、味、形。因此，採購、驗收要嚴格按品質標準，控制原料品質。加工員控制原料的加工形成、衛生、安全程度，凡不符合要求的原料均由加工員控制，不得進入下一道工序。

    (2) 配製過程的控制。配製程序控制，是食品成本控制的核心，杜絕失誤、重複、遺漏、錯配、多配，是保證品質的重要環節，應做到憑訂單和服務員的簽字認可，廚師方可配製，並由服務員將所點的菜

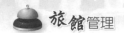

餚與訂單進行核對，從而加以相互制約。稱量控制，按標準菜譜進行稱量，既避免原料的浪費又確保了菜餚的品質。

(3)烹調過程的控制。烹調過程的控制是確保菜餚品質的關鍵，因此要從廚師烹調的操作規範、出菜速度、成菜溫度、銷售數量等方面加強監控。嚴格督導廚師按標準規範操作，實行抽查考核。飲食成本核算的方法，一般是按廚房實際領用的原材料計算已售出產品耗用的原材料成本。核算期一般每天計算一次，具體計算方法為：如果廚房領用的原材料當天用完而無剩餘，領用的原材料金額就是當天產品的成本。如果有餘料，在計算成本時應進行盤點並從領用的原材料中減去，求出當天實際耗用原材料的成本，即採用「以存計耗」倒求成本的方法。制定有效的控制辦法，按每個崗位的職責實行監督，層層控制。做到廚師長總把關、部門經理總監督的辦法，使責任落實到位，獎罰落實到人。對某些經常容易出現生產問題的環節要重點管理、重點抓出、重點檢查。及時總結經驗教訓，找到解決的辦法，以達到防患未然，杜絕生產品質問題。

(七)帳單查核

財務人員應抽查菜單，核對點菜單與帳單是否相符。每天晚上結帳並核查剩餘菸、酒等是否與帳面相符。

二、客房成本控制

客房成本控制主要是對員工進行培訓教育，提高服務意識，並制定科學有效的管理制度。要與餐飲管理一樣建立完善的進貨、驗收、領用制度，並著重從以下幾方面著手：

1.加強家具、備品管理，杜絕浪費現象發生。由使用部門指定專人負責管理備品，建立帳冊，領用、使用都要登記，進行備品與住宿登記核

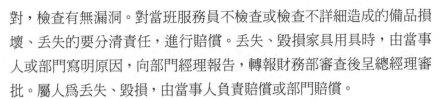

對,檢查有無漏洞。對當班服務員不檢查或檢查不詳細造成的備品損壞、丟失的要分清責任,進行賠償。丟失、毀損家具用具時,由當事人或部門寫明原因,向部門經理報告,轉報財務部審查後呈總經理審批。屬人為丟失、毀損,由當事人負責賠償或部門賠償。

2. 加強服務人員管理,提高服務意識。對客房水、電用量有效控制,避免浪費發生。對前檯收款加強管理,每天核對所有出租房間數、房號、房租是否與登記表一致,並檢查房間出租情況是否屬實。嚴查收半日租或全日租而不計入營業收入,房租折扣是否符合規定。嚴禁打非工作電話,不准長時間接私人電話等。

3. 對各種辦公用品、物料用品的領用實行嚴格的審批制度,不該領的不批,嚴禁浪費;監督各部門使用各種辦公用品、物料用品時,做到物盡其用,以舊換新;堅決杜絕「公器私用」現象,禁止員工將旅館物資帶出旅館。

　　成本控制是旅館經營管理中重要研究的永恆話題。旅館的任何活動都涉及到成本,都應在成本控制的範圍之內。旅館的成本控制對旅館的生存有著至關重要的作用,旅館是一個對物質和能源消耗非常大的一個主體,物質和能源決定了旅館成本的大部分,而且,隨著全球經濟衰退,旅館業也遇到了非常大的困難,所以,成本控制對於旅館生存的意義變得更加的重要。總之,旅館成本管理是一門非常複雜的管理科學,所涉及的部門很多,若想真正做好這項工作,還要深入各樣細節做很多工作,但有一條宗旨就是要用心去做,只有這樣才能在管理中發現新問題,想出解決問題的辦法。也只有這樣,才能在實踐中提高效率,堵住更多的管理漏洞。

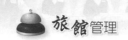

旅館管理

結　語

　　就旅館行業來說，除了單純的旅館之間的競爭，日常消費品、市場行銷、服務品質等都是旅館競爭的一部分。旅館日常消費品很多，所以說，控制好採購成本，也是降低旅館成本的一個方向。所以，旅館需要建立一個完善的採購制度，強化採購成本控制，透過內部採購部與其他部門的合作溝通，以及外部供應商及物流倉儲等的管理，從而達到降低採購成本，提升旅館利潤的目的。控制採購成本，應嚴格執行採購管理，減少採購現金流，提高資金週轉率。以下是做好採購管理的方法：

一、加強原料管理

　　原料採購首先應關注品質，因為品質的好壞會直接關係到客戶的滿意度，品質差會造成客戶投訴，還會消耗更多的人力、物力，因此，原料採購和品質控制是關鍵。

二、規範管理採購人員

　　採購人員是代表旅館與供應商直接洽談的接洽人，應建立一個規範的採購人員制度，權責明晰，要適時考核採購人員的績效情況、基準價偏離等，以避免採購弊端。

三、處理好供應商關係管理

　　供應商關係的好壞很大程度上能夠確保採購物料的準時性。所謂商業合

作關係是需要達到雙方互利共贏，各取所需，因此，採購管理應該實行一套流程化的供應商關係管理方案，提高供應商關係的管理效率。

四、科學考量供應商性價比

有競爭才有進步，對於採購供應商來說，也是如此。所以在管理供應商時，可從以往的交易往來記錄及產品資訊、報價資訊等進行綜合評價，綜合瞭解供應商的品質、時效、價格等因素，及時引進優質供應商，剔除不合格供應商，提高採購品質和效率。

Chapter 12

旅館會議經營

- 旅館會議經營特點
- 旅館會議服務營運之策略
- 旅館會議部門工作內容職責
- 旅館會議服務品質的有效管理
- 會議服務操作流程
- 結　語

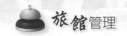

　　旅館會議市場主要是指一定數量的客人在旅館以召開會議為目的而購買食宿或其他產品的一類團體細分市場。長期以來,會議客源因為具有可持續性長、一次性購買量大和綜合消費能力強等特點,受到旅館的廣泛重視。多數旅館不僅將會議市場作為提高收益的主要客源市場之一,甚至作為賴以生存的客源市場。從客人消費行為角度劃分,旅館客源一般被分為兩大類,即零散客人和團體客人。零散客人也稱散客,通常表現為沒有預約或沒有規律性且住宿人數較少的客人。例如:Walk-In、OTA散客、會員散客、合約散客和旅行社散客等。團體客人是指由一定數量人群組成的具有一定規模的社會群體或社會組織,並且住宿人數較多的客人。例如:會議團體、旅遊團體和商務團體等。一般來講,綜合型、商務型、會議型和度假型旅館都具備會議接待功能。通常,會議客源在旅館客源中的占比因旅館類型不同而異,而會議型和度假型旅館會議客源比例一般會占到50%以上,甚至更高。由此看出,會議市場作為旅館細分市場中的重要因數,在提高旅館生命活力方面是不可或缺的。

　　Walk-In,指無事先訂房,而逕入旅館尋求住宿的旅客,其風險為萬一旅館客滿時,則需另找其他旅館住宿,所以外出時,訂好旅館是上策。

　　OTA,稱為Online Travel Agency,是旅遊電子商務行業的專業詞語。指「旅遊消費者透過網路向旅遊服務提供者預訂旅遊產品或服務,並透過網上支付或者線下付費,即各旅遊主體可以透過網路進行產品行銷或產品銷售」,OTA的出現將原來傳統的旅行社銷售模式放到網路平臺上,更廣泛的傳遞了線上資訊,互動式的交流更方便了客人的諮詢和訂購。

　　國際會議協會(ICCA)公布2019年全球及亞洲會議排名資料,台灣共有多達13個城市包括雙北、高雄、台中、新竹、台南、花蓮、屏東(墾丁)、嘉義、基隆、宜蘭、南投(日月潭)、苗栗等符合ICCA標準的國際會議,展現我國會議「遍地開花」政策奏效。除各地會議中心外,國內星級以上的旅館已大多具備了接待大中小會議的設施與能力。

資料來源:《自由時報》,2020/05/13。

第一節　旅館會議經營特點

旅館會議服務既是旅館重要收入之一，其重要特點如下所述：

一、會議市場之特點

1. 會議種類多，會議方式多樣化：會議較有靈活性，需要旅館根據會議形式，提供個性化服務。
2. 會議團隊參與人員多、涉及面廣：在旅館進行會議、住宿、餐飲、娛樂等一系列活動，需要旅館在會議過程中優化會議服務流程，提供快速、全面、周到的服務，來滿足客戶的需求。
3. 會議規模大，而會務人員少：為了讓會議完備、完美，大量準備工作相當緊湊，需要各個部門協助完成；會議期間客戶活動多，排程連續，就餐時間集中、用量大，要求餐飲供應準時，及時、高效為客戶提供服務。

二、旅館會議服務之特點

旅館會議服務禮儀是旅館會議服務人員在會議上服務客戶的一種方式，亦即是客戶在旅館開會時員工的服務標準，目的是對會議服務人員行為有規範，給客戶一個良好的服務標準，讓客戶有一個好心情，給客戶留下一個好印象，如下所述：

(一)規範性

1. 布置規範：具體呈現在座次擺放、鮮花擺放、便箋擺放、茶杯擺放等

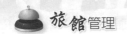

方面均應按禮儀規範布置,呈現禮賓次序及會議檔次。

2.流程規範:具體呈現為會議服務的各項流程都是事先確定、事先計畫的,重要的部分還要透過主辦方反覆審核。接待服務中,對禮儀服務人員應進行分工。接站、簽到、引領等各個環節都有規範安排,並根據經驗以及主辦方的要求提供了相應的預先方案,這樣才能做到會議服務中忙而不亂。

(二)靈活性

1.會議服務雖是按計畫進行,各項流程都有條不紊,但也會常常出現一些突發情況,如臨時有電話或有事相告與會人員,工作人員應走到其身邊,輕聲轉告;如果要通知主席臺上的貴賓,最好用字條傳遞通知,避免工作人員在臺上頻繁走動和耳語而分散他人注意力,影響會議效果。若會場上因工作不當發生差錯,工作人員應不動聲色,儘快處理,不能驚動其他人,更不能慌慌張張、來回奔跑,以免影響會議氣氛和正常秩序。

2.注意調整會議室的溫度、濕度,創造一個舒適的環境。會議廳中的溫度,夏天一般宜控制在23～27℃,濕度在30～60%;冬天在18～25℃之間,濕度為30～80%為宜。

(三)時間性

1.一般會議的時間性很強,都強調準時開始,準時結束。由此制定的服務方案也應呈現出這樣的特點。以時間段來劃分接待方案,保證專人定時服務到位。

2.一方面強調會議的時間性,一方面又要對會議的延時、會議的改期做各種相應的預案;與此同時,會議前的準備工作也應根據時間計畫準時完成,如會議資料的準備、會議場所的布置、會議設備的測試等。如果該完成的時間內沒有完成,則勢必給會議服務工作帶來不便。

第二節　旅館會議服務營運之策略

　　旅館在會議服務過程中，需具優質化服務流程，才能提高會議服務營運效率，茲說明如下：

一、建立以客戶為中心的會議柔性組織

　　會議經理在會議服務過程中，以客戶需求為導向，有相當的自主權和主動性，有權合理調配部門的人力、物力，以做出快速的反應；會議金鑰匙（與客戶第一接觸的銷售人員）是會議組織的軸心，串接各部門的會議產品和服務，向賓客提供全過程、全方位、全天候的服務。

二、會議服務流程的優質化

　　旅館在會議服務過程中，優質化關鍵服務流程，提高會議服務營運效率。

(一)入住

　　會議團隊到達旅館時，由服務人員指引顧客到櫃檯，到達櫃檯後，前檯接待主動協助領隊確認，並做好團隊顧客的接待工作，由於會議團隊顧客數量多，大量顧客在大廳喧譁，影響旅館正常工作，給其他顧客帶來不好影響，需要引領團隊顧客加快入住辦理速度。

(二)會議接待

　　會議籌備階段旅館需要做好細緻的準備工作，根據客戶對會議的要求，

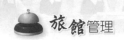

旅館管理

做好會場布置，對必用的音響、照明、空調、投影、錄影設備等會議設施認真測試，準備需用的會議用品。在會議召開前期，顧客一般會提前到達並等待，此時旅館需要提供便利場所讓顧客休息；在召開會議階段，工作人員要主動配合會議組織者，加強協調與配合，認真做好各個環節的銜接，做到隨機應變，按需要來行事，確保會議萬無一失。

(三)餐前準備

在為會議團隊提供餐飲服務時，由於與會人員多，有不同的需求，旅館應在菜色品項不斷地創新，推出有吸引力的菜餚。會議期間顧客活動多，排程緊湊，用餐量大，旅館在餐飲上應針對會議顧客用餐量大的需求，增加菜量，為他們提供營養菜餚，滿足體能的要求。會議一般要召開三至五天，為保持餐飲對會議客戶的新鮮感，要避免重複或高同質性；烹調方法和宴會形式根據會議活動，需要靈活安排自助餐、正式宴會餐等形式，增強餐飲對顧客的吸引力。

(四)用餐期間管理

由於會議人數多，就餐時間集中，需要合適的上菜速度，需要服務員根據桌面菜品的數量、菜餚的加工時間以及客戶的就餐情況等，掌握供餐時間，隨時跟廚房進行聯繫，與廚房工作人員配合，提高上菜速度，提供高效率服務。由於會議就餐人員多，標準比較高，且容易出現突發情況，要求餐飲部門細化服務內容，接待前及時對會議情況進行全面掌握，並且合理的進行服務人員調配，由專人全場跟蹤用餐情況，監督服務員的服務態度、服務效率及服務品質，及時協調在用餐中出現的問題。

(五)退房

會議團隊離店時，由於人數多，用房多，查房時間較長，容易造成大量顧客停滯前檯，給前檯工作帶來較大壓力，影響其他客戶辦理手續。旅館在

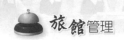

為會議團隊退房前，應及時聯繫會議組織者，掌握會議團隊離店日期和時間，安排顧客分批次退房，錯開集體退房，並及時聯繫客務部與房務部，增加服務員或安排熟練員工，提前安排查房，做好相關準備工作，避免過多顧客積壓在前檯的現象，保證顧客滿意離店。旅館在會議接待過程中，以客戶需求為導向，有效整合並合理配置，各部門團結協作，密切配合，實施「一條龍」的會議服務，在會議客戶的報到、住房、用餐、會議等一系列服務中，優質化會議服務流程，提供快速、全面、周到的服務，提高會議服務營運管理效率，滿足客戶需求。

三、旅館會議服務流程

會議服務流程分下列階段，說明如下：

(一)會前準備工作

會前準備是工作中的重要環節，目的在於使會議服務人員做好充分的心理準備和完善的物質準備。

1. 瞭解會議基本情況：服務員接到召開會議的通知單後，首先要掌握以下情況：出席會議的人數、會議類型、名稱、主辦單位、會議排程、會議的賓主身分、會議標準、會議的特殊要求及與會者的風俗習慣等。
2. 調配人員、分工負責：在會前，主管人員或經理要向參加會議服務的所有人員介紹會議基本情況，說明服務中的要求和注意事項，進行明確分工。使所有服務員都清楚地知道工作的安排和自己所負責的工作，按照分工，各自進行準備工作。

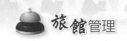

(二)會議服務程序

會議開始前三十分鐘，服務員要各就其位準備迎接會議賓客。如果與會者是住在旅館的客人，只需在會議室入口處設迎賓員；如果與會者不在此住宿，還應在本館大廳門口處設迎賓員歡迎賓客，並為客人引路。

1. 客人來到時，服務員要精神飽滿、熱情禮貌地站在會議廳（室）的入口處迎接客人，配合會務組人員的工作，請賓客簽到、發放資料、引領賓客就座，然後送上香巾、茶水。
2. 會議進行中間適時加水，服務動作要輕、穩，按上茶服務規範進行。
3. 會議過程中，服務員要精神集中，注意觀察與會者有無服務要求。
4. 會議如設有主席臺，應有專人負責主席臺的服務。在主講人發言時，服務員要隨時為其添加茶水、送香巾等。
5. 會議結束時，服務員要及時提醒客人帶好自己的東西。

(三)用餐時員工服務禮儀

客人用餐時先要向客人表示問候，把菜單遞送給客人，請求客人點餐，並主動介紹旅館的特色食物和飲品。

(四)會議結束

1. 賓客全部離開會場後，服務員要檢查會場有無客人遺忘的物品。如發現賓客的遺留物品要及時與會務組聯繫，儘快轉交失主。
2. 清理會場要不留死角，如會議有人吸菸時，特別留意有無未滅的菸頭，避免留下事故隱患。
3. 清掃衛生，桌椅歸位，撤下會議所用之物，分門別類收藏整齊，關閉電源、關好門窗，再巡視一遍，確認無誤後撤出鎖門。

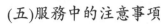

(五)服務中的注意事項

1. 如賓客表示會議期間不用服務時，服務員要在會場外面值班，以備客人需要服務其他事務。
2. 會議進行中，如果有電話找人，服務員應釐清被找人的單位、姓名，然後很有禮貌地通知被找客人，如果不認識要找的人，應透過會務組人員尋找。

第三節　旅館會議部門工作內容職責

在大部分旅館中，會議部門編制於宴會部之下，會議主管對宴會部經理負責，但在大型會議旅館（convention hotel）中，會議部是獨立運作的，會議部經理掌控整個會議部門。其工作內容與職責如下：

一、會議經理工作職責

1. 主持會議廳每日工作會，檢討前一天工作狀況，布置和傳達部門工作指令及當日工作安排。
2. 負責會議準備、會中、會議結束的各種檢查，督導會議廳服務工作和其他各項任務、服務程序和標準的貫徹落實。
3. 參與制定會議廳的服務標準和工作程序，並組織和督導員工嚴格執行。
4. 檢查會議廳（室）、公共區域的清潔保養，使清潔、物品配備符合要求規範，負責設施設備日常管理，定期進行維護保養工作。
5. 督導員工正確使用會議廳各項設備和用品，並做好清潔工作。
6. 督導音控人員，確保燈光、音響等設備狀況完好，均符合標準。

7.督導員工保持會議廳衛生水準及良好的工作環境，做好計畫衛生和日常衛生工作。

8.處理對客關係，妥善處理客人投訴及各種突發事件。

9.建立嚴格的物資管理制度，負責管理會議廳的各種物品，減少損耗，降低成本。

10.簽署會議廳運作所需的各種物品領用單、設備維修單等各項表單。

11.負責員工培訓計畫實施，定期組織員工培訓，不斷地提高員工的服務技能。

12.負責定期進行員工績效評估，激勵員工工作積極性，提高員工團隊意識。

13.負責會議廳的安全防範工作，發現隱患及時會報上級或安全警衛部。

14.督導員工遵守旅館各項規章制度及標準操作規範。

15.帶領服務人員親自為VIP客戶服務。

16.做好員工之間溝通工作，關心員工工作及日常生活。

17.與其他餐廳及其他部門做好訊息的溝通及相關的協調工作。

18.完成上級其他交辦事項。

二、會議服務員工作職責

1.接受會議主管的領導和工作分配，嚴格遵守會議部的工作要求和服務流程。

2.工作中保持良好的服裝儀容和精神飽滿。

3.接到會議通知單後，詳細瞭解會議名稱、性質、開會時間、與會人數、會場布置要求以及其他特殊要求，有疑問時及時與主管溝通。

4.嚴格按照會議確認單中載明的各項會議要求，做好會場布置工作，保證會議各項所需無誤。

5.維護設備設施的正常運轉，並在會前半小時完成所有的會前準備工

作。

6.會議入場時,要做好對客人的歡迎和引領服務。

7.會議進行中,根據客戶的需求做好添加茶水服務和其他協助,遇到客
  戶需要協助時須儘量滿足,不能解決的要馬上報告主管。

8.會議服務過程中,不能隨意離開工作崗位,需要離開時要請示主管找
  人替代工作。

9.會議結束前三十分鐘須準備好客戶的消費帳單,會議結束後協助客人
  做好結帳工作。

10.客人離開會議時,要做好歡送工作,提醒客人帶齊行李物品,發現
   遺留物品及時聯繫客戶解決。

11.工作中經常巡視會議區域,保持會議廳(室)內及公共區域的環境衛
   生,檢查各項設備的使用和保養情況、用品及消耗,確保各種設施的
   正常使用,發現設備故障及時報修。

12.根據會議的接待情況和客戶的回饋資訊,適時提出服務或工作改進
   意見。

13.積極參加各種培訓活動,努力學習相關業務知識,提高業務技能,
   滿足各項服務要求。

14.處理客戶的簡單投訴,解答客戶的一般業務諮詢,不能處理的馬上
   報知主管。

15.完成上級交辦的其他事項。

第四節　旅館會議服務品質的有效管理

　　隨著旅館業不斷地發展,市場競爭不斷地加劇,各旅館為提高經濟效
益,對自身的客源市場也在不斷地調整。會議已成為旅館的一個重要客源市
場,會議帶來的收入已成為旅館經濟效益的增長點。要想做好會議客源市
場,旅館的會議服務是關鍵。因此準確、細膩而嫻熟地把握好會議服務的三

環節——會前服務、會中服務和會後服務是做好會議服務的根本,說明如下:

一、會前服務

1.要有精明強幹的會議服務銷售骨幹:會議銷售骨幹不僅要瞭解和熟悉旅館的設備、設施與內部運作流程,具有相當的溝通能力,能夠正確靈活地運用旅館授予的權力,而且隨機應變地運用談判技巧,促使洽談獲得成功。

2.銷售洽談要有誠意及耐心:會議銷售人員與會議組織者交談時,要尊重對方的要求和意見,特別是對方將旅館承接會議服務的條件與其他旅館比較時,要善於傾聽和理解,然後以得體的方式提供旅館的特點和以往成功接待會議的詳細情況,加強相互間溝通。往往承接一個會議不是一次就能談成功,會經過多次交涉,因此會議銷售人員要有充分的耐心,直至洽談成功。

3.談價格先要贏得客人的信賴:會議組織者在洽談中往往首先詢問價格和優惠政策這類問題,會議服務銷售人員應極力避免價格成為客人選擇的第一條件。銷售人員在洽談中要有意識地摸清客人的心理價位。若差距不大,銷售人員應撇開價格,與會議組織者講出會議的策劃,介紹旅館會議服務的特點,讓對方感到旅館是把服務放在第一位,盈利放在第二位,只有客人相信旅館能提供優質服務,才有合理的價格可談。

4.參與會議的總體策劃:各類型會議的前期準備是非常重要的。旅館會議銷售員面對的會議組織者可能是有經驗的,也可能是沒有經驗的,這就要求旅館的銷售員必要時提供延伸服務。如會程的安排以旅館會議接待的經驗來看是否合理,可向會議組織者提供參考意見和建議等,協助會議組織者圓滿完成會議計畫。

5.認真做好「預訂書」和「計畫書」:關於會議服務的所有安排和要

求，均要以「預訂書」或「協議書」爲準。在「預訂書」中要明確會議的各項要求，任何修改和調整都必須透過雙方的確認書予以確認洽談等。旅館方必須把向客人做出的承諾一一詳細記錄，以此制定詳細的「計畫書」，即「接待計畫」，每項承諾由誰負責、何時完成，均要落實。

二、會中服務

1. 會議期間，旅館應有專人負責與會議組織者溝通、聯絡，及時跟進確保會議服務的統一指揮和協調。
2. 會議期間，旅館的會議聯絡員要有極強的組織能力，能有效及時地處理會議中的緊急需求，保證會議的正常進行。
3. 順應與會者的心理，組織各種形式的留念活動。大型會議的參與者把承辦旅館作爲美好經歷烙印於心，旅館應藉此把文章做好做足，比如簽字留念、拍照留念或贈送旅館小紀念品，使與會者成爲旅館的潛在客戶。

三、會後服務

1. 會議結束時，旅館的服務沒有結束：會議結束了，會務組也撤了，但逗留的客人仍是我們服務的重點，應讓他們感到旅館是「家外之家」。同時，旅館方要做好會後各種費用的結算工作，每筆費用清清楚楚，方便會議組織者結帳。
2. 做好跟蹤調查：將收集的本次會議的各種資訊歸類、分析、整理並存檔，發現問題並找出規律性，作爲提高會議服務品質的依據。
3. 索取會議活動的資訊和資料：大型會議的與會者來自四面八方，他們是本次會議的參加者，可能他們就是下次會議的組織者和決策者。因

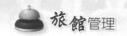

此旅館應特別注意收集舉辦會議的大量資訊，爲下次會議的承辦打下基礎。

4.做好存檔工作：將會議組織者和出席者的資料歸檔，並向他們定期或不定期寄送旅館的資訊和資料，對重要的客人，定期作銷售拜訪，逐漸使他們感到自己是旅館的貴賓而成爲旅館忠實或潛在的客戶。

綜上所述，會議服務的三個環節是相輔相成，缺一不可的，每一個環節都非常重要，每一個環節完成的好壞將直接影響會議的服務品質。因此，一家旅館要做好會議接待必須在這三個環節上下功夫，精益求精，做出自己的特色，使旅館在激烈的市場競爭中立於不敗之地。

第五節　會議服務操作流程

會議成爲旅館的重要客源，會議在旅館的全過程的服務和管理就顯得尤爲重要，旅館會議服務需要將每一工作崗位職責和操作流程制度化、標準化。

一、會議服務安全操作流程

(一)掌握瞭解會議情況

1.掌握主辦會議單位的名稱、參加的人數及主要賓客的姓名。
2.瞭解所用會場的類型。
3.掌握舉行會議時間、場次。
4.掌握會場布置的具體要求。
5.瞭解主持會議的負責人和主要賓客的生活習俗。

(二)會前準備

1.製作懸掛會標、會徽、歡迎幅或標語。

2.按要求的會場形式擺設桌椅、沙發，擺放設計精美的花藝和花台。

3.會議桌上擺放茶杯、茶碟、茶包，按主辦單位要求擺放飲料、乾果、水果等。

4.會議桌上擺放便箋、鉛筆（或原子筆）。

5.檢查音響、視聽設備、燈光。

6.做好通風換氣，保持室內空氣新鮮。

7.檢查消防器材的擺放位置及保持完好程度。

8.清整會場衛生，保持清潔。

9.按會議人數備足開水。

10.檢查電子螢幕（或跑馬燈）、投影機的功能及內容。

11.會務簽到應設置簽到台，備好簽到表格、簽字筆，簽到台應設置明顯的標識。

12.應客戶的要求提供鮮花、盆景，列出各種鮮花、盆景的品種、數量、價格及擺放位置，在客戶確認後於會務開始前兩小時準備擺放到位。

(三)入場迎接服務

1.在開會前二十分鐘應將會議室打開，安排二名服務員站在門口迎接客人（主賓）。

2.客人（主賓）到達時問好。

3.引客人（主賓）到預定的座位上，動作要穩，保證安全暢順。

4.客人（主賓）坐定後，送上小毛巾。

5.為客人（主賓）倒茶。

6.入場完畢後，關好會場門，保持環境安靜。

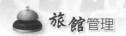

(四)對主席桌上的貴賓服務

1.凡在主席桌上就座的貴賓，隨其到座位上，為其拉椅讓座。

2.貴賓坐定後，即送上小毛巾，隨即為其沏茶。

3.主講人在開始講話時即為其倒茶；隨時為其倒茶。

4.在一般情況下，第一次續茶在會議開始後二十分鐘左右進行，第二次起一般在三十分鐘左右進行。

5.主講人每換一位，應更換茶杯。

6.隨時注意觀察就座的貴賓的動向，隨時為其服務和解決問題。

(五)開會過程中的服務標準

1.堅守崗位、維護會場安靜環境，無關人員不得入內。

2.隨時為會場進出人員開門。

3.音響、燈光等要有專人值班操作，不得擅離崗位，保證會議順利進行。

4.尋人時，服務員要透過會議工作人員聯繫，不能直接找或高聲呼叫。

5.與會務有關的電話，應與會議工作人員聯繫接聽，不得隨意處理。

6.適時續倒茶水。

7.會議間可視情況送小毛巾。

8.適時補送熱水瓶的開水。

9.會議間如休息應先清理廢棄物。

10.隨時觀察會議室溫度及音響效果，並及時調整。

(六)會議結束時的服務

1.會議結束時迅速打開會議廳的門，站在門口歡迎客人。

2.填寫使用會場結算單，請主辦單位負責人簽字或帶至服務台結帳。

3.徵詢會議工作人員意見，問清下次使用會場的時間和要求。

4.檢查有無遺留物品，如有及時送還，無法送還的交給會務組。

旅館的會議場所（亦可兼產品展示、社交活動或宴客場所的多功能廳）

5.檢查有無損失丟失物品，如有應填報賠償單，請會務工作人員簽字結
算。

(七)整理清潔會場

1.先將溫水瓶集中於茶水間。

2.收茶杯、杯盤，送消毒間清洗消毒。

3.收文具、雜物。

4.檢查各種設備設施有無故障，如有立即填報維修單，及時修復，不能
影響下次會議使用。

5.對安全設施進行仔細檢查，發現問題，立即報告。

6.環視會場整體狀態，不符合標準，不協調的地方要重新整理，以下次
會議能正常使用為準。

7.關閉空調、窗戶、燈、門、電器用品。

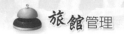

(八)記錄填表

1.記錄使用單位名稱及人數。
2.記清使用會場的形狀及特需要求。
3.填報本次會議實際消耗的所有物品。
4.填報結算單，記清應當由會議單位支付的各項費用。
5.載明本次會議所發生處理過的事項。
6.記明與會人員的意見要求，並報告主管。

二、會議擺桌標準

(一)準備工作

1.清潔會議室地毯，使其無灰塵、無汙跡、無雜物等。
2.檢查並擦拭座椅、會議桌面，使其牢固、完好、使用正常，且無灰塵、無汙跡、無雜物、無水跡等。
3.根據預訂單，準備同與會客人人數相一致的用具（座椅、杯具、杯墊、信紙、鉛筆等），且杯具須消毒，並做到一客一消毒。

(二)擺桌

1.擺放座椅：擺放同與會客人人數相一致的座椅，座椅須擺放整齊、到位，使之布局合理，且座椅間距須相等。
2.擺放杯具：在距離環型桌上側邊緣1公分處擺放杯墊，且杯墊上的旅館標識（logo）須面向客人；將茶杯盤、茶杯放置在杯墊上，且茶杯把須朝向右側，茶杯盤和茶杯須潔淨、無水跡、無破損、無茶垢。
3.擺放信紙：緊貼環型桌的下側邊緣擺放信紙，且信紙上的旅館標識須面向客人。

4.擺放鉛筆：將削好的鉛筆擺放在桌面上，靠近信紙的右側，其間距為1公分，且筆尖須與信紙的底邊持平。

(三)擺放影音設備

根據預訂單的要求將所需影音設備（放映機、白板、麥克風、走馬燈等）擺放整齊、到位，並檢查、測試好。

(四)檢查

檢查擺桌是否符合上述標準。此外，在考慮座位時要注意三方面的內容：

1.舒服的椅子。
2.與會者關閉電話。
3.不要安排與會者坐於直射光或空調通風之下。

旅館裡的中小型會議廳

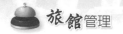

事前準備會議用品、檢查視聽設備的正常性及書寫工具等，空調不合適、不通風或光線不足、悶熱、開關或插頭未檢查、出現技術問題等，這些都可能會導致會議失敗。

專欄 12-1　會展產業

會展產業（MICE）不僅是一個國家的經貿櫥窗，其發展程度也是評量一地國際化程度的重要指標。被譽為現代服務業中的「城市麵包」、「無煙囪產業」，屬高收入、高盈利、關聯效應帶動大的經濟產業。

會議展覽產業（MICE industry）的「定義」：

1. 以「服務」為基礎，以「資源整合」為手段，以「帶動衛星產業」為目的，以「會議展覽」為主體所形成的產業型態，被稱為「火車頭產業」。

   從事的主要經濟活動：展覽籌辦、會議籌辦。
2. 特性介於製造業與服務業之間，被稱為2.5產業。
3. 我國交通部觀光局界定會展產業：

   (1)一般會議（Meeting）

   (2)獎勵旅遊（Incentive）

   (3)大型會議（Convention）

   (4)展覽（Exhibition）

會展產業相關名詞定義如下：

項目	定義內容
會議 （Meeting）	一群人在特定時間與地點相聚，為了某種目的或需求，使參與者可以相互討論或分享資訊，以滿足所需的一種室內性為主的活動。
展覽 （Exhibition）	在某一地點舉行，參展者與參觀者藉由陳列物品產生互動。參展者可以將展示物品推銷或介紹給參觀者，有機會建立與潛在顧客的關係。參觀者則可從展覽中獲得有興趣或有用的資訊。

活動 （Event）	為了滿足某特殊需求所規劃好的非經常事件，以便可在公開場合提供或配合的相關活動，使籌辦者和參與者可藉由活動滿足需求。

會議相關定義：

作者或單位	定義內容
會議產業諮詢議會 （Convention Industry Council, CIC）	一定數量的人聚集在一個地點，進行協調或執行某項行動。
英國觀光局（British Tourist Authority, BTA）	1.不在露天場地舉行的一切人的聚會（可包含大會、議會、專業會議、研討會、工作坊、討論會等），主旨在於分享並流通資訊。 2.必須至少六小時的室內會議，至少8人參與。
中華國際會議展覽協會 （Taiwan Convention & Exhibition Association, TCEA）	一群人在特定時間、地點聚集來研商或進行某特定活動。含義最廣泛，是各種會議的總稱。

國際會議相關門檻定義：

作者或單位	定義內容
國際組織聯盟（Union of International Association, UIA）	1.參加會議的國家達5國以上。 2.至少40%與會者來自不同的國家且至少有5國與會者。 3.會期至少三天，至少300名與會者或同時間舉行展覽。
國際會議協會 （International Congress & Convention Association, ICCA）	1.參加會議國家達3國以上。 2.參加會議人員達50人以上。 3.定期舉行。
中華國際會議展覽協會	1.與會人員達50人以上。 2.外國籍與會人數必須達全體與會人員20%以上。
經濟部商業司（新修訂）	1.與會人員來自5國以上（含會議舉辦地主國）。 2.與會人數100人以上（其中外國人占30%或50人以上）。

資料來源：會展產業概論-A01（csu.edu.tw）

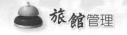

結 語

　　隨著社會流動的發展加上網路普遍使用，旅館的會議市場不僅僅局限於周邊企業公司，外來的企業會議訂單甚至可以占到旅館會議總訂單的一半以上，可見會議承接能夠給旅館帶來的收益是十分可觀的。會議市場雖然吸引力大，但畢竟也已經發展多年，所以旅館之間會議市場的競爭激烈是可想而知的，由此可瞭解到：

　　1.旅館的會議是旅館（尤其高星級旅館）必不可少的組成部分。
　　2.旅館會議消費具有高檔性和團隊性，能為旅館帶來良好的經濟效應。

　　旅館的會議強調要創新思路，提升服務，打造特色，以品質和口碑吸引客戶。要提升品質，加大硬體設施更新投入，為客人提供乾淨整潔、舒適的住宿環境；要改進服務品質，提高服務水準，提升客人體驗感和滿意度。
　　總之，要做好旅館的會議行銷推廣，拓展市場空間，打造旅館的良好形象。

Chapter 13

旅館的宴會經營

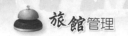

隨著我國經濟和旅遊業的發展，宴會在旅館中顯得越來越重要，於是宴會部門成為旅館經營中越來越重要的部分，宴會營業收入比重也越來越多，於是一些大型旅館專門將宴會經營和管理從餐飲部分離出來，形成獨立的部門。

宴會是一種重要的交際形式，不論是私人婚宴、壽宴、企業團體的業務宴請或是政府的國宴，都是具較高規格的享受與社交型的餐飲活動。作為餐飲從業人員，必須把握客人的需求脈動，善於區分不同對象需求差異，從而找到擴大銷路的契機。

由於宴會廳和多功能廳不僅在人員配備上占有優勢，以大型旅館為例，其面積平均也占了旅館30～50%。因宴會的毛利高，其盈利是旅館經濟收入的一個重要管道。

第一節　宴會部在旅館中的功能與重要性

宴會部的整體營收在旅館經營管理上占有相當大比重，宴會營業面積大，消費人數多，消費水平高，是旅館收入的重要來源之一。茲敘述其功能與重要性：

一、宴會部的功能

從經營活動的內容來看，宴會經營項目主要有三大類：

1. 宴會部活動包括各種規格與形式的宴會、酒會，通常有結婚喜宴、滿月宴、壽宴、謝師宴、慶功宴等。
2. 以會議為主的活動，包括各種規格與形式的國際性、地區性會議，各種形式的學術會議，各種研討會、商品展銷會、產品發表會、記者招待會、茶話會等。會議的場地租金不比宴會低，而消費成本卻不高。

3.以娛樂爲主的活動，例如歌友會、舞會、文藝演出、時裝表演、國際標準舞大賽等。

二、宴會部的重要性

宴會部較旅館其他營業部門的「加值性」功能更爲顯著，其重要性不言可喻。

(一)宴會在接待規模上比一般的餐飲要大得多

宴會不同於一般的單點餐飲，儘管與一般的單點餐飲的人均比起來要低一些，可是因爲其規劃比較大，就使得宴會的整體收入要高得多。這樣就能讓旅館迅速的回收本錢，取得盈利。

(二)宴會的營運風險比較小

宴會一般選用大批訂購材料的方式進行製作與出售，這樣能夠使旅館依據預訂的狀況適當的進行採購，這樣就能夠防止浪費，然後節省本錢。

(三)宴會能夠讓旅館優質的勞務得到更好的表現

宴會這種預訂的消費，使得旅館有更長的時間進行準備，這樣旅館就能夠盡善盡美的完成客人的各種要求，也能夠預估一些可能呈現的疏忽，然後作出相應的應急辦法。

(四)透過宴會旅館也能夠得到比較廣泛的口碑宣傳

旅館宴會面臨的顧客是多樣的，包含不同的消費層次，這樣旅館的卓越服務就能夠在不同的消費層次中得到宣傳，增加了旅館的潛在顧客。

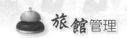

(五)宴會能夠帶動其他項目的出售

一次宴會使得客人不僅僅是用餐這麼單一化，當然附帶了酒水的出售，旅館還供給健身娛樂的設備，這也有可能影響客人的其他消費，然後帶動其他項目的出售。

(六)宴會能夠使烹調技術水準提高及管理者的管理水準得以進步

宴會是旅館提高烹調技術水準的好機會，發展烹調藝術，創造優秀產品和培養廚師能力的關鍵在於實際操作。產品越名貴，加工越複雜，成本支出越高。在正常經營條件，出於降低成本費用需要，廚師人員不可能有大量機會練習優秀產品的操作，而宴會經營卻提供了發展烹調藝術，創造優秀產品的良好機會。特別是大型高檔宴會用餐人數多、消費水準高，其組織管理過程有一套複雜的工作流程，需要較高的專業技術水準和協調配合能力、要求較高的服務水準和服務技能，舉辦宴會可以使管理人員和服務人員得到良好的鍛鍊，能提高管理人員和服務人員的專業技術水準，這對提高整個餐飲管理水準、服務品質和經濟效益都是十分重要的。而且，宴會畢竟是一個大型性的銷售，面臨的服務勞務和顧客都比較多，因而這之間可能發生的突發事件也比較多，這就要求管理者能在短時間內對各種突發事件作出正確的決策。

第二節　宴會部的組織結構

宴會部為了在工作上效率的發揮，分層負責與分工合作是非常重要的，茲敘述如下：

一、宴會部組織層級

宴會部組織機構大致由四個層次組成：

1.部門最高管理層：即宴會部經理。
2.現場管理層：包括宴會部業務經理、宴會廳經理、總廚師長等。
3.作業組織層：包括訂宴主管、宴會廳領班、廚房領班等作業層。
4.作業層：包括宴會部秘書、宴會部訂席員、宴會廳服務員、廚師、廚工等。

其中1和2管理層的職能是對宴會部的計畫、促銷、督導、核算、成本控制等進行管理；3、4作業層的職能是對宴會部的採購、驗收、儲存、領發、生產、銷售等環節直接操作。

二、宴會部的組織機構設置

宴會部的組織分工細膩，各大旅館依其規模在編制上有所不同，但整體而言，主結構如**圖13-1**。

三、宴會部組織機構人員配置

一般旅館實行彈性工作制，宴會部作業繁忙時，上班人數多；業務較為清淡時，可以少安排員工，而有的宴會部則實行兩班制或多班制，這樣分班，工作崗位的基本人數就能滿足宴會作業的運轉，也可節省人力。旺季時，管理人員應預先估計需要臨時工的數量，並預先做好安排，為保證宴會作業銷售中服務品質，正職員工的數量不能過少。

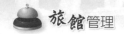

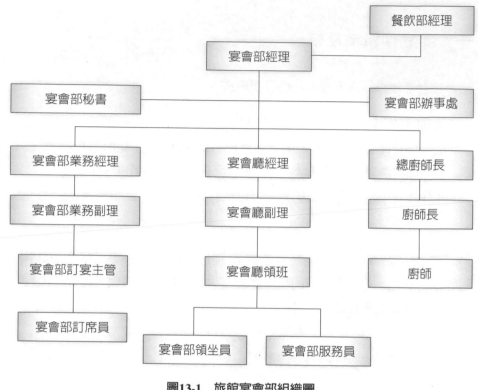

圖13-1　旅館宴會部組織圖

第三節　宴會廳各級人員職責與工作內容

要辦好一場宴會，使顧客滿意，確實是一種費心費力的工作，但是長年下來，累積寶貴的工作經驗，各項工作步入正軌，將使一場宴會辦得駕輕就熟。

一、成功的宴會注意事項

成功的宴會不外乎做好下列事項：

1. 及時處理客人投訴，做好宴會部服務態度和服務品質。
2. 做好設備的維修和保養工作，努力減少餐具、用具的損耗。
3. 負責服務員的業務培訓工作。
4. 做好飲食衛生工作，嚴格管制飲食環境衛生、餐具衛生、食品衛生、操作衛生、個人衛生的管理。
5. 做好與其他部門的協調工作。
6. 熟悉各種宴會的餐廳布置、檯面設計、菜餚酒水及服務規範。
7. 合理安排人力和餐具用具，保證宴會按時進行。
8. 確保在場地舉辦的各項活動安全有序、高效進行，並爲主辦方提供優質的服務和最大的支援。
9. 檢查所有宴會場地、設備設施的功能順暢、安全衛生情況、食物的品質及服務達到標準，確保宴會順利進行。

二、各級人員職責與工作內容

宴會部門的分工合作是不可忽視的，下列是各職級人員的職責與工作內容：

(一)宴會部經理

◆崗位職責

負責宴會部門統籌管理工作，執行宴會部的規章制度、操作程序和工作標準，並督導和執行；精通宴會推廣、洽談和團隊的組建。

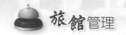

◆工作內容

1. 進行行業調查研究，做好客源分析，掌握消費者心理，多方進行宣傳工作組織客源，廣交新客戶，不斷地擴大經營範圍。

2. 瞭解食品原材料價格，瞭解和掌握旅館各種食品的庫存，並注意推廣和銷售。

3. 建立食譜檔案，對熟悉客戶要注意其口味特點，經常變換菜色，使客人感到旅館的菜色品目豐富。

4. 對旅館內部各部門同僚熱情友好，謙虛謹慎。與各部門的協調與溝通要注意方法，爭取得到各部門對宴會部工作的配合，協助與支持。

5. 制定宴會部的市場行銷計畫、經營預算及目標，建立並完善宴會部的工作流程和標準，制定宴會各項規章制度並指揮實施。

6. 參加旅館管理人員會議和餐飲部例會、宴會部例會，完成上傳下達的工作。

7. 負責下屬的任命，安排工作並督導日常工作，控制宴會部市場銷售、服務品質、成本，保證宴會部各環節正常運轉。

8. 定期對下屬進行績效評估，按獎懲制度實施獎懲；組織、督導、實施宴會部的培訓工作，提高員工素質。

9. 和總廚師長（行政總廚）溝通協調，共同議定宴會的菜單品目和價格。

(二)宴會廳經理

◆崗位職責

負責餐廳的一切事務，對屬下進行嚴格的管理，保證為客人提供優質服務，完成每日營業指標。

◆工作內容

1. 按照服務流程與標準的要求，檢查正副主管、正副領班和服務員的工

作。

2.參加餐飲部例會，召集宴會廳勤前會，布置任務，完成上傳下達工作。

3.安排下級班次，督導日常工作。

4.與廚師長合作，共同完成每週或每日廚師長特薦菜色。

5.瞭解餐廳的經營情況，服務品質，制定美食節計畫及裝飾計畫並組織落實。

6.對重要客人及宴會客人予以特殊關注。

7.處理客人投訴、抱怨與客人溝通，徵得客人回饋意見及建議。

8.負責宴會廳人事安排及效績評估，按表現實施獎懲。

9.督導實施培訓，確保宴會廳服務員有良好的專業知識、技能及良好的工作態度。

10.負責宴會廳硬體設施的保養維護和更新。

11.完成與其他部門間的溝通與合作。

12.適時將宴會廳經營情況及一切特殊情況的發生，包括客人投訴等彙報給宴會部經理。

(三)宴會廳副理

◆崗位職責

協助經理處理宴會廳的一切事務，負責完善和提高餐廳的服務工作。

◆工作內容

1.經理不在餐廳時，代為承擔經理的職責。

2.督導各領班的工作，調動員工為客人提供優質服務。

3.配合經理進行宴會廳的培訓工作。

4.協調、溝通餐廳與廚房的工作。

5.組織員工清理餐廳衛生，解決員工之間出現的各種問題。

6.餐前檢查宴會廳擺設、清潔衛生、餐廳用品供應的設備設施的完好情況。

7.負責宴會廳用品採購、領貨單的審核及簽字確認。

8.業務繁忙時，帶頭為客人服務，對特殊及重要客人給予關注、推薦特色菜餚，並回答客人問題。

9.處理服務中發生的各種情況，處理客人抱怨投訴。

10.定期對各領班及領位員進行效績評估，向宴會廳經理提出獎懲建議。

(四)宴會廳領班

◆崗位職責

服從宴會廳經理的領導，認真完成每項指派的工作任務。

◆工作內容

1.負責檢查服務員及臨時工服裝儀容。

2.依宴會指示，布置檢查用餐前的準備工作。

3.督導服務員在指定區域按宴會形式給客人提供高品質餐前準備工作。

4.負責用餐前領取所需器皿、檯布、口布及玻璃器皿，做好餐前準備工作。

5.負責巡視檢查各宴會廳燈光、擺設、地毯、門面的整潔衛生、安全事項。

6.按宴會服務流程，嚴格要求每一環節的服務過程以保持高品質的服務作業。

7.負責統計正確的用餐人數以便帳單開立。

8.負責帶領服務員準時地按宴會所需擺設及宴後收拾工作。

9.負責於宴會後退還送洗所有器皿、檯布、口布及玻璃器皿，減少損失破損。

10.在宴會繁忙時，親自代理服務員的工作。

11.重要宴會時親自服務貴賓席。

12.協助廚房有關自助餐補菜工作。

13.服務過程中若遇有客人抱怨事件，及時向經理報告以便處理。

14.執行其他管理層所指派任務。

(五)宴會廳副領班

◆崗位職責

按照規定布置餐廳和用餐前的準備工作，按照服務規範、操作程序為客人提供卓越的服務，並做好餐後的收尾工作。

◆工作內容

1.準時到職，保持服裝儀容整潔。

2.依工作分配，負責宴會廳擺桌，擺設餐具及會議擺桌。

3.熟悉並充分瞭解當日宴會活動項目。

4.負責保持場地清潔衛生，桌面餐具相關各種擺設整齊劃一。

5.按標準作業，為客人提供高品質服務。

6.負責宴會傳菜工作。

7.宴會前須領取備用品、器皿、口布、檯巾、毛巾。

8.下班時與接班同事做好交接工作，工作結束後做好收尾工作。

9.參加部門及培訓部職位知識及外語訓練。

10.工作中發現問題及時報告上級。

11.接受上級指派臨時性工作。

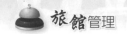

(六)宴會廳訂席員

◆崗位職責

　　掌握各種宴會的標準及價格，熟悉旅館餐飲接待流程和餐飲特色，瞭解菜餚和酒水知識，熟悉重要客源，掌握旅館經營的各種訊息。

◆工作內容

1. 負責各種形式的宴會、會議的接待和商談，並安排和落實。
2. 根據宴會預訂內容詳細記錄，編製和填寫訂宴情況報表及宴會活動通知單，並分別送至有關部門和餐飲部各營業點。
3. 建立宴會訂宴檔案，做好貴賓、大型活動檔案的管理工作。
4. 與客戶建立良好關係，定期聯絡老客戶，加強促銷。
5. 熟悉客戶的個人喜好，能適時給予建議，掌握館內各種活動的詳細訊息，準確回應客人電話諮詢，做好旅館窗口形象。
6. 熟記館內各部門、主管、協調單位的電話，並能準確報出聯繫人的姓名及職務，負責協調各部門不同觀點，力爭高效益。
7. 協助宴會部經理制定大型活動計畫，並制定新舊客戶拜訪計畫，按計畫進行客戶拜訪，對客人的意見和建議，及時彙整呈報上級。
8. 完成上級交辦的其他各項任務。

第四節　宴會廳的服務流程

　　大型宴會對許多旅館都起著至關重要的作用，而做好一場宴會需要整個旅館的總體策劃，經營預算等組織的實施。而宴會流程繁瑣，不僅要根據客戶的要求來制定預定桌數，在宴席前更要瞭解客人的大致習慣確定菜色等，宴會當天還要負責場景的布置等問題，結束後還要檢查客人是否有物品遺留

等問題。總而言之,在一場宴會中會遇到各種問題以及各種突發情況,作業時必須保證每一個環節的正常運轉,方能確保旅館宴會流程的順利進行。

一、宴會管理

一場成功的宴會從策劃、執行、收尾等程序,是宴會部員工心血的成果,其中有若干細密的步驟,茲敘述如下:

(一)掌握宴會基本情況

1. 宴會的時間和地點。
2. 宴會的人數和桌數及賓主身分、姓名等。
3. 宴會廳布置要求。
4. 宴會標準及付款方式。
5. 菜餚、酒水情況。
6. 服務人員的分工。
7. 客人的特殊要求和禁忌。
8. 宴會主辦者的其他要求。

(二)工作安排與人員分工

接到宴會任務通知書後,管理人員應該根據宴會規模和要求明確各項工作任務,然後向參與宴會作業的服務人員分派工作任務,每個人分工明確,責任劃分清楚。

(三)準備工作的組織與檢查

準備工作包括宴會廳的布置要求、餐檯的式樣、餐酒用具的領用、酒水的準備、擺檯的標準、冷菜擺放的要求等。管理人員應將所有準備工作考慮周詳,督促服務人員完成,並進行詳細的檢查,保證萬無一失。

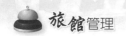
旅館管理

(四)與廚房的溝通協調

宴會管理人員必須事先做好與廚房的溝通，如冷菜的特色、熱菜的上菜順序、所用的餐具、菜色所用的調配料等。在宴會進行過程中，管理人員必須根據宴會進程及時與廚房協調，控制出菜的速度。

(五)宴會過程的控制

1. 按宴會主辦單位的要求來控制掌握整個宴會的時間。
2. 根據客人的進餐速度來控制上菜的速度。一般說來，每道熱菜的間隔時間在十分鐘左右。
3. 主管在會場巡視，隨時控制服務品質，確保宴會服務規格。
4. 及時解決宴會過程中出現的問題。
5. 督促服務員做好宴會的各項收尾工作。

(六)宴會後的總結

1. 每次宴會結束後都應總結本次宴會的成功經驗，然後加以推廣。
2. 在總結經驗的同時，找出本次宴會的不足，分析產生問題的原因，提出解決辦法，以便在下次宴會時改進。

二、宴會前準備程序

(一)桌型布置

根據已設計好的桌型圖擺好餐桌，設置服務桌，圍上桌裙並擺桌。

(二)備餐具

把宴會所用的各種餐具整齊地擺放在服務檯上。例如：

1. 瓷器類：餐碟、碟墊、味碟、茶盤、茶杯、飯碗、湯碗、湯匙等。
2. 金屬器類：主菜刀叉、水果刀叉、銀匙、點心叉匙、服務叉匙、筷子架等。
3. 玻璃器皿類：水杯、葡萄酒杯、白酒杯、香檳杯、白蘭地酒杯等。
4. 其他：筷子、胡椒瓶、牙籤、席次牌、冰桶、冰夾、托盤，宴會所需的桌面、桌子、椅子等。
5. 如餐廳原有的設備不能滿足主辦單位的需要，應與主辦單位協商尋找解決方法。

(三)備布巾

將宴會所使用到的布巾提前準備好備用。例如：桌布、餐巾、小毛巾等。

(四)備茶水

宴會前三十分鐘準備好休息室用的茶壺、茶葉及開水，並放於休息室服務檯上。

(五)備酒水

宴會前三十分鐘按宴會標準取出相應的酒品飲料，擺放於服務檯上。

(六)上小菜、佐料、擺置毛巾

宴會前十五分鐘上小菜，斟倒醬油，將小毛巾擺上餐檯。

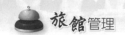

(七)開空調、燈光

1.宴會前須開啓空調，使宴會廳溫度適宜，大型宴會廳提前三十分鐘開啓，小型宴會廳提前十五分鐘開啓。
2.提前三十分鐘開啓宴會廳所有的照明燈光。

(八)檢查

宴會前十五分鐘，對宴會廳進行最後一次檢查，如有不符合要求的，立即給予糾正彌補。

(九)就位迎客

宴會前十分鐘，宴會廳服務員站立在各自崗位上，面向宴會廳門口，準備迎接客人。

三、宴會中服務工作標準

(一)迎客、引座

1.宴會客人到達時，熱情地向客人問候並表示歡迎。
2.為客人保存衣物，向客人遞送衣物寄存卡。
3.引領客人到休息廳休息，然後上小毛巾並斟茶水。
4.主人表示可入席時，引領客人入席。

(二)斟酒水

1.為客人拉椅，打開餐巾，折去筷子套，然後送上各種酒水，待客人選定後為客人斟倒；先斟飲料，再斟葡萄酒，最後斟烈性酒（視客人需

要）。

　2.宴會開始前賓主講話致詞時，服務員應停止操作，講話即將結束時向講話人送上一杯酒，並為無酒或少酒的客人斟酒，供祝酒之用。

(三)上菜

　1.主人宣布宴會開始，按「宴會出菜服務流程」出菜，新上的菜放在主人和主賓面前，熱菜上桌後取下蓋子；上菜前撤去餐桌上的鮮花。

　2.上菜後服務員主動介紹菜名和風味特點，簡要地講解菜餚的歷史典故，然後根據主人的要求分菜或派菜，並提供相應的服務。

(四)席間服務

　1.在進餐過程中，服務員須為客人勤撤換餐具，每用完一道菜撤換一次；不需分菜或派菜則等客人用完後撤下；另外還須勤送茶水、小毛巾。

　2.在宴會進行中，如客人離開座位去其他餐桌敬酒時，服務員要主動為其拉椅，將其餐巾疊好，放在筷子旁邊。

　3.客人在進餐時，如餐具不慎掉地，服務員應立即補上乾淨餐具，收起地上的餐具；如客人弄翻了酒具，髒了桌面或衣服，用濕毛巾擦淨檯布，再用乾淨餐巾蓋住桌面擦拭處；必要時向客人提供旅館的洗衣服務。

　4.當客人吃完主菜後，即清理桌面，然後上甜食，吃完甜食後再更換餐具，上水果。

(五)結帳

宴會即將結束，餐廳負責人準備好帳單與宴會主辦人聯繫結帳。

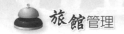

(六)送客

宴會結束時，服務員為客人拉椅，遞送衣物，熱情歡送客人。

四、宴會服務的注意事項

1.服務操作時，注意輕拿輕放，嚴防打碎餐具和碰翻酒瓶酒杯，從而影響場內氣氛。如果不慎將酒水或菜汁沾在賓客身上，要表示歉意，並立即用毛巾或香巾幫助擦拭（如為女賓，男服務員不要動手幫助擦拭）。

2.當賓主在席間講話致詞時，服務員要停止操作，迅速退至工作檯兩側肅立，姿勢要端正。餐廳內保持安靜，切忌發出響聲。

3.宴會進行中，各桌值檯員要分工協作，密切配合。服務出現漏洞，要立刻彌補，以高品質的服務和食品贏得賓客的讚賞。

4.席間若有賓客突感身體不適，應立即請醫務室協助並向領班報告，並將食物原樣保存，留待化驗。

5.宴會結束後，應主動徵求賓主和陪同人員對服務和菜品的意見，客氣地與賓客道別。當賓客主動與自己握手表示感謝時，視賓客神態適當地握手。

6.宴會主管人員要對完成任務的情況進行檢討，不斷地提高餐廳的服務品質和服務水準。

第五節　宴會的趨勢與發展

今後，人們對宴會的本質將隨著新時代形成的新環境逐漸有所改變：

1.宴會改革是宴會發展過程中的必然趨勢，營養科學會更多地被引入烹

飪領域，宴會的飲食結構向營養化發展，更趨合理、科學，綠色食品會越來越多地在宴會餐桌上出現。

2. 宴會的營養化趨勢具體表現形式主要是根據科學飲食標準設計宴會菜餚，提倡根據就餐人數實際需要來設計宴會，要求用料廣泛，葷素調劑，營養兼備，菜色組合科學，在原料的選用、食材的配置、宴會的格局上，都要符合平衡膳食的要求。

3. 宴會的衛生趨勢主要是由集餐趨向分餐，許多旅館已注意到這方面問題，採用「各客式」、「自選式」和「分食制」，許多高檔宴會的上菜基本都是分餐各客制，既衛生又高雅。

4. 宴會的精緻化趨勢是指菜點的數量與品質。新式宴會設計要講究實惠，力戒追求排場，既應適當控制菜點的數量與用量，防止堆盤疊碗的現象，又需改進烹調技藝，使菜餚精益求精，重視口味與質地，避免粗製濫造。所謂多樣化，即宴會的形式會因人、因時、因地而宜，顯現需求的多樣化，而宴會因適合這種需求而出現各種的形式。

5. 特色化趨勢是宴會在兼顧其口味嗜好的同時，適當安排本地名菜或強調地方特色，發揮烹調技術專長，顯示獨特風韻，以達到出奇制勝的效果。

6. 宴會的美感化趨勢主要是指設宴處的外觀環境和室內環境布置兩個方面。人們特別關注室內環境布置的美，關心宴會的意境和氣氛是否符合宴會的主題。諸如宴會廳的選用、場面氣氛的控制、時間節奏的掌握、空間布局的安排、餐桌的擺放、檯面的布置、花藝的設計、環境的裝點、服務員的服飾、餐具的配套、菜餚的搭配等都要緊緊圍繞宴會主題來進行，力求創造理想的宴會藝術境界，給賓客以美的藝術享受。

7. 宴會的食趣化趨勢是注重禮儀，強化宴會情趣，提高服務品質，能夠陶冶性情，淨化心靈。如進食時播放音樂，有時也觀看舞蹈表演或跳舞，盛大宴會有時還邊吃邊喝、邊看綜藝表演節目。音樂、舞蹈、繪畫等藝術形式都將成為現代宴會乃至未來宴會不可缺少的重要部分。

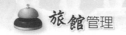

8.快速化，即宴會所使用的原料或某些菜餚，會更多的採用集約化生產方式，半成品乃至成品會出現在宴會的餐桌上。

9.自然化，即宴會的地點、場所會進一步向大自然靠攏，舉辦的場所可能會選擇在室外的湖邊、草地上、樹林裡，即使在室內，也要求布置更多的綠葉、花卉來體現自然環境，讓人們感受大自然的溫馨，滿足人們對回歸自然的渴望。

結　語

　　在一場宴會中，特別是大型高檔宴會之中，用餐人數多，消費水準高，其組織管理過程有一套複雜的工作流程。需要較高的專業技術水準和協調配合能力，要求較高的服務水準和服務技能，舉辦宴會可以使管理人員和服務人員得到良好的鍛鍊和提高，能提高管理人員和服務人員的專業技術水準，這對提高整個餐飲管理水準、服務品質和經濟效益都是十分重要的。對於旅館宴會部門來說，承接大型宴會，不僅可以帶來很好的收益，同時，可以利用宴會的機會，為餐廳塑造良好的口碑。因此，辦好大型宴會，對一個旅館具有很重要的意義。旅館中大大小小的宴會很多，那麼，如何承接宴會，辦好宴會，發揮團隊精神是非常重要的。茲敘述如下：

1.宴會是在普通用餐基礎上發展而成的一種高級用餐形式，是指賓、主之間為了表示歡迎、祝賀、答謝、喜慶等目的而舉行的一種隆重且正式的餐飲活動，具有自身的特點和不同的種類。

2.宴會預訂主要有面談和電話預訂兩種方式，宴會預訂的流程包括熱情迎接、仔細傾聽、認真記錄、雙方確認、禮貌道別等內容。

3.宴會前的組織準備工作是宴會成敗的關鍵。

4.宴會的管理主要有工作安排與人員分工、準備工作的組織與檢查、與廚房的溝通和協調、宴會過程的控制、宴會後的檢討。

Chapter 14

旅館人力資源管理

- 旅館人力資源管理現存難題
- 旅館人力資源管理的重要性與對策
- 員工之招聘、任用與考核
- 員工之授權與溝通
- 員工的培訓
- 結　語

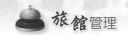

旅館人力資源管理是根據政府所訂的勞工相關法規、政策和企業制定的管理方針與政策，對旅館的人力資源進行有效的整合和管理，在人事政策和制度的制定，員工的招聘、考核、激勵、紀律管理等系列日常管理業務中，帶動員工工作積極性，提高員工勞動素質，增強企業內部凝聚力，塑造一支充滿活力和戰鬥力的團隊，為企業實現經營目標和經濟效益，提供強有力的人事保障。

人力資源被視為旅館的戰略性資源，旅館整體服務品質及經濟效益、社會聲譽的好壞與人力資源管理水準的高低息息相關，而疫情帶來的巨大不確定性，更加劇了這一矛盾，影響旅館的正常發展，如高端管理人才引入的困難，中層管理人才的外流，基層普通員工難以招聘，員工素質參差不齊，人員流動率逐年攀升。

旅館是以人為中心的行業，旅館的管理就是對人的管理，運用科學的方法對旅館的人力資源進行有效的利用和開發，以提高全體員工的素質，使其得到最優化的組合，發揮最大的積極性，從而提高全體員工的素質，不斷地提高勞動效率。因此，加強人力資源管理對旅館具有極重要的意義。

第一節　旅館人力資源管理現存難題

人力資源的管理在旅館業界中有其複雜性，尤其旅館的第一線員工要有主動解決問題的能力與權力，對客服務時員工代表公司形象，組織發展要考慮到與員工職業生涯發展結合，組織越來越重視員工績效與能力的共同成長。因此，人力資源管理充滿挑戰性。目前國內旅館行業存在類似的幾個問題：

一、薪酬結構不合理導致人員流失率偏高

旅館行業人員流動的因素很多，包括管理制度、企業文化、環境因素和

人為因素等。其中，不合理的薪酬結構是導致人員流動的最重要因素之一。與其他服務行業相比，旅館行業雖然在餐飲和住宿方面為員工提供了豐厚的福利，但是對於基層員工來說，實際工資只能維持日常的生活。旅館行業從業人員收入不高導致人員流動性較大。

大多數高星級旅館基層員工工資略高於平均最低工資水準。近年新開業星級旅館的數量較少，相反的，其他類型的旅館如雨後春筍般地出現，特別是民宿和本土型式的汽車旅館、精品旅館的興起，分流了部分原星級旅館從業人員。由於交通的便捷，仍有部分年輕人更願意到高星級旅館去工作，藉以學習並充實自己的經歷。

二、員工的整體素質仍待提高

研究數據顯示，旅館因為員工的離職率較高，因此旅館行業在員工招聘上存在著「低門檻」現象，而且所招聘的一些工作崗位技術性質不高，且職位也較低，再加上薪酬不高，導致願意進入旅館行業的人比例不多，大多數旅館的一線執行層員工基本以高中、高職和大專學歷為主，本科學歷或以上學歷的員工較少，因此，旅館的員工素質參差不齊，知識面比較局限，客源資訊缺乏，心理抗壓能力不強，欠缺良好的溝通技巧和服務意識，這些情況嚴重影響了旅館品牌的建立和服務品質的提升，局限了旅館發展的步伐。

三、防疫防控常態化帶來的挑戰

從2020年開始的新冠疫情給旅館行業的經營帶來了巨大的困擾，經過起起伏伏，行業希望迎來風平浪靜的生存空間與報復性消費的市場環境，然而從疫情出現至今，人們對「病毒常態化」有了更深的體會。我們應該更清醒地認識到，對依賴旅行、仰仗流動的旅館業而言，疫情所造成的影響，所帶來的考驗也許才剛剛開始。

新冠疫情給星級旅館人力資源管理帶來巨大挑戰。雖然星級旅館在資金

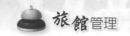

流上較非連鎖化、非集團化的普通單體旅館更有優勢,但高額的營運成本負擔迫使其作出改變。減少人工成本是重要出路之一,部分星級旅館進行了裁員,或給予員工「無薪假」,但這一定程度加速了員工流失。面對疫情防控要求,旅館需要減少人員集聚,也需要做好無薪假期間員工培訓,但卻無法繼續使用傳統職位培訓或課堂培訓方式,又缺乏較為行之有效的替代方案。同時,疫情防控需要員工掌握相應知識,需要提升疫情不同等級下工作處理和問題解決能力,但對於如何做好相關知識培訓和情景演練,缺少相應措施與規劃。

第二節　旅館人力資源管理的重要性與對策

旅館人力資源規劃不僅是高品質的完成服務過程,實現旅館目標的必要保證,也是實現旅館實施服務競爭戰略的基礎。

一、旅館人力資源規劃的重要性

旅館人力資源規劃猶如火車在軌道中有序而順利的進行,其重要性不言可喻。

(一)保證旅館發展中的人力資源需求得以及時滿足

旅館在不同的發展階段,有不同的人力資源需求,為保證旅館的正常運作,必須對旅館的人力資源進行事先規劃,及早做好準備。

(二)使旅館人力資源活動管理有序化

人力資源規劃是旅館人力資源管理具體活動的依據,為旅館人員的錄用、晉升、培訓、人事調整以及人工成本的控制等提供了準確的訊息和依

據，從而使旅館人力資源管理工作走向科學化、有序化。

(三)提高旅館人力資源的利用效率

人力資源規劃可以透過控制旅館的人員結構、職務結構，從而避免旅館發展過程中的人力資源浪費而造成人力資源成本過高。

(四)使個人行爲與旅館目標相吻合

1.現代旅館管理體現以人爲本的思想，旅館在注重旅館利益的同時，還要關注員工的利益。
2.在人力資源規劃的框架下，員工對自己在旅館中的發展方向和努力方向是明確的，從而在工作中表現積極性和創造性，旅館的經營就會良性發展。反之，員工工作不積極，或人才流失嚴重，致使旅館陷入經營困境。

二、人力資源管理的對策

大部分旅館有嚴格的規章制度，但只是對員工「動作」的管理，而不是「頭腦」的管理。旅館業員工流失嚴重，一方面是因爲工作繁重、工作壓力大，行業微利造成的相對於勞動付出的低薪，另一方面也因爲缺乏健全的激勵機制，即使能夠招聘到旅館專業人才，卻無法留住，員工對旅館的忠誠度很低。

(一)制定戰略性人力資源規劃

人力資源部經理必須參與旅館戰略目標的制定過程，瞭解旅館的戰略目標以及支援這些目標得以實現的決定性人力資源因素，制定支持戰略發展的人力資源規劃。戰略性人力資源規劃是從整體上協調組織中各項人力資源實踐，以戰略目標爲導向開展人力資源管理工作，形成一種動態的管理系統，

及時有效的處理內外部人力資源供需資訊，使人力資源管理工作主動的適應市場的變化，而不是被動的解決人力資源的供需問題。

(二)重視人力資源管理的基礎工作

人力資源管理的基礎工作主要包括工作分析和職位評價，工作分析是對某特定的工作做出明確規定，並確定完成這一工作所需要的知識技能等資格條件的過程。職位評價是在工作分析的基礎上確定旅館中各工作崗位相對價值的過程。工作分析和職位評價是人力資源管理其他職能實現的前提，工作分析和職位評價為旅館人才招聘、晉升發展、績效管理、培訓開發、薪酬管理提供了依據，是所有人力資源管理工作的起點。在實際工作中，必須做好基礎工作，才能著手戰略性人力資源管理工作，人力資源管理基礎工作在很大程度上決定了人力資源管理的效率和效果。

(三)建立健全激勵機制

員工的績效並非完全取決於員工的能力，美國哈佛大學教授威廉・詹姆斯（William James）研究發現，在缺乏激勵的環境中，員工僅能發揮其能力的20～30%，但在良好的激勵環境中，同樣的人其能力可以發揮到80～90%，由此可見，只有在激勵的作用下，才能真正發揮員工的主觀能動性和創造性。人力資源的管理人員應充分瞭解不同層次不同時期員工的需求，運用各種激勵手段來激發員工，激勵制度充分的體現在員工的工資、獎金、福利、職涯發展和工作環境上。首先，充分物質激勵機制，建立公平合理的薪酬體系和績效考評體系。員工的薪酬一定要表現外部公平和內部公平；其次，建立精神激勵機制，包括向員工授權、認可員工對企業的貢獻、公平的晉升機會和職業發展等。

購買行業人才？

　　企業要創新，就要有創新型的人才，因此，旅館也希望能夠從外部找到有力的新血，以提升企業的競爭力。

　　在招不到合適的中高層管理人員的情況下，旅館之間開始互相物色合適人選，一旦鎖定後，則不惜高條件「挖角」。以旅館總經理之職位為例，重賞之下必有勇夫，還包括解決住居、用車等優越條件誘使下毅然決然選擇了跳槽。

　　此現象在業界實不足為奇。旅館之間的挖角變得稀鬆平常。自己精心培養的人才，最終成為別人的幹才，這也是旅館界最為痛苦的現實。

　　業內專家認為，旅館員工跳槽原因很多，最根本原因還是旅館因應快速擴張，導致人才供不應求。

　　然而，不管是人才培養或是「購買」，旅館還是要花費大量的選才、買才、育才的成本和時間。

　　對於旅館而言，如何在人才培養及成本壓力下提升旅館人才招聘價值，優化自身人才戰略的結構，保留自身優勢，實現增長和競爭力的共同提升，成為一大選擇難題。

第三節　員工之招聘、任用與考核

　　當今旅館員工的類別通常有六種：實習生、臨時工、派遣工、試用期間員工、正式員工、特聘人員，也許一家旅館中同時存在有幾種工作人員。原則上本節均以招聘正式員工說明為主。惟六種員工在旅館的行政位置上各有不同，說明如下：

　　1.實習生：高中、大學相關科系的學生被旅館接受為實習生。實習期間

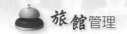

通常為六個月或十二個月。旅館不與實習學生簽訂勞動契約，而實際
上簽訂的是一種實習協議。實習期滿後，經考核合格的實習生正式錄
用時可免試用期。

2. 臨時工：旅館可根據需要聘用臨時工，其聘用期限將根據需要而定。

3. 派遣工：勞動派遣指派遣公司與要派公司（旅館）締結契約，由派遣公
司供應要派單位所需人力以提供勞務。派遣公司與派遣勞工具有勞雇
關係，必須負起勞動基準法上的雇主責任。要派公司對於派遣勞工，
僅在勞務提供的內容上有指揮監督權，兩者間不具有勞動契約關係。

4. 試用期員工：旅館按試用期條件錄用新的員工，在試用期結束時須經
考核，試用不合格者將不予留用。部門經理可根據員工的工作表現和
工作承擔能力，提出延長或縮短試用期（延長最多三個月），若員工
再次達不到要求，工作將被終止。

5. 正式員工：經過試用合格的員工由部門經理核定，轉為正式員工，享
有正式員工的待遇。

6. 特聘人員：旅館根據工作和發展需要，聘請具有豐富旅館管理經驗的
高級管理人員及具有專門技能的人員。特聘人員的面試、薪資待遇由
總經理批准及簽訂特聘合約。

一、員工之招聘與任用

招聘是現代人力資源管理中，一個不可少的、經常性的，對企業發展有
著重大影響的工作。在招聘過程中，應遵循以下原則：

1. 按照招聘原則：招聘時要根據旅館工作的現時和未來的實際需要制定
招聘策略。致力做到「精」與「簡」（有編制限制、最低定額）和寧
缺勿濫（不招不需要、不符合要求的人員）。

2. 效率優先原則：用最少的成本獲得適合職位的最佳人選。

3. 公平公正原則：在招聘政策、原則、用人標準方面，所有應聘者一律

平等，公平參加面試，不受偏見與歧視，保證最適合的人能被錄用。

4.雙向選擇原則：雙向選擇原則一方面促使單位不斷地提高效益、改善形象、增強凝聚力，另一方面使勞工努力提高素質，在競爭中取勝。

5.發展潛力原則：對招聘的員工，不僅要看其目前能力所具備的程度，更要判斷其可持續發展、開發的能力。

二、完整的招聘流程

完整的招聘流程應該包含的工作如下：

1.制定人員招聘計畫：制定招聘計畫的工作簡單的說就是把對工作空缺的描述變成一系列目標，並把這些目標和相關求職者的數量、類型具體化。

2.確定選拔錄用標準：根據招聘工作崗位的勝任能力要求，確定招聘工作崗位的職責和要求，確定選拔錄用的具體標準。

3.招聘申請呈報和批准：招聘人員無論在編製預算內與否，必須經旅館總經理審核批示。

4.選擇合適的招聘管道：一般來說，分為內部招聘管道和外部招聘管道兩種，目前很多企業都傾向於使用網路招聘、報紙媒體等多種外部招聘管道。

5.履歷表的收集和篩選：人力資源部和用人部門把透過各種管道收集到的應聘履歷表進行初步篩選，把比較符合要求的候選人挑選出來。

6.面試和評價：對候選人得面試和評價，可以分成幾梯次，運用不同的面試方法和測評方法進行甄選和判別，把最適合應聘職位的候選人挑選出來。

7.錄用決定和確定薪資：參加面試的人員對候選人在選拔評價中的表現進行討論和評價，如符合本職位的要求，則做出最終錄用決定，並確定被錄用人員的薪資標準。

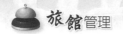

專欄 14-2　面試評價要項

在此提出十八項面試時的評價：

1.儀容

2.人生觀、社會觀、職業觀

3.生活狀況

4.人格成熟度（情緒穩定性、心理健康）

5.個人修養

6.求職動機

7.工作經驗

8.相關的專業知識

9.語言表達能力

10.思維邏輯性

11.應變能力

12.社交能力

13.自我認識能力

14.支配能力

15.協調指揮能力

16.責任心、時間觀念與紀律觀念

17.分析判斷能力

上述各要項取捨的決定在於用人的部門，例如公共區域清潔員、工程部人員與中高級幹部的要求就可能不一樣，但大致而言，高檔的旅館要求標準較高。

其次，就到學歷而言，旅館的工作，重要的是好學、勤奮、努力、克苦，學歷並不是特別重要，但高星級旅館的要求就可能有較高要求，換言之，旅館服務設施和檔次的不同，要求也會不一樣。

8.新進員工入職體檢：公司通常會要求被錄用的人員參加身體健康檢查。入職體檢的目的是要保證錄取人員不會由於健康的原因影響工作。

9.入職培訓：新進員工到職之前，人力資源部和用人單位為員工制定入職培訓計畫，新進員工到職之後，按照培訓計畫接受相關訓練。

10.試用期評估：新進員工試用期結束之後，用人單位對其試用期間工作表現、能力等進行評估，如達到績效標準和目標則正式錄用，否則給予辭退。

三、員工績效考核方案

為了保證旅館的總體目標的實現，建立有效的監督激勵機制，加強部門之間的配合協作能力，提高旅館經營管理機制，規範員工管理，將企業的績效與個人的工作績效直接連結，提高人員能力與素質以實行績效考核。

(一)目的

1.鼓勵員工的工作積極性，有效改進員工工作績效。

2.發掘員工潛力，幫助員工成功與發展。

3.促進員工人事升遷、獎懲、調整工資依據。

4.促進管理層人員與員工之間的瞭解。

(二)考核依據

根據員工在被考核期間的工作成果與表現為依據，各部門主管對所屬部門員工平時工作情況隨時記錄，嚴格考核。

(三)考核原則

1.以旅館對員工的經營業績指標及相關的管理指標，和員工實際工作中

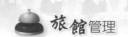

的客觀事實爲基本依據。

2.以員工考核制度規定的內容、程序和方法爲操作準則。

3.以全面、客觀、公正、公開、規範爲核心考核理念。

(四)考核評價

◆考核結果的等級評定

全部類型的考核結果按員工考核總分，劃分爲「特優」、「優秀」、「中等」、「有待提高」、「急需提高」五等級，並作如下界定：

1.等級分爲：特優、優秀、中等、有待提高、急需提高。

2.考核總分：95分以上、85～95分、70～84分、50～69分、50分以下。

◆考核等級比例控制

爲減少考核的主觀性及心理誤差（暈輪效應、對比效應、平均化等），考核結果經過實行部門比例控制，各部門在向辦公室申報考核結果時，一律按下面比例：

1.特優秀人數：不超過部門員工總數5%。

2.優秀人數：不超過部門員工總數10%。

3.中等人數：占部門員工總數70%。

4.有待提高人數：約占部門員工總數10%。

5.急需提高人數：約占部門員工總數 5%。

上述數字爲參考，可按各部門實際用人數確定比例。考核列入極優秀或急需提高者，必須同時提供具體的事實依據。

(五)考核方法

本績效考核辦法採用層次管理績效考核法，對旅館所屬人員進行考核，

每季度進行考核評估一次。

(六)考核程序

考核的一般操作程序:

1.員工自評:按照旅館所設之「自我考核表」,員工進行自我評估。
2.直接上級主管複評:直接主管對員工的表現進行複評。
3.經理覆核:部門最高主管對考核結果評估,並最後認定。

當直接上級主管所評分數與員工自評分數差距很大時:

1.直接上級主管應讓員工本著客觀的原則再次自評。
2.如員工再次自評分數變化不大時,直接上級主管可以進行複評,並向經理說明情況。
3.當員工自評分數與直接上級主管分數出現很大的差別,建議該主管應該與該員工進行面談,並完成評估。
4.當員工最後考核分數被歸入「急需提高」或「特優」時:
　(1)建議該主管直接與員工進行面談,並完成再次評估。
　(2)如有必要,可另外附具體的事實說明,作為考核結果的補充材料。

(七)考核申訴

1.考核申訴是為了使考核制度完善化和在考核過程中真正做到公開、公正、合理而設定的特殊程序。
2.部屬與直接主管討論考核內容和結果後,如有異議,可先向部門主管（經理）提出申訴,由部門主管進行協調;如部門主管協調後仍有異議,可向旅館執行辦公室提出申訴,由總經理設專員進行調查協調。
3.考核申訴的同時必須提供具體的事實依據。

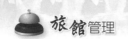

(八)考核與獎懲

1. 旅館將考核結果與職位津貼相較，按員工的季度考核成績對員工的職位工資進行調整，調整原則如下：

    (1)特優員工：原則上職位津貼上調一級（適合於年度考核）。

    (2)優秀員工：職位津貼不作調整，在機會適當時，可作職務晉升處理。

    (3)中等員工：職位津貼不作調整。

    (4)有待提高員工：職位津貼不作調整，但列為月度考核。

    (5)急需提高員工：職位津貼下調一級，且列為月度考核。

2. 季度考核為「有待提高」員工的處理：

    (1)職位津貼暫不調整，在季度考核前不作晉升處理。

    (2)若再次季度考核，再評為「有待提高」，則職位津貼下調一級，若等級在「有待提高」之上，則職位津貼不調整，也可按正常程序作晉升處理。

    (3)若季度考核再評為「有待提高」，且在月度考核又評為「急需提高」，則旅館與此員工解除勞動關係。

3. 年度考核為「急需提高」員工的處理：

    (1)該員工職位津貼在年度考核結束後下調一級。

    (2)如在年終考核前，旅館與該員工聘用合約到期，則該員工與旅館聘用期滿後，旅館不再聘用。在這期間，該員工職位津貼應下調一級。

    (3)如在年終考核時，旅館與該員工聘用合約仍未到期，則對員工進行年終考核，如仍評為「有待提高」或「急需提高」，則旅館與此員工解除勞動關係；如評為「中等」或以上等，則旅館繼續聘用，但職位津貼在季度考核開始前不作調整。

第四節　員工之授權與溝通

　　授權是一種透過權力的運作過程，授予員工在自己的責任範圍內制定決策的能力，以達到培養員工的敬業精神，培養員工的歸屬感，激勵員工為旅館做出更大貢獻的目的，從而使員工更有能力，更有效的完成工作。

　　溝通是指訊息的發送者透過各種管道或方式，把訊息傳遞給接受者，並使接受者接受和理解所傳遞訊息的過程。有效和良好的溝通就像是潤滑劑，旅館中人與人之間，部門與部門之間的有效溝通和交流不僅有利於員工建立良好的人際關係和企業氛圍，提高員工士氣，還有利於企業文化氛圍的形塑，形成統一的價值觀和強大的凝聚力，能使旅館有更好的營運。

一、授權（empowerment）

　　作為一個服務的特殊行業，旅館想要在激烈競爭的微利時代立於不敗之地，必須提升服務品質。旅館服務品質的提升，則需要給員工充分授權。對員工的授權不僅僅是簡單意義上的授予其權力，而是管理人員在將必要的權力、訊息、知識和報酬賦予服務一線員工的同時，讓他們主觀能行動且富有創新的工作。亦即透過「授權」賦予服務人員一定的權力，來發揮他們的主動性和創造性。

(一)旅館員工授權的重要性

　　授權使員工承擔了新責任，有機會學習新技能的員工幹勁更高，工作更投入，而且能發揮創造力與想像力，把工作做得更好。因此授權有其重要性，茲分述如下：

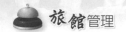

◆使服務員工在提供服務的過程中對顧客需求做出快捷而直接的答覆

　　旅館對服務第一線員工授權是一項有效的管理措施。授權可以有效地提高員工工作靈活性，員工可以根據服務需要調整自己的行為，在每一個服務的關鍵時刻更好地滿足顧客提出的要求。被授權的員工在顧客到來之前就擁有了所有必要的資源，來為顧客提供他們所要求的服務。

◆使服務員工在補救性服務過程中向不滿的顧客做出快捷而直接的答覆

　　在旅館對顧客服務中既有履行服務程序，如登記和安排客人在旅館的房間裡住宿；也包括對服務不善進行補救，比如把客人從吸菸樓層重新安排到他最初要求的無菸房間。如果旅館對服務員工適當地授權，允許員工按自己認為最好的方式行使權力，在第一時間糾正服務差錯，就可以讓情緒不滿的顧客變得滿意，甚至成為忠實顧客。但是如果旅館不授權服務員工，對顧客採取必要的補救措施，而是推卸責任或讓顧客等待時間過長，那麼旅館服務在補救性服務這一項上就有所欠缺了。

◆改善員工的自我意識和對工作的認識

　　授權可以反映一種心理上的態度，授權可以增強員工的工作控制感。旅館嚴格的規章制度會使員工缺少發言權和地位。而授權可以讓服務員工擁有發言權，並且使他們感到自己是工作的「主人」，他們會覺得自己負有責任，感到工作非常有意義。

◆被授權的員工會更加熱情地對待顧客

　　有研究表明，飯店的顧客對服務品質的滿意度在很大程度上是由員工的禮貌、熱情和積極配合的態度構成的。顧客希望飯店的員工對他們的需求表示關心，而被授權的員工受到了來自管理人員的良好指導、培訓和監督，報酬制度也相對公平和合理，他們會對顧客的需求做出更為積極的反映。

◆被授權的員工可以為服務活動出謀劃策

　　授權意味著放開對基層員工的控制，鼓勵員工發揮主動性和想像力並為

此給予獎勵。被授權的基層員工往往隨時準備提出自己的觀點，提出新的服務想法和意見，對「如何做得最好」擁有發言權，這樣，就可以極大地改善和提高旅館服務品質。

◆使旅館獲得更好的口碑，增加回頭客

當飯店的顧客接受了被授權的員工高品質的熱情服務，獲得滿意之後，他們很可能會成為旅館的回頭客，而且會積極地為旅館進行口頭宣傳，成為旅館免費的廣告員。對旅館員工授權是一個雙贏的理念，不僅使旅館一方獲得回報，還可以透過向顧客提供改進過的服務，使顧客一方得到滿意，因此，授權是旅館提升服務品質的良方，從而創造卓越的服務業績。

(二)旅館組織應如何授權

旅館的授權管理已不是件新鮮事，但時至今日，無論是為了更好地服務客人而授權，還是為了培養員工而授權，授權給一線員工都還做得非常不夠。許多旅館的管理人員也知道授權有諸多好處，但在實際運用中，又不知具體如何操作，或被授權者出現了一點小問題，就趕緊將權力收回，不敢再放。以下從幾個方面談旅館如何授權和應授予何種權力：

◆選好授權對象

授權給直接面對顧客的一線員工，但並不是所有一線服務人員都要授權。要根據對方的成熟度以及工作能力來確定所授權力的大小。如一些資深員工，他們熟悉旅館的經營文化，又認識旅館的老顧客，有一定的工作經驗，這樣的員工，就可以授權給他們。至於何為「資深員工」，要視具體情況而定，並不一定在旅館工作時間長的就一定可授權，還需考慮其服務意識、道德品質、溝通能力等。筆者認為至少應在單位工作一年以上。授權一般是先小後大，先少後多，逐級授權。至於授權的尺度，只要不影響企業整體運作、不會造成企業無可彌補的重大損失，都可以授權給員工，在許可權內任其去發揮，即使授權後因此而失敗了，企業也不會因此而受太大損失。

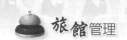

但絕對不能把企業決策權交給一個不適合的人來決定。

◆對授權的員工進行培訓

　　對員工進行必要的培訓是有效授權前應做的一項工作。培訓能使員工熟練掌握對客服務的基本技能，如服務禮儀、處理顧客投訴等。員工這方面的能力提高了，授權的風險也會隨之降低。未經培訓就授權，當員工遇到顧客投訴時，他們會不知所措，缺乏信心，難以決定哪一種是最好的解決方法。因而需要一個學習過程，要向員工強調旅館的價值觀、信念及行為準則，讓員工增強服務意識。培訓他們該怎樣創造性替顧客解決各種問題，增強隨機應變的能力。有些員工可能會為了滿足客人的要求，不顧惜成本，給予顧客超額的賠償。要防止此類問題的發生，就要讓他們清楚合理的賠償限額，當服務發生差錯之後，員工就有權力、有能力依照旅館的服務承諾來賠償顧客的損失。

◆授權不疑，疑人不授

　　對授權對象進行了充分評估，決定對其授權後，就應放手讓對方去發揮，不要再對其持懷疑的態度，這是授權最起碼的基礎。如果對將要授權的人缺乏信任，最好不要授權給他。因為雖說授權，而實際上又處處干預，總希望員工按照自己的意志行事，使授權形同虛設，這不僅不會獲得授權後管理者和員工雙方應得的好處，相反地，對兩者都會造成一定的傷害。旅館的大多數管理者，都不會放心地把權力下放，除了不相信員工能力外，同時也害怕承擔失敗的後果。因此，他們不論大小事情都要親自上陣，結果是管理者累得心力交瘁，員工則對工作喪失了信心和熱忱。

◆做好授權後的風險控制

　　要信任授權對象，但絕不是不做風險控制。授權不等於放權，授權存在著一定的風險，授權越大，風險也越大。因此，要做好授權後的風險控制，形成一個授權的監督機制，依靠完善的授權管理制度對授權相關人員進行約束。授權後每隔一段時間，授權者應對被授權者的實際運作進行檢查、評

估，並做好相應的指導。對不同能力的員工授權控制的程度也應有所不同，對能力較強的員工控制和指導都可以少一些，對能力較弱的員工控制和指導則應相對多一些。控制機制可以透過定期抽查給予補充，以避免下屬濫用權力。要給員工表現的舞臺，讓他們能從中得到磨練，即使失敗了，也要幫助員工分析失敗的原因，並從失敗中學習，在組織的關懷引導下，不斷地成長。但如果控制過度，則等於剝奪了下屬的權力，授權所帶來的許多激勵就會喪失。因而應允許被授權者犯錯，絕不能出現一點小問題，就馬上收回權力，不給對方改正和提高的機會。

(三)小結

授權需要注意以下兩點：

1. 我們探索得出的這些權力均來自於一線員工的訴求，僅是員工一方的視角，即僅能夠更好地滿足員工的權力需求，而未更多地關注旅館企業的現實情況及其訴求，因此，旅館企業在構建授權管理體系時需要綜合各方的訴求來設計更加完善的授權內容體系。
2. 向員工授權一方面能夠讓他們的工作更加自主，但同時也需要注意員工在獲得權力的同時也承擔起相應的責任，因此旅館企業需要培養員工合理、有效運用這些權力的能力，需要時刻關注授權後的效果並進行實際調整。

二、溝通（communication）

管理溝通，從其概念上來講，是為了一個設定的目標，把資訊、思想和情感在特定個人或群體間傳遞，並且達成共同協議的過程。溝通是自然科學和社會科學的混合物，是旅館企業管理的有效工具。溝通還是一種技能，是一個人對本身知識能力、表達能力、行為能力的發揮。無論是旅館管理者還是一般的員工，都是旅館企業競爭力的核心要素，做好溝通工作，無疑是旅

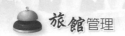

館各項工作順利進行的前提。有效溝通在旅館管理中的重要性主要表現在：

(一)旅館溝通的重要性

溝通對旅館、對個人（尤其是各級管理人員）的工作都有重要的意義，現在管理學上有一種說法，管理就是溝通，任何問題都可以透過溝通解決或改善。對旅館企業來說，有效溝通至少可以獲得以下三種顯著效果：

◆收集到有益的建議和智慧

透過溝通，可以從其他人那裡得到更多的資訊，可以瞭解不同角度、不同層次的想法和建議，為自己思考問題和做出決策提供更多的參考和依據，為各級主管制定制度、措施、方法的正確性提供保證。可能職工的一個小小的建議，就能帶來成本的大幅度降低或效益的提高。

◆發現和解決旅館內部問題，改進和提升旅館企業績效

透過溝通可以更充分的發現旅館內部存在的問題和解決問題的方案，只有不斷地發現問題和解決問題，旅館的管理水準才會不斷地提高，旅館或部門的績效才會不斷提升。

◆提升和改進旅館內各部門的合作

經由溝通，可以促進各部門之間、上級和下級之間、員工之間的相互瞭解，只有充分的瞭解才能實現相互的理解，只有深刻的理解才能實現良好的協作。

(二)溝通對主管個人工作的重要方面

◆得到他人或下屬的支持和信賴

溝通的過程就是徵求意見和建議的過程，是發揮員工參與旅館管理的過程，透過溝通可以使自己的決策和主張得到員工的廣泛支持和信賴，可以提高執行的效率和成功的機率。

◆提高個人在旅館或部門內外的影響力

溝通的過程就是相互影響的過程，透過溝通，使自己的思想和主張得到他人的廣泛認同，自己的影響力必將得到提升。

◆獲得良好的工作氛圍和健康的人際關係

透過溝通，可以化解矛盾、消除隔閡，增進相互的瞭解和理解，獲得良好的工作氛圍與和諧的人際關係。

◆使自己成為受歡迎的管理者

透過傾聽員工的心聲可以瞭解員工的感受，制定出符合員工期望和切合實際的制度和措施，使管理者和被管理者之間的協作達到最佳效果，當然使管理者成為受歡迎的領導者。

◆充分激勵下屬的積極性

溝通本身就是對員工的尊重，能充分體現管理者對員工的重視，如果在決策中能採用員工的建議，對員工也是一種很好的肯定和激勵。

(三)旅館外部溝通的效用

旅館外部溝通是指旅館對顧客和社會的溝通。「顧客是主人」或是「顧客就是上帝」，是旅館常用的經典名言。顧客是旅館利潤的來源，是旅館賴以生存的基礎。因此，旅館將顧客放在至高無上的地位，這是無庸置疑的，而社會公眾是旅館潛在的消費者，亦是旅館服務行為的監督者。與社會大眾進行有效的溝通同樣至關重要。

◆有利於吸引顧客

旅館高大雄偉的建築與華麗高雅的裝潢能給顧客帶來視覺上的享受，但一個光有外在美的旅館往往不一定是成功的旅館。旅館最核心的、最具吸引力的是服務，而服務是員工對顧客的一種面對面的活動過程。在這個過程中既有言語的溝通，又有身體語言的溝通（包括微笑、鞠躬等）。設若服務員

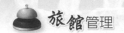

與顧客無法溝通，或只產生溝通誤會，那麼顧客一定不會對服務表示滿足，甚至會進行投訴。顧客對服務的不滿，就是對旅館的不滿。一次失敗的溝通或許就等於失去一位顧客。因此，有效溝通對旅館來說意義重大，它能讓顧客更好地瞭解到旅館的貼心服務，能讓顧客產生對旅館的好感。

◆有利於解決顧客投訴

在旅館管理中，常常會遇到顧客的投訴。其實投訴並不可怕，這代表顧客希望旅館能改善服務。但投訴處理的好壞，會對顧客產生直接的影響。在解決投訴的過程中，與顧客進行有效溝通至關重要。有效的溝通能夠迅速舒緩緊張的氣氛，能讓顧客瞭解到事情的全貌，能為旅館樹立正面的形象。在投訴得到妥善處理後，大部分顧客會對旅館產生好感，會對旅館更加信任。

◆有利於培養忠誠顧客

忠誠顧客是旅館主要的利潤來源。在旅館業中，20%的忠誠顧客往往能創造80%的利潤。如何培養忠誠顧客是旅館管理中的一項重要內容，而有效的溝通可以作為培養顧客忠誠感的基石。如何在最短的時間內，讓顧客瞭解到旅館的最新資訊；如何在最需要的時刻，給客最體貼的服務；如何用最簡捷的方式，為顧客解決問題；這些都有賴於有效的溝通。一旦溝通暢達，旅館便能瞭解顧客所需，顧客也能與旅館建立深厚情誼。因此，有效溝通在培養忠誠顧客方面有著重要的作用。

◆有利於樹立良好形象

旅館的形象包括知名度和美譽度。知名度是指社會公眾對旅館的瞭解程度，而美譽度是指社會公眾對旅館的信任和贊許的程度。知名度和美譽度的建立都有賴於旅館與公眾的溝通。旅館的宣傳標語、新聞發布、廣告等，都是旅館傳達給公眾的資訊。有效的溝通能夠使旅館傳達正確、及時、積極的資訊給公眾，公眾也會更加深入地瞭解旅館的文化和特色，從而對旅館產生良好的印象。具有良好溝通能力的旅館往往既能在公眾中形成較高的知名度，又能形成良好的美譽度。

(四)旅館內部溝通的效用

旅館以優質的服務取勝，而服務來源於員工的勞動。以前，旅館往往只重視顧客的重要性，而忽略了員工的作用。如今員工在旅館中的作用得到了越來越多的重視。不少旅館甚至提出「員工是上帝」的新觀念。如何迅速、全面地瞭解員工的需要，如何充分調動員工的積極性，如何保留住旅館人才，這些都與有效溝通有著密切聯繫。

◆可以增強員工對旅館的認同感

好的旅館通常有獨特、鮮明的企業文化。透過有效溝通，可以讓員工認識到旅館的文化，增強他們對旅館的認知。當員工與旅館文化融合在一起時，員工就會自覺地建立起主人翁的精神，提高工作積極性和責任感。另外，旅館管理者需要經常對員工進行任務陳述和目標陳述。如果溝通不好，會引起員工的反感和抵觸情緒。良好的溝通，有利於目標的傳達和任務的執行，也可促使員工大膽地對任務和目標提出意見和建議。這樣可以使企業與員工的認知達成一致。

◆有利於協調人際關係，增強員工凝聚力

旅館內部人員眾多，組織結構較爲複雜。如何處理好員工與員工之間、員工與部門之間及部門與部門之間的溝通都是極其重要的。交流感情和溝通思想是人們一種重要的心理需要。有效溝通能夠促使人們相互瞭解，能夠消除人們內心的緊張與不安，使人們感到心情舒暢，改善彼此之間的關係。另外，增強凝聚力也是提高組織效率的一種重要手段。在旅館管理過程中，管理者應當及時地和員工進行溝通，瞭解員工的需求，並及時解決員工所面臨的困難。這樣做，能夠使員工感受到旅館的關愛，進而增強員工的凝聚力。

◆有利於留住人才，降低員工流動率

合理的人員流動無論是對社會還是對旅館來說，都是必須而合理的。在其他行業，正常的人員流失一般在5～10%左右。然而，過高的員工流動率將

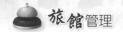

會給旅館帶來許多負面的影響。上下級間從思想到感情、興趣的交流和理解有時候比任何物質刺激都更有效。在廣泛的、多樣的、充分的溝通中,才能增進員工對旅館管理者的決策、政策、目標、計畫的瞭解,及時化解存在或可能產生的各種矛盾,增強團結。同時,旅館管理者在與員工溝通中也加深了瞭解,增進了感情。因此,有效的內部資訊交流就顯得十分必要。

(五)小結

在旅館行業中,溝通是伴隨管理全過程的一種管理行為,缺乏有效的溝通,就不可能有旅館的高效管理。在其他行業中,也同樣如此。可以這樣認為:在溝通中進行管理,在管理中促進溝通,有效溝通是實現現代企業高效管理的必經之路。

第五節　員工的培訓

透過旅館管理的培訓以培養人才,不但是為了做好今天的工作,更是為了企業的明天。旅館每一部門的員工培訓,其目的是達到全員素質的總體提高,因此,培訓的內容應該根據不同的對象、不同時期的具體情況來安排。同時,要根據培訓內容和特點採取靈活多樣的培訓形式,以確保培訓的效果。旅館培訓人才不但為了做好今天的工作,更是為了企業的明天,旅館管理階層應予以重視。

一、培訓的原則

旅館對員工的培訓遵循系統性原則、制度化原則、主動性原則、多樣化原則和效益性原則,分述如下:

1.系統性:員工培訓是一個全員性的、全方位的、貫穿員工職業生涯規

劃的系統。

2.制度化：建立和完善培訓管理制度，把培訓工作例行化、制度化，保
證培訓工作的真正落實。

3.主動性：強調員工參與和互動，發揮員工的主動性。

4.多樣化：開展員工培訓工作要充分考慮受訓對象的層次、類型，考慮
培訓內容和形式的多樣性。

5.效益性：員工培訓是人、財、物投入的過程，是價值增值的過程，培
訓應該有產出和回饋，極有助於提升旅館的整體績效。

二、旅館員工培訓之重要性

　　培訓是旅館成功的必經之路，培訓也是旅館發展必要途徑。沒有培訓
就沒有服務品質，培訓也是一種管理，即是按照一定的目的，有計畫、有組
織、有步驟地向員工灌輸正確觀念、傳授工作、管理知識的活動，有助於旅
館經營目標的實現。

　　旅館服務知識與技能是旅館員工為了更好地提供服務而應當知道的各
種與服務有關的資訊總和。掌握旅館服務知識與技能，旅館各項工作得以開
展，只有在瞭解了豐富知識與技能的基礎上，才能順利地向客人提供優質服
務。

1.增加服務的熟練程度，減少服務中的差錯：如果旅館員工能熟練地掌
握自己所在崗位的服務知識，就會在為客人的服務中遊刃有餘，妥善
周到。否則就容易發生差錯，引起客人的不滿。

2.增加服務的便捷性，提高旅館員工對客人的工作效率：豐富的知識可
以使服務隨口而至，隨手而來，使客人所需要的服務能夠及時、熟練
地得到準確的提供。而旅館也能因效率的極大提高為更多的客人提供
更為周到的服務。

3.減少旅館員工在提供服務中的不確定性：豐富的服務知識可以在很大

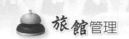

程度上消除服務中的不確定方面，從而使旅館員工在服務中更有針對性，減少差錯率。

4.減少客人對於環境狀態瞭解的不確定性：如果旅館員工能比較熟悉地向客人介紹當地的交通、旅遊、飲食等方面的資訊，使客人對所處的環境有一個比較清晰的瞭解，客人對旅館的滿意度自然就會增加。

三、員工服務知識培訓內容

由於旅館工作的多樣性，員工服務培訓的內容是多方面的，茲敘述如下：

(一)旅館及旅館所處環境的基本情況

一般而言，當客人對陌生的環境能夠很快瞭解時，客人心理就會產生穩定感，而這種穩定感便來源於旅館員工對相應環境背景知識的掌握。旅館員工必須掌握的環境方面的知識主要有：

1.旅館公共設施、營業場所的分布及其功能。

2.旅館所能提供的主要服務專案、特色服務及各服務專案的分布。

3.旅館各服務專案的具體服務內容、服務時限、服務部門及聯繫方式。

4.旅館所處的地理位置，旅館所處城市的交通、旅遊、文化、娛樂、購物場所的分布，以及到這些場所的方式和途徑。

5.旅館的組織結構、各部門的相關職能、下屬機構及相關高層管理人員的情況。

6.旅館的管理目標、服務宗旨及其相關文化。

(二)員工應具備的文化知識

爲了服務好客人，使客人產生賓至如歸的感覺，旅館員工必須掌握豐富

的文化知識，包括歷史知識、地理知識、國際知識、語言知識等方面。從而可以使旅館員工在面對不同的客人時能夠形塑出與客人背景相應的服務角色，與客人進行良好的溝通。旅館員工除了利用業餘時間從書本上學習知識外，還可以在平時接待客人中累積，同時旅館也應當進行有針對性的培訓。

(三)經常性員工職位的培訓內容

員工培訓是一種經常性的工作，其作用是使員工總體相關操作更圓熟，更能加強員工服務意識，讓員工在工作中有成就感，在積極面是使企業達成目標，在消極面是減少員工的流動，其培訓內容如下：

1. 本職位重要性及其在旅館中所處的位置。
2. 本職位的工作對象、具體任務、工作標準、效率要求、品質要求、服務態度，以及其應當承擔的責任和職責範圍。
3. 本職位的工作流程、工作規定、獎懲措施、安全及相關法令對相應行業的管理規定。
4. 本職位工作任務所涉及的旅館相關的硬體設施、設備工具的操作、管理；機電等設備、工具的使用，應當知原理、知性能、知用途，即通常所說的「三知」；另外，還應當會使用、會簡單維修、會日常保養，即「三會」。
5. 掌握旅館管理措施如相關單據、帳單、表格的填寫方法、填寫要求和填寫規定。

(四)新進員工的培訓

為新進員工提供正確的、相關的工作職位訊息，鼓勵新進員工的士氣，使其瞭解公司所能給他的相關工作狀況，瞭解公司歷史、政策、企業文化，並提供討論的平台，減少新進員工初進公司的緊張情緒，使其更快適應公司的環境，讓新進員工感受到公司對他的歡迎，讓新進員工體會到歸屬感，同

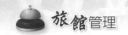

時使新進員工明白自己工作的職責，加強同事之間的聯繫，也培訓新進員工解決問題的能力及提供尋求協助的方法。

1. 介紹企業的經營歷史、宗旨、規模和發展的前景，激勵員工積極工作，為企業的繁榮做貢獻。

2. 介紹公司的規章制度和工作崗位職責，使員工們在工作中自覺地遵守公司規章，一切工作按公司制定出來的規則、標準、程序、制度辦理，包括工資、獎金、津貼、保險、休假、醫療、升遷與調動、交通、事故、申述等規定；福利方案、職務說明、勞動條件、作業規範、績效標準、工作績效考核、勞動秩序等工作要求。

3. 介紹企業內部的組織結構、建議管道，使新進員工瞭解和熟悉各部門的職能，以便在今後工作中能準確地與各個有關部門進行聯繫，並隨時能夠就工作中的問題提出建議或申述。

4. 開展業務培訓，使新進員工熟悉並掌握完成各自本職工作所需的主要技能和相關訊息，從而迅速勝任工作。

5. 介紹企業經營範圍、主要產品、市場定位、目標顧客、競爭環境等，增強新進員工的市場意識。

6. 介紹企業的安全措施，讓員工瞭解安全工作包括哪些內容，如何做好安全工作，如何發現和處理安全工作中發生的一般問題，提高新進人員的安全意識。

7. 企業的文化、價值觀和目標的傳達，讓新進員工知道企業反對什麼、鼓勵什麼、追求什麼。

8. 介紹企業員工行為和規範，例如關於職業道德、環境秩序、作息制度、核銷規定、接洽和服務用語、儀表儀容、談吐舉止、著裝等要求。

結　語

　　旅館「以人為本」的最終目標，就是人盡其才，人才啓用，人才各得其所，管理人員的管理有如沙子般細膩、細緻、細微，服務人員的服務就會像陽光般溫暖。

　　總之，旅館要持續發展，要在競爭中處於不敗之地，要想留住人才，首要任務就是牢牢抓住人才，即「以人為本」。旅館只要在人力資源管理方面做到澈底，就一定會有美好的明天。

Chapter 15

旅館安全管理

- 旅館安全管理的概念與範圍
- 旅館安全管理的特點與基本原則
- 客房的安全管理
- 旅館突發事件處理
- 結　語

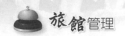

　　旅館是爲客人提供住宿、餐飲及休閒娛樂的綜合服務性場所。對客人而言，旅館不僅要爲他們提供優質的物質產品和服務享受，還要讓客人們在消費的同時，使他們產生安全感、愉悅感、舒適感和滿足感。如果沒有安全保障作爲基石，缺乏安全的旅館營業環境，同時也會給旅館帶來無法彌補的損失。近年來雖然很多旅館在安全方面加強管理，但因爲各類旅館的經營規模不斷地擴大、經營模式的變化，以及各種人爲和管理因素等，旅館的安全還是存在著很多隱患，各類安全事件層出不窮。因此，安全是旅館的頭等大事，是旅館正常經營與創造效益的保證。

第一節　旅館安全管理的概念與範圍

一、安全管理的概念

(一)狹義與廣義

　　我們常常提到所謂的「安全」不外乎三個重要因素：沒有危險、不受威脅、不出事故。更具體地說，旅館安全指旅館以及住店客人、員工之安全，因此，我們可以從兩個方面來說明：

1. 狹義的概念：旅館經營所涉及到的治安、消防等各方面的安全流程和防範措施。
2. 廣義的概念：旅館經營過程中涉及到的治安、消防，以及旅館勞動安全、旅館內部運作中發生的各種事故的處理。

(二)安全概念的含義

旅館的安全概念有三層含義:

1. 旅館客人和旅館員工的人身及財物,以及旅館的財產和財物,在旅館所控制的範圍內不受侵害。
2. 旅館內部的服務及經營活動秩序、工作及生產秩序、公共場所秩序保持良好的安全狀態。
3. 旅館內部存在導致對旅館客人及員工的人身和財物以及旅館財產造成侵害的各種潛在因素。

二、安全管理的範圍

旅館安全範圍廣泛,根據不同的角度,可以分成不同種類:

1. 按內容和性質分類:按內容和性質不同,旅館安全可以分為生產安全、交通安全、食品衛生安全及社會治安安全等。
2. 按管轄範圍分類:按管轄範圍不同,可分為總經理辦公室安全、客務部安全、房務部安全、餐飲部安全、行銷業務部安全、工程部安全、採購部安全、商場部安全、財務部安全、安全警衛部安全。
3. 按重要程度分類:按重要程度不同,可以分為要害部位安全和非要害部位安全等。所謂要害部位例如工程部的鍋爐房、配電間、總機房、監控中心、消防設施等;又如客務部鑰匙保管室、貴重品保管室;財務部財務相關資料與檔案、保險箱(金庫)或是電腦機房等。

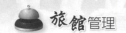

 第二節　旅館安全管理的特點與基本原則

　　以旅館而言具有十足的社會性，組織龐大分工細密，員工與員工之間，員工與客人之間的互動頻繁，顯現其安全管理有其特性與原則。

一、安全管理的特點

(一)國際性

　　觀光旅館或商務旅館有濃厚之涉外性格，外籍旅客人數眾多，旅館的安全管理具有國際性的特點。

(二)複雜性

　　旅館是一個公共場所，是一個消費場地，每天都有大量的人流、物流和訊息流。大量的人流、物流和訊息流的存在造成了現代旅館安全管理的複雜性，這種複雜性表現在安全管理上，既要防火，又要防盜；既要保護客人的生命、財產安全和訊息安全，又要考慮到顧客的娛樂安全、飲食安全；還要考慮防範暴力、防範色情、防範突發事件等。

(三)廣泛性

　　現代旅館安全管理的廣泛性呈現在如下幾個方面：

1.安全管理內容的多樣與變化性。
2.安全管理及範疇的廣泛性。
3.各種安全管理的不同過程。

4.各種安全管理的突發性。

5.各種安全管理的強制性。

二、安全管理的基本原則

安全管理為多方工作，為確保與落實安全，必須遵守下列原則：

1.「顧客至上，安全第一」的原則：「顧客至上」是指旅館的一切工作都是為了客人，為客人服務，使客人滿意，是旅館工作的宗旨，因為沒有客人，旅館就失去了存在的意義。「安全第一」是指飯店安全工作是其他一切工作前提。

2.「預防為主」的原則：所謂「預防為主」，就是集中主要力量做好積極主動的防範工作，防止治安案件、刑事案件、治安災害和食品安全衛生問題的發生。

3.「外鬆內緊」的原則：所謂「外鬆」，是指安全工作在形式上要自然，氣氛要和緩，要適應環境，順其自然。所謂「內緊」，是指安全警衛幹部要有高度警覺，要做好嚴密的防範工作，要隨時注意不安全因素和各種違法犯罪的徵兆與線索，保證安全。

4.「誰主管誰負責」的原則：「誰主管誰負責」，其基本精神是分清層次，各司其職。

第三節　客房的安全管理

客房運作的特點是每天二十四小時連續營業，在營業時間內，如果發生各種危險或不安全的事故時，服務員不僅要保護自身安全，還要保護賓客安全。因此，旅館客房安全管理工作，較之其他部門具有格外的重要意義。

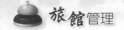

一、客房安全管理的本質

　　客房安全直接關係到住店客人和員工的生命財產安全，安全責任重於一切。客房作為人員高度密集的區域，是旅館安全事故的重災區，安全管理就顯得格外重要。客房安全是旅館服務品質的基礎，也是旅館正常經營運轉的保證。旅館中可能導致客房不安全的因素有很多，諸如偷盜、火災、騷擾、食物中毒、疾病傳播，以及利用客房作為犯罪場所，實施黃、賭、毒犯罪活動等，都會給客人帶來不安全感，進而影響旅館的經營運作。因此加強客房安全管理對於樹立旅館形象，提高顧客對旅館的忠誠度，增強行業競爭力，有十分重要的意義。

(一)安全責任制分工明確、責任清楚

　　安全條例規章健全，內容明確具體，崗位責任清楚。客房員工熟知安全知識、防火知識和安全操作規程，掌握安全設施與器材的使用方法，無違反安全管理制度的現象發生。

(二)安全措施

　　客房偵煙裝置、自動噴水滅火裝置、房門窺視鏡、防盜扣和安全門、防火通道、緊急疏散圖、消防裝置、報警裝置、防火標誌、廊道監控裝置等安全設施和器材完好，安裝位置合理，始終處於正常運轉狀態，沒有因安全設施不全或發生故障引起安全事故的現象發生。

(三)安全操作

　　客房員工嚴格、認真遵守安全操作規程，整床、清掃浴室，提供日常服務中隨時注意火警和電器設備安全。登高作業採用鋁扶梯。未經允許，不可使用電器或照明作業。因客房維修改造需照明作業時，必須取得安全警衛部

許可。整個客房操作服務中無違反安全操作規程現象發生。

(四)安全防範

　　客房服務中掌握住客動態，禁止無關人員進入樓層。如遇陌生人時要主動問好、詢問，避免發生意外，不輕易為訪客開門。如遇可疑人員要及時報告上級主管。隨時注意住客情況，發現客人攜帶或使用電爐、烤箱等電熱器具，裝卸客房線路，迅速報告主管與安全警衛部及時處理。發現客人攜帶武器、凶器和易燃易爆物品，及時報告，能夠按旅館安全規章處理。

(五)鑰匙管理

　　要嚴格執行鑰匙管理制度，客人房卡忘在客房內要求開門，經客房中心與前檯核實確認後方可開門。如客人丟失房卡，應及時通知安全警衛部和前檯，將丟失的房卡做作廢處理，並補辦新卡。如客房服務卡或鑰匙丟失，應及時報告當班主管、客房部經理和安全警衛部，並隨時注意丟失鑰匙的樓層情況，確認找不到房卡後，由安全警衛部將丟失的房卡做作廢處理，並補製新卡。服務員清掃房間，堅持開一間做一間，逐門鎖好。防止因客房鑰匙管理不善而發生盜竊事故。

(六)安全事故處理

　　遇有火災隱患、自然事故和盜竊事故，應嚴格按相關規章制度處理，及時發現火災隱患並報告安全警衛部，搶救疏散客人處理得當，盡力將事故消滅在醞釀狀態。若需報警，應由安全警衛部負責處理。發生盜竊事故，主管到場及時並保護好現場。自然事故應及時報告當班主管，根據事故發生的原因和情況做出妥善處理。所有事故處理應做到快速、準確、方法恰當。

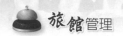

二、客房安全知識

保障客人權益是所有旅館員工應該有的責任：

(一)保障客人生命財產不受損害

客房安全往往是賓客選擇旅館的重要因素，在馬斯洛需求層次理論中的第二層次需求就是安全需求，可見對安全的需求是住店客人最基礎、也是最重要的。特別是出門在外，人們會對自己的生命、財產格外關注和敏感，其期望程度也比平時更高。如果一家旅館連最起碼的賓客安全都無法保證，那離關門就不遠了。因此，為賓客提供安全、溫馨的住店環境，滿足賓客的安全需求，無疑成為客房安全管理的首要任務。

(二)保護客人的隱私不受侵犯

賓客一旦入住旅館，客房便成為他的私人領域。賓客的自我意識很強，期望自己私人空間能得到充分的保護和重視。如果他們擔心的私人空間受到了侵犯，就會產生強烈的不安全感，最後導致對旅館的不滿。不恰當的服務方式和服務時間都會使賓客感到旅館對保護客人的隱私缺乏足夠的重視，因而喪失對旅館的信心。因此，旅館必須以賓客為中心，高度重視向其提供安全可靠、無虞干擾的服務，努力營造溫馨、放鬆、自由、和諧的氛圍，使客人感到住在我們旅館如同自己家一樣無憂無慮、寬鬆自在。

(三)尊重客房的使用權

客房是旅館的產品，出售客房是旅館收入的重要途徑。賓客入住旅館就是購買了某一客房某段時間的使用權。因此，旅館應充分尊重賓客對客房的使用權。包括按旅館配備的設施設備、客用品，向客人提供符合旅館檔次和形象的客房服務等。

(四)防止客人受到外來的侵犯和騷擾

　　賓客一旦入住旅館，我們就有責任確保住店客人不受外來的侵犯和騷擾，有效地消除可能使賓客遭遇外來侵犯和騷擾的因素。為此，旅館應加強對訪客的管理，未經住店客人的允許不得向訪客提供任何有關住客的私人資訊；加強廊道的安全管理，防止店外閒散人員進入客房區域，消除可能由此帶來的安全隱患，為客人營造一個暖、靜、雅、潔的住店氛圍；加強總機的管理，如果客人不希望被干擾，要求總機提供阻止外來電話進入客房時，接線員應仔細詢問賓客的要求免於干擾的時間及範圍，並根據賓客的要求，認真實施。

三、如何加強旅館安全管理

　　短途、長途的旅行或者出差，很多人都會選擇住旅館，旅館還為一些公司團隊提供商務、會議、見面會等地點。對於客人來說，對一家旅館的滿意度，除了旅館住宿、飲食、娛樂等服務到位，讓客人在這裡消費得比較開心之外，還有就是旅館的安全問題。如果一家旅館連客人的安全都保證不了，其他服務又怎麼能讓客人滿意，客人出了安全問題，不僅影響客人，還會影響旅館，給旅館帶來無法彌補的損失。

(一)加強對員工的安全教育

◆對服務員進行嚴格的挑選

　　旅館招聘員工時，應嚴格把關，防止一些素質不高的人員進入旅館員工隊伍，對所有招聘的員工要經常性地進行培訓教育，提高他們的素質，培養他們遵紀守法的自覺性。

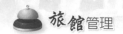

◆建立一套完善的培訓制度

1. 新進員工培訓時，要求他們掌握基本的安全防範知識，如發現異常情況時懂得如何處理：發現火情會報警、會滅火、會正確疏散客人等。

2. 加強員工的職位培訓，提升識別犯罪分子的能力，如要求他們能透過觀察顏色，識別從事色情女性、吸毒人員等。

3. 對員工進行職業道德教育和違紀違規教育，塑造一支高素質的員工隊伍。

4. 針對社會上的一些典型案例和慘重的火災，透過實務教育等方式強化全體員工的安全意識。

5. 對全體員工實行安全考核的制度。

(二)要求全體員工樹立「旅館安全人人有責」的觀念

1. 認識到位：旅館要經常組織員工學習相關安全法規，對員工進行安全生產服務方面的教育，從而提高員工對安全生產服務重要性的認識，增強員工安全生產服務的自覺性。

2. 管理到位：旅館主管是領導安全的責任人，要重視旅館的安全生產服

各種消防設施、安全通道、安全標記等設備要齊全完善

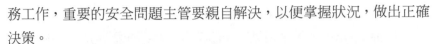

務工作，重要的安全問題主管要親自解決，以便掌握狀況，做出正確決策。

3. 設施到位：各種消防設施、安全通道、安全標記、緊急指示燈、監視監測監控系統等設備要齊全完善，並保持良好狀態，隨時可以使用。

4. 責任到位：各級職位都要建立安全責任制。做到安全工作事事有人處置、件件有人負責。實行三級負責制，總經理、部門經理、班組逐級委任防火責任人，對在旅館內發生的一切安全事故，實行「誰主管誰負責」的原則。

5. 制度到位：旅館工作的各個環節、工作崗位均要有安全制度，例如：客房、倉庫、廚房、各餐廳、消防、用電、用氣等建立一套安全生產工作制度。制度要做到人人熟悉、人人遵守。

6. 檢查到位：安全工作要做到防患未然，把不安全因素消弭在萌芽狀態，這就離不開安全檢查。按照各職級崗位的權限檢查中發現問題，澈底做到安全隱患不消除，安全問題不解決，則本次安全檢查就不終止。

四、配備安全防範設備設施

旅館要做好安全管理工作，離不開先進的安全防範設備設施，目前旅館常見的安全設備設施有以下五大系統：

1. 電視監控系統：主要由攝影機、錄影機、監視機、手動圖像切換、電視螢幕等組成，一般安裝在旅館出入口、電梯內、客房走道及其他敏感地方，用於發現可疑人員或不正常現象，以便及時採取措施，對犯罪分子也可造成心理威懾，給旅館的安全帶來保證。

2. 安全報警系統：在旅館的消防通道、財務部等重要位置必須安裝這套系統，以防止盜竊、搶劫、爆炸等事故的發生。

3. 自動滅火系統：由多種火災報警器、滅火器、防火門、消防泵、送風

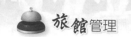

機等組成，是旅館安全必備的設施。

4. 通訊聯絡系統：是指以安全監控中心為指揮樞紐透過呼喚機等無線電話通訊器材而形成的聯絡網路，使旅館的安全工作具有快速的反應能力。

5. 電子門鎖系統：該系統對旅館的安全管理能起到很好的作用，為加強對智慧型竊盜集團的防範，目前的電子門鎖系統已得到進一步改進，即在電子鎖上安裝自動破壞解碼器的裝置，當犯罪分子將解碼器插入電子鎖時，該裝置就能將解碼器毀壞並報警。

第四節　旅館突發事件處理

對於許多旅館來說，提升客人滿意度的關鍵，不僅在於做好標準化服務流程之中，更大的難點在於突發事件的應急處理。醉酒客人的吵鬧聲、旅館停電停水等這類事件要如何應對，是旅館人的一大挑戰。當旅館發生各類突發事件時，各部門能夠統一、有效的及時行動，採取措施應對，將事件控制在最小範圍，將損失降到最低。

突發事件定義如下：

1. 發生意外事件，影響旅館經營，如火災、爆炸、地震、死亡事故、停電、水災、中毒等。
2. 影響旅館經營秩序，在社會上產生較大影響，如聚眾滋事、鬥毆、行凶、自殺、搶劫綁架、防颱、防汛、客人死亡、電梯故障關人等。
3. 重大的詐騙案件和竊盜案件等。

一、客房內異常聲音的處理方式

1. 呼叫聲、打鬧聲、電視聲音異常過大：發現此類情況應立即報告安全

警衛部，透過大廳副理打電話瞭解情況，同時安全警衛部應增派人員到該樓層進行控制，注意隱蔽好，以免引起客人驚慌。如沒有人接電話，可通知房務部員工叫門，仍無人開門，應判斷是客人內部爭執還是犯罪嫌疑人所為，如是犯罪嫌疑人所為，安全警衛部主管視情況打110報警，根據旅館值班經理和大廳副理的意見，可強行將門打開，制止不法行為。

2. 吵鬧聲和哭泣聲：員工發現此類情況，應迅速報告安全警衛部，然後通知大廳副理，透過大廳副理打電話到房間委婉瞭解情況，如屬客人內部之間的爭執，可由大廳副理或值班經理負責調解，同時應通知監控注意該房有無異常情況。

3. 強烈撞擊聲：聽到房內有特別的撞擊聲，應辨別這種聲音是砸東西的聲音還是打架砸人的聲音，迅速把情況報告給安全警衛部和大廳副理，增派安全警衛人員到該樓層做好控制，然後由房務部服務員叫門，情況正常，可由大廳副理或值班經理負責調解，如屬異常情況，可由安全警衛部出面處理，情節嚴重者，交由公安機關處理。

二、酒醉客人的處理方式

1. 無論旅館內喝酒醉還是在外喝醉的客人，安全警衛人員都應注意，客人酒醉後失去正常理智，處於不能自控狀態，有的胡言亂語，甚至滋事、損壞旅館財物、調戲婦女等，安全警衛應時刻注意並靈活處理。

2. 對尚未完全失去理智的酒醉客人，安全警衛人員應及時通知大廳副理或值班經理進行處理，或者將其勸至客房或其他適宜的地方，待其酒醒。

3. 如酒醉客人不聽規勸，妨礙旅館的經營秩序，可將其強行帶入房間進行約束，待其酒醒。

4. 如酒醉客人在公共場所發酒瘋、打人、罵人、毀壞旅館財產無法控制時，安全警衛應立即制止其行為，並報治安機關處理。

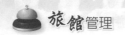

5.酒醉客人因酒精中毒嚴重,面色蒼白、口吐白沫或其他嚴重症狀時,
 應及時通知大廳副理或值班經理,送到醫院搶救。

三、打架鬥毆、暴力滋事的處理方式

1.安全警衛應注意成群結夥來店的人員,發現可疑現象和鬧事苗頭及時
 上報並上前制止。

2.一旦發現打架鬥毆、流氓滋事事件,在場服務員要及時報告安全警衛
 部,安全警衛部應立即派當值安全警衛上前控制事態,保護好旅館其
 他客人、員工人身安全和旅館財產安全,同時撥打110報警,並通知值
 班經理到場。

3.安全警衛將鬥毆雙方或肇事者分開,把肇事者帶到安全警衛部,交治
 安機關處理。

4.如事態嚴重,有傷害事故發生,一方面要搶救傷患,另一方面要及時
 報警。

5.將肇事人員帶往安全警衛部途中,要提高警惕,注意對方身上有無武
 器,如有,要及時收繳,以免發生傷害或逃跑。

6.安全警衛在現場檢查發現遺留物,查清旅館設施是否遭受損壞,損壞
 程度及數量。

四、停電緊急處理方式

1.各部門如發現突然停電,應立即向部門主管及工程師、安全警衛部報
 告。

2.安全警衛部應及時調集人員嚴格把守各出入口通道,防止不法分子趁
 亂作案,同時保護好旅館客人人身、財物安全。

3.若有賓客在停電期間被關在電梯內,監控中心應立即通知大廳副理和
 巡邏警衛配合工程人員工設法營救客人,並穩定被困客人的情緒。

4. 安全警衛部經理應在大廳加強保衛力量，短時間停電，可向客人解釋，長時間的停電，應配合大廳副理引導客人從樓梯通道進入客房。

5. 一旦供電恢復正常，安全警衛應對整個大樓進行檢查，確保正常運轉。

五、客人欠款、拒付旅館費用的處理方式

旅館對遲未付款顧客有一定之催帳程序，這裡是指經數次催帳處理無效後之處理方式：

1. 安全警衛部接到大廳副理通知後，應詳細瞭解客人情況，年齡、性別、外貌特徵、房號、是否在旅館內等，及時通知監控室注意跟蹤監護。

2. 通知安全警衛部經理做好防範措施，防止此人離開旅館或採取暴力行為。

3. 在客人未付清費用以前，如客人只要到旅館其他區域辦事，保安員要隱蔽地跟隨客人，以便隨時掌握客人動態。

4. 客務部應通知館內各單位禁止催帳無效客人消費。

5. 如客人要離開旅館，應禮貌地將其攔住，通知大廳副理，和客人交涉到圓滿結束後方可放行，但在交涉過程中，館方態度要堅定。

6. 如遇到拒付費用又不講理的客人，一方面通知大廳副理協調，安全警衛部做好控制，另一方面通知治安機關。

六、客人意外受傷、病危、死亡的處理方式

1. 接到報告後與相關部門人員迅速趕到現場。

2. 仔細詢問客人情況，根據客人受傷程度和病危人員的現狀採取就地急救或送醫院治療。

3.安全警衛部主管協助相關部門送客人去醫院。

4.在客人同事及親屬未到之前,派員看護。

5.病情嚴重者,安全警衛部經理須在場,以防病情惡化。

6.如有客人死亡時,應確認死者身分,保護好現場,並立即與治安部門聯繫,配合治安人員做好處理工作,按客人登記及其他線索與客人所在單位及親屬聯繫,協助做好善後工作。

7.按有關程序進行調查,並寫出調查報告,詳細提供給有關部門及親屬,並將調查處理結果呈報總經理。

專欄 15-1　櫃檯人員的安全意識

　　一天傍晚,A飯店櫃檯的電話鈴響了,服務員小莉接聽,對方自稱是住店的一位美籍華人的朋友,要求查詢這位美籍華人。這位服務員迅速查閱了住房登記中的有關資料,向他報了幾個姓名,對方確認其中一位就是他找的人,服務員小莉未思索,就把這位美籍華人所住房間的號碼2018告訴了他。

　　過了一會兒,飯店櫃檯又接到一個電話,打電話者自稱是2018房的「美籍華人」,說他有一位謝姓侄子要來看他,此時他正在談一筆生意,不能馬上回來,請服務員把他房間的鑰匙交給其侄子,讓他在房間等候。接電話的總機小姐滿口答應。

　　又過了一會兒,一位西裝筆挺的青年來到服務櫃檯,自稱小謝,要取鑰匙。小莉見了,以為果然不錯,就毫無顧慮地把2018房鑰匙交給了那位青年。

　　晚上,當那位真正的美籍華人回房時,發現一只高級密碼箱不見了,其中包括一份護照、幾千美元和若干首飾。

　　以上即是由一個犯罪青年分別扮演「美籍華人的朋友」、「美籍華人」和「美籍華人的侄子」,所演出的一齣詐騙飯店的醜劇。

　　幾天後，當這位神秘的青年又出現在另一家飯店用同樣的手法搞詐騙活動時，被具有高度警惕性、嚴格按飯店規章制度、服務規程辦事的櫃檯服務員和保安人員識破，當場被抓獲。

評析：

　　冒名頂替是壞人在賓館犯罪作案的慣用伎倆。相比之下，本案中這位犯罪青年的詐騙手法實在很不高明。櫃檯服務員只要提高警惕，嚴格按規章制度辦事，罪犯的騙局完全是可以防範的。

　　首先，按旅館規定，為了保障入住客人的隱私，其住處對外嚴格保密，即使是瞭解其姓名等情況的朋友、熟人，要打聽其入住房號，櫃檯服務員也應謝絕。變通的辦法可為來訪或來電者撥通客人房間的電話，由客人與來訪或來電者直接通話；如客人不在，可讓來訪者留字條或來電者留訊息，由櫃檯負責轉達給客人，這樣既遵守了旅館的規章制度，保護了客人的穩私，又溝通了客人與其朋友、熟人的聯繫。本案例中打電話者連朋友的姓名都叫不出，令人生疑，櫃檯服務員更應謝絕要求。

　　其次，「美籍華人」打電話要櫃檯讓其「侄子」領了鑰匙進房等候，這個要求也是完全不能接受的。因為按旅館規定，任何人只有憑住宿證方能領取鑰匙入房。憑一個來路不明的電話「委託」，如何證明來訪者的合法性？櫃檯服務員僅根據一通電話便輕易答應別人的「委託」，明顯地違反了服務規程，是很不應該的。櫃檯若能把好這第二關，犯罪的詐騙陰謀仍然來得及制止。

七、館內電梯故障應急處理方式

1.所有工程部員工只要發現電梯故障都應立即通知值班工程師。

2.工程部維修人應設法瞭解電梯現處何樓層及受困人數，工程部維修人員立即到達電梯所在樓層，同時確定電梯維修公司是否適時給予幫助

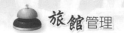

及維修服務。

3.工程部維修人員應通知大廳經理或客務經理電梯的緊急情況。大廳經理接到通知須立即前往電梯被困樓層，並留在附近與受困在電梯中的人交談以減少恐懼感，同時建議受困者採取什麼行動。

4.工程部維修人按電梯救援管理規定要求進行有關操作。

5.救援工作完畢，當班工程師應作成報告，敘述緊急狀況已消除，電梯已恢復正常，並詳述維修過程。

6.必須注意的是，當確實發現有人受困電梯中，切勿試圖只任憑旅館人員去營救，應該在電梯維修公司及授權處理此事的人之協助下進行。

八、旅館火災應急處理方式

(一)火情報警

1.前檯報警響起，旅館必須在兩分鐘內核查完畢並確認是否有火情。

2.任何人發現火情，都必須立即通知前檯或值班經理。講明起火地點、燃燒何物、火勢大小。絕對不能高喊「著火了」，以免引起恐慌。

3.初期小火應迅速拿就近的滅火器滅火，保護好現場，同時通知前檯或值班經理。如火情緊急，應立即將火警資訊發送至消防中控主機報警。

(二)火情確認

1.前檯接到（消防系統報警、電話報警或其他方式）報警後，應立即通知就近服務員或安全警衛並攜帶總房卡（general master key）趕到現場確認火情。

2.確認火情應注意不要草率開門，先觀察是否有煙冒出，試一下門體有無溫度。若無（煙、溫度）可按「叫敲門程序」開門查看，無人回應

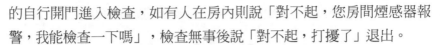

的自行開門進入檢查,如有人在房內則說「對不起,您房間煙感器報警,我能檢查一下嗎」,檢查無事後說「對不起,打擾了」退出。

3.若有(煙、溫度)可確認有火情,開門時不要將臉正對開門處,以防被火燒傷或燙傷,此時如房間內有人,應先設法救人。

4.到現場確認火情的人員須及時將現場情況回饋回前檯。

(三)火情通報

1.確認有火情,前檯立即通知值班經理,值班經理為總指揮成立臨時救火指揮所,組織人員滅火和疏散客人。經總指揮同意後或火勢較大的情況下,前檯方可撥打火警「119」電話,說明具體地點並派人到路口等候消防車及留下有效聯繫方式,同時要通知工程人員檢查電梯內是否存在客人受困的險情,到機房和消防泵房待命。

2.通知各崗位當班人員及宿舍休息的人員攜帶對講機和應急燈趕到現場協助指揮人員工作。大廳除了一人留守聯絡外,其餘人均迅速趕到指定位置並控制旅館大門,阻止無關人員進入火場或重返火場;要立即開放所有消防通道,為人員疏散提供條件。

3.前檯值班人員不得擅自離開工作區域,負責操作消防廣播、消防報警主機、協助工程人員啟動消防聯動設備,列印住客資訊備用。

(四)組織救火

1.現場指揮負責人簡單介紹火情,分配任務;安排人員使用滅火器材迅速趕赴出事地點,救火人員按救火程序(使用滅火器和消火栓)實施滅火,並將進展情況隨時回饋給指揮部。

2.工程人員關閉相關區域非消防電源,啟動消防泵。消防隊到場時,向消防隊介紹消防水源和消防系統情況。

3.總指揮負責維持好秩序,根據情況疏導車輛,以便消防車順利到位並引導消防隊到出事地點。專業消防隊到場後,現場指揮要將指揮權交

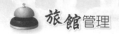

出，並主動介紹火災情況，根據其要求協助做好疏散和撲救工作。

(五)疏散客人

1. 總指揮根據火情決定是否需要疏散客人。如需疏散，迅速指派人員組成疏散引導組（通知小組、引導小組、清點小組）。前廳人員開啓樓層的聲光報警器（警示客人）或用緊急廣播逐層通知：先著火層，再著火層以上樓層，後疏散其他樓層。廣播通知時絕對不允許將緊急廣播同時全部打開。

2. 通知小組的人員負責敲門通知住客疏散，逐一敲門（開門）檢查是否有未聽到疏散通知或沉睡的客人，是否有行動不便的客人。每檢查一個房間確定是空房後將門鎖上，並在門牌上做好相應標記。必要時提醒客人戴上火災逃生面具或使用濕毛巾防煙防毒。

3. 引導小組的人員負責開啓安全出口及清除通道阻礙物（確保被疏散人員能順利地從旅館樓層撤離到一樓出口外。組織引導客人有序疏散，疏散時切忌乘坐電梯，只能從消防通道疏散，走後須關好防火門。

引導客人有序疏散

4.前檯負責提供旅館住客登記名單。由清點小組人員負責將疏散下來的客人安排到安全地點，根據旅館住客登記名單清點人數，並及時將住客清點情況向總指揮報告。維護好現場秩序，當有傷患時負責與急救中心「110」或「119」聯繫。

(六)下令撤離

1.當火勢無法控制或消防隊到達現場時，總指揮下達撤離命令。所有救援人員要沿消防通道有秩序地撤離到指定的安全地點。
2.根據旅館上班員工名單清點到場人員，防止遺漏。

(七)善後處理

1.統一對外口徑，安撫客人，如仍需住宿的客人可轉到沒有火情的樓層或公司其他連鎖店。
2.工程員視情況負責與自來水公司、煤氣公司等單位聯繫。在火災撲滅後，應及時關閉自動噴淋閥門或其他消防設備，並使所有消防設施恢復正常。
3.已造成損失的，整理資料，向保險公司辦理理賠。
4.關於火情，所有旅館員工不得擅自對外發言，如須對外說明，應由旅館公關部人員統一發言。
5.查明起火原因，總結經驗，值班經理須填寫「旅館事故報告」向總經理報告。組織員工學習，加強防火意識和定期檢查制度。

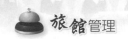

專欄
15-2　旅館安全之案例

　　曾在電視節目中看到一個關於旅館開房門的案例。某日上午，正是樓層房務打掃房間的時間，某旅館樓層的一位房務大姐正在某房間清理打掃。按照旅館SOP規定，HK在為客人打掃房間的時候，是開著門的，把清潔車橫在房間門口。

　　正在這個時候，一位衣著光鮮，一身貴氣的中年男子匆匆忙忙從電梯間跑向這個房務大姐正在打掃的房間，並讓大姐停止打掃，說自己的一位重要的商業合作夥伴馬上要到房間裡談大生意，並催促大姐立刻離開，那語氣不容討價還價。大姐一下子被說愣了，在這位仁兄不斷嚴厲地催促下，大姐立即結束了手上的工作，從房間退了出來。緊接著這個客人進入了房間，反手關上了房門。

　　兩小時後，這個房間真正的主人回來了，一進門就發現情況怪異，於是立即聯繫了旅館方間是否有人在他不在的時候進入他的房間？房務部立即著手調查，當班的房務主管發現了情況不對，因為這個大姐在沒有確認客人身分的情況下讓這位所謂房客進入了房間。經過清點，客人的財物有不小的損失，當即就報了警。那個冒充客人的不肖分子不久也落網了。

評析：

　　旅館會有這樣的事發生，無論客人再急，都要按照流程來，核實身分於先。筆者也遇到過在住客不是原開房者，核實的資訊有對不上的情況。就算對方是再大的VIP，脾氣再大，身分核實不清楚，絕對不給開門。這方面前檯做得稍好些，房務以大姐居多，很少碰上這樣的情況，一旦有人居心不良，趁著打掃房間的時候冒充原住客騙開房門也是可能性很大的，因此在平時管理上，安全教育時刻要牢記。

 結　語

　　作為旅館，為客人提供吃、住、行、遊、購、娛。前提和根本是保證客人生命和財產安全，這是旅館最大的社會效益。旅館經濟效益也是以安全為前提和保證。因此，安全雖然不直接創造經濟效益，但是它保障經濟效益和實現。一旦失去安全保障，那麼旅館的經濟效益、社會效益都會付之東流。因此，安全是旅館實現效益最根本的保障。旅館做好危險管理，保證客人的生命和財產安全，是向客人負責。同時，也是向經營管理者自身負責。領導者事業的成功，也是以旅館安全為前提的。

一、旅館方面應培養一種觀念——樹立風險意識

　　做好安全工作，從根本說是全員的自覺行動。因此，旅館全體員工樹立一種風險意識，時刻保持一種防範風險的意識是危險管理的根本。因此，多年來我們從三個方面抓安全教育培養職工樹立風險意識。

　　首先，凡是新員工培訓，都設置旅館危險管理課程，並且有消防栓、滅火器的使用操作演習。讓新員工從進店開始就有一種風險意識和消防設備的使用能力。

　　其二，當月組織部門經理做一次服務品質大檢查，其中安全工作是一項重要內容。每月一次經營管理工作總結彙報會，其中總結面置安全工作為重要項目。在年終評比中，評選安全工作優秀部門和個人。

　　其三，每逢節假日，專門布置、檢查安全工作。透過這些工作，培養全體員工養成一種風險意識。頭腦中時刻有安全這根弦。比如，每年春節前後，燃放煙花爆竹。安全警衛部門事先都把來滅火器準備好。員工整理客房，發現菸頭，都用水浸濕，防患於未然。在早晚客人入住、離店高峰，發現地上有菸頭，員工們都主動踩滅撿拾後丟棄。由於旅館上下人人都樹立起

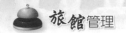

一種風險的觀念，有效地保證了旅館的安全。

二、掌握主要環節──提高危機管理效果

　　危機管理理論要求對風險因素進行分析，掌握其規律，有針對性地預防，從而提高危機管理的效果。從旅館安全實際出發，分析掌握容易發生危險的環節，在關鍵環節上做好防範，可以起到事半功倍的效果。總結旅館多年的實踐經驗。我們認為，危險多發生在以下幾個方面，從而有針對性地進行危險管理。

　　第一，大功率電器超負荷運行，往往容易引起線路發熱導致火災。根據這一特點，我們對空調等設備和線路經常檢查、維修，保證安全。

　　第二，電線老化引起短路，以及設備陳舊、接觸不良導致線路發熱，發生火災。針對這種情況，我們對客人、餐廳、公共區域線路定期檢查，定期更換。在檢查中，發現餐廳廚房配線不規則，電線裸露，存在隱患，及時改正，重新配線。

　　第三，客人吸菸，不熄滅菸頭，室內外亂扔，往往引起火災。於是我們在客房設立提示牌，服務人員發現菸頭及時處理。

　　第四，廚房油鍋開關、煤氣管道漏氣、柴油管路漏油，都容易發生火災。因此，對這些危險之處加強管理，制定責任制，落實到專人管理。

　　第五，老舊旅館客房門鎖不安全、門窗不牢等，是發生被盜的主要原因。我們採取定期維護，逐步更換為電子門鎖等措施。

　　由於抓住了危險發生的主要環節，有針對性地進行管理，提高了危險管理的效率和效果，也有效地預防和控制了風險。

三、建立一套制度──重在落實

　　危機管理，深入安全意識是重要的。但是光靠教育還不夠，還要有一套切實可行的制度來保證。是否制定「防火制度」、「防盜制度」、「安全責

任制度」等，並在旅館全面貫徹執行。

第一，旅館各部門經理與總經理簽訂安全責任狀，保證實現安全工作的各項目標。部門經理應層層落實。

第二，按制度檢查落實。訂立一套制度並不難，難的是真正貫徹落實。許多單位制定在紙上實際並未落實，形成有名無實。我們在工作中，把貫徹制度作為重點，經常按制度組織檢查。

四、成立安全管理委員會——制定緊急事件處理程序

旅館雖然設有安全警衛部門，但是安全管理不是某個人或某個部門的工作，而是需要旅館內每個員工的努力。因此旅館內可以設立安全管理委員會，由每個部門派選一名管理人員組成，其職責是制定和執行旅館的安全計畫，並負責定期對部門的員工進行安全培訓。安全管理委員會應意識到自己對旅館客人、員工的人身和財產安全，以及旅館的財產安全負有全面的責任。

旅館的危險管理是人與設備的結合。因此，在發揮人的積極作用的同時，要發揮設備的作用。完善安全設施，保證監控設備的有效和完好，是危險管理的物質條件。現代旅館科技含量增加，必須有相適應的消防、安全監控設施。客房的偵煙器、噴淋設備必須經常檢查，保證處於有效狀態。只有這樣，才能有效地預防和控制風險事故的發生，保證旅館的安全。

緊急事件是指發生在旅館中一些突發的、重大的不安全事故或事件。從安全角度看，現代旅館中容易產生的緊急事件有一般的停電事故、客人違法事件，以及客人傷、病、亡事故、涉外案件、恐嚇威脅等。同時還包括一些不可抗自然災害，如颱風、地震、水災等。旅館應制定應急處理程序，做好應對的準備工作，並定期培訓。各部門應熟悉各自職責及應急程序。

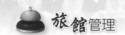
旅館管理

五、採用高科技手段——加強旅館安全管理

　　現代旅館為了提高工作效率，保證服務品質，都應用了大量的高科技手段。高科技不僅可以使旅館服務品質提高，同時能更好的保證客人及旅館的安全。現代旅館一般都採取現代化的安全管理措施，安裝有電視監控系統、門禁系統、自動防火、防爆、防盜系統等，使旅館能夠及時發現和掌握違法行為的活動和其他有害因素的侵襲。成功地應用先進的科技管理手段輔助旅館的安全管理，不但要求旅館日常操作模式要符合科技的要求，而且需要有相應的科學管理系統和科技人員配合，使先進的科技有效地服務於旅館的安全管理。

參考書目

一、中文部分

丁志遠（2015）。《人力資源管理》。揚智文化事業公司。

王秋明（2018）。《主題宴會設計與管理實務》。北京清華大學出版社。

朱承錫（2010）。《飯店前廳與客房管理》。天津南開大學出版社。

吳梅（2006）。《前廳服務與管理》。北京高等教育出版社。

呂永祥（2013）。《旅館實務（2）》。桂魯有限公司。

李欽明（2010）。《旅館客房管理實務》。揚智文化事業公司。

李欽明、張麗英（2013）。《旅館房實務——理論與實務》。揚智文化事業公司。

杜建華（2014）。《飯店管理概論》。北京科學出版社。

林万登、何如玉譯（2006）。《宴會經營管理實務》。桂魯出版社。

林玥秀（2003）。《餐館與旅館管理》。品度出版社。

林玥秀、劉元安、孫俞華、李一民、林連聰（2003）。《餐館與旅館管理》。品度出版社。

姚德雄（1997）。《旅館產業的開發與規劃》。揚智文化事業公司。

胡平、俞萌（2008）。《經濟型酒店投資與管理》。中國旅遊出版社。

胡劍虹（2006）。《飯店前廳客房服務與管理》。北京科學出版社。

容麗（2018）。《從零開始，學做酒店經理》。人民郵電出版社。

徐文苑、賀湘輝（2011）。《酒店客房管理實務》。廣東經濟出版社。

許秉祥、吳則雄等（2018）。《旅館管理》。華杏出版社。

許順旺（2018）。《宴會管理——理論與實務》。揚智文化事業公司。

郭春敏（2005）。《旅館客房作業管理》。揚智文化事業公司。

郭珍貝、吳美蘭編譯（2008）。《飯店設施管理》。鼎茂圖書出版社。

楊秀麗、牟昆（2003）。《酒店前廳客房的服務管理》。瀋陽東北大學出版社。

蕭漢良（2017）。《餐旅人力資源管理》。揚智文化事業公司。

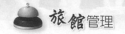

戴有德、吳旻紋譯（2007）。《餐旅服務業督導》。台中市環宇餐旅顧問有限公司。

謝希瑩（2015）。《旅館管理》。華格那企業。

魏志屏（2020）。《旅館籌備與規劃》。揚智文化事業公司。

二、英文部分

Akrivos C., Ladkin A. and Reklitis P. (2007). Hotel managers' career strategies for success. *International Journal of Contemporary Hospitality Management 19*.

Alleyne P., Doherty L., and Greenidge D. (2006). Human resour management and performance in the Barbados hotel industry. *International Journal of Contemporary Hospitality Management 25*.

Armistead, C. G. (1985). Design of Service Operations. In *Operations Management in Service Industries and the Public Sector*. Christopher Voss (ed.). New York: John Wiley & Sons, Inc.

Baldauf, A., Cravens, D. W., & Grant, K. (2002). Consequences of Sales Management Control in Field Sales Organizations: A Cross-National Perspective. *International Business Review*.

Berry, L. L. (2000). Cultivating Service Brand Equity. *Journal of Academy of Marketing Sciencem, 28*, 128-137.

Chandana Jayawarden (2013). International hotel manager. *International Journal of Contemporary Hospitality Management*.

Cho Minho (2006). Student Perspectives On The Quality of Hotel Management Internships. *Journal of Teaching in Travel & Tourism*, 6(1), 61-76.

Gabor Forgacs (2013). Brand asset equilibrium in hotel management. *International Journal of Contemporary Hospitality Management, 15*(6), 340-342.

Murphy, H. & Schegg, R. (2006). Information Requirements of Hotel Guests for Location Based Services: Identifying Characteristic Segments. *Information and Communication Technologies in Tourism*, 248-259, Springer.

Kim, T. T., Kim, W. G., & Kim, H. B. (2009). The effects of perceived justice on recovery satisfaction, trust, word-of-mouth, and revisit intention in upscale hotels. *Tourism Management*, *30*(1), 51-62.

Kotler, P. (2011). *Marketing Management* (12th Ed.). New Jersey: Prentice-Hall International, Inc.

Qu, H., & Sit C. Y. (2007). Hotel service quality in Hong Kong: An importance and performance analysis. *International Journal of Hospitality & Tourism Administration, 8*(3), 49-72.

Walter Willborn (2006). Quality Assurance Audits and Hotel Management. *The Service Industries Journal, 6*(3), 293-308.

三、日文部分

吉田方矩（2004）。《人材活用で生きるホテル現場（ホテル旅館経営選書）ホテル人的資源管理論》。柴田書店。

作古貞義（1988）。《ホテル運営管理論（開業計画編）》。柴田書店。

作古貞義（2002）。《ホテル事業論新版（ホテル旅館経営選書）事業化計画 固定投資戦略論》。柴田書店。

村瀬 慶紀（2012）。《ホテル総支配人のマネジメント能力と育成方法》。東洋大学経営力創成研究センター。

近藤隆雄（2013）。《サービス マーケティング》。生産性出版社。

桜木紫乃（2015）。《ホテルローヤル》。集英社。

経済法令研究会（編集）（2003）。《旅館 ホテル経営の再生と実務》。経済法令研究会。

週刊ホテルレストラン2019年10月18日号特集「客室清掃」で決まるホの品質。

餐飲旅館系列

旅館管理

作　　者／李欽明
出 版 者／揚智文化事業股份有限公司
發 行 人／葉忠賢
總 編 輯／閻富萍
特約執編／鄭美珠
地　　址／新北市深坑區北深路三段 258 號 8 樓
電　　話／(02)8662-6826
傳　　真／(02)2664-7633
網　　址／http://www.ycrc.com.tw
　E-mail ／service@ycrc.com.tw
　I S B N ／978-986-298-407-9
初版一刷／2022 年 9 月
定　　價／新台幣 550 元

國家圖書館出版品預行編目（CIP）資料

旅館管理= Hotel management / 李欽明著. --
初版. -- 新北市：揚智文化事業股份有限
公司, 2022.09
　　面；　公分（餐飲旅館系列）

　ISBN 978-986-298-407-9（平裝）

　1.CST: 旅館業管理

489.2　　　　　　　　　　　　111013757

Note...

Note...